하늘과 바람과 별과 인간

하늘과
바람과
별과

김상욱

원자에서
인간까지

인간

바다출판사

빅뱅,

기본 입자,

원자,

분자,

태양,

지구,

지구 최초의 생명체,

그로부터 진화한

나의 수많은 조상들,

동시대의 호모 사피엔스,

내게 가르침을 준 모든 책의 저자들,

내가 아는 모든 지식을

만들거나 전해준 스승들,

끝으로 늘 곁에서

나와 상호 작용하는 가족들에게

하늘, 바람, 별, 그리고 인간
존재하는 모든 것을 이해하고 싶었다

아주 어린 시절이었던 것으로 기억한다. 땅을 파고 들어가면 무엇이 있는지 궁금했다. 꽃삽으로 동네 놀이터 땅을 파기 시작하고 50센티미터도 못 가 땅을 파는 것이 얼마나 힘든 일인지 깨달았다. 이것으로 나의 지하 세계 모험은 끝이 났다. 호기심을 해결하기 위해서는 직접 해보기 전에, 먼저 누군가에게 물어보거나 책을 찾아보는 것이 더 좋은 방법이라는 사실을 조만간 알게 되어 다행이었다. 하지만 고등학생 시절 《양자역학의 세계》란 책을 읽으며 의문이 생기자 물리학과에 진학하는 것만이 의문을 해결할 수 있는 유일한 방법이라는 걸 깨달았다. 물리학과에서 박사 과정까지 밟으며 나는 물리제국주의자가 되어 갔다. 세상을 이해하는 데 문학이나 철학, 예술은 필요 없고, 물리학만 완전히 이해하면 세상 모든 것을 이해할 수 있을 거라는 생각이 나를 지배했다는 뜻이다.

삼십 대 중반이 되어서야 물리제국주의에서 서서히 벗어날 수 있었다. 이제 좀 더 다양한 사람들을 만나고 넓은 세상을 접하며 물리만으로 모든 문제를 해결할 수 없다는 것을 깨닫게 되었다고 할까. 만물은 원자로 되어 있고, 물리는 원자를 다룬다. 하지만 원자가 모여서 어떻게 결합하는지 알지 못하면 원자로부터 만물로 나아갈 수 없다. 원자들의 모임인 분자를 알아야 한다. 여기서부터 물리가 아니라 화학이 필요하다. 생물도 분자로 되어 있지만 원자, 분자를 아무리 들여다본들 생물을 이해할 수는 없다. 이제 화학이 아니라 생명 과학이 필요한 순간이다. 하지만 생물학적으로 인간을 안다고 인간 사회를 이해할 수는 없다.

물리학자로서 세상을 전부 이해하고 싶었지만 결국 도달한 결론은 세상을 이해하려면 물리를 넘어 다양한 학문이 필요하다는 것이었다. 과학의 영역도 이럴진대 인문학은 말할 것도 없다. 물리는 인간적이지 않다. 우주는 인간을 위해 만들어진 것이 아니다. 인간을 배제해야 물리를 더 잘 이해할 수 있다. 따라서 인간을 이해하기 위해서는 물리와는 완전히 다른 방법이 필요하다. 결국 세상을 제대로 이해하려면 물리의 경계를 넘어서야 한다. 이 책은 세상을 이해하기 위해 경계를 넘은 물리학자의 좌충우돌 여행기이자, 세상 모든 것에 대해 알고 싶은 사람을 위한 지도책이다.

* * *

존재하지 않는 것에는 이유가 필요 없다. 하지만 존재하는 것에는 이유가 필요하다. 이유理由를 아는 것은 이치理致를 아는 것이라 할만하다. 존재하는 것을 물物이라 하면, 존재의 이유는 사물의 이치이고, 우리는 이것을 물리物理라 부른다. 주변에서 일어나는 모든 일에 관심이 많던 내가 물리를 전공하게 된 것은 어쩌면 필연이라는 이야기다. 나는 광활한 우주보다 눈에 보이지 않을 만큼 작은 원자의 세계에 더 끌려 양자과학을 공부했다. 하지만 공부가 깊어지며 원자는 분자로, 분자는 물질로, 물질은 우주로 이어졌고, 인간도 원자로 되어 있으며, 이들 모두 시공간에 놓여 서로 영향을 주고받고 있다는 것을 알게 되었다. 그리고 결국 내가 원한 것은 세상 모든 것을 이해하는 것이었다는 사실을 새삼 깨닫게 되었다.

과거의 학자나 지식인은 세상을 총체적으로 이해하려 했던 것 같다. 세상에 대해 한 가지 분명한 사실이 있다면 그것이 너무나 복잡하다는 것이다. 세상이 왜 복잡한지도 이해의 대상이겠지만, 과연 복잡한 세상을 이해하는 것이 가능한 일인지조차 확실하지는 않다. 아리스토텔레스가 남긴 저작을 보면 논리학, 자연학, 형이상학, 윤리학, 정치학, 수사학, 시학 등, 지금 우리가 볼 때 한 사람이 다루기에 지나치게 많은 분야를 두루 섭렵했다. 이제 세상에 대한 인간의 이해는 깊어졌고, 엄청난 지식이 쌓여서 작은 분야조차 평생 공부해도 부족할 방대한 양의 지식으로 가득하다. 인간의 두뇌로 수용할 수 있는 지식의 한계 때문에 학문 분야는 끝없이 쪼개어져 왔다. 그래서 현대의 학문은 지나치게 세분화되어 물리학 내에서조차 세부 전공이 다르면 서로 소통하기 힘든 지경까지 이르렀다. 이제 세상을 총체적으로 이해하는 것은 요원한 일일까.

세상을 총체적으로 이해하고 그 이해를 책으로 쓴다는 것은 어떤 뜻일까? 세상에 대해 알려진 모든 세부 지식을 한 권의 책에 모으면 될까? 이것은 세부 지식만을 이해한 여러 사람의 글 모음이지, 세부 지식의 총합을 이해한, 즉 세상을 총체적으로 이해한 사람이 쓴 글은 아니다. 부분의 합은 전체가 아니다. 새로운 지식을 이해한다는 것은 자신이 이미 이해했다고 믿는 지식과 새로운 지식이 정합적으로 연결되는 것이라고 한다. 그렇다면 이해는 개인마다 다를 수밖에 없으며, 결국 복잡한 세상에 대한 총체적 이해는 한 사람의 머릿속에서 일어나야 한다는 뜻이다.

물론 앞에서 이야기했듯이 오늘날 한 사람이 모든 지식을 제대로 이해할 수는 없다. 그렇다면 우선 할 수 있는 일은 적어도 한 분야의 전문가가 다양한 여러 분야를 자신의 방식으로 이해하여 (이해는 한 사람의 머릿속에서 일어나는 거니까) 정리해보는 것이리라. 이 책은 정확히 이런 동기로 쓰였다. 즉 물리학자의 시각으로 경계를 넘어 세상 모든 것을 이해해보고자 노력했다는 뜻이다. '모든'이라는 단어를 쓰기에는 부끄럽지만 적어도 물리학자가 선택한 여러 이야기를 최대한 물리학자의 시각으로 정리해보려고 했다.

* * *

이 책은 원자의 이야기로 시작한다. 사실 1부의 주제를 두고 고민이 있었다. 인간을 1부에서 다루면 좀 더 친숙하고 쉽게 시작할 수 있을 거라는 생각이 들었기 때문이다. 하지만 물리학자가 볼 때 모든 이야기의 시작점은 원자다. 비록 어려운 양자역학을 일부 소개해야 하는 위험이 있지만 원자로 시작해야 한다. 우주에 존재하는 중요한 무생물은 별과 행성이다. 우리에게 있어 중요한 별은 태양이고 중요한 행성은 지구다. 그래서 2부는 지구와 태양을 다룬다. 여기에 시공간과 원자의 세부 구조인 핵과 기본 입자까지 넣으면 우주의 거의 모든 것을 다뤘다고 볼 수 있다. 3부는 생명을 다룬다. 지구상 생명체의 하나인 호모 사피엔스 저자가 쓴 책이라 불가피한 선택이다. 여기서는 생명을 보는 물리학자의 시선이 느껴지도록 글을 썼다(고 생각한다). 물리학자에게는 생명의 유지를 가능하게 하는 에너지 운용이 가장 중요하기에 이 부분을 자세히 다뤘다. 유전 그리고 최초의 생명체와 그로부터 이어지는 진화의 역사는 물리학자가 궁금해하는 질문을 중심으로 이야기를 풀어봤다. 3부는 필자의 전문 분야가 아닌 내용을 다루는 것이어서 가장 가슴 졸이며 썼다고 볼 수 있다. 그래서 생화학을 전공하고 과학저술가이자 과학커뮤니케이터로 활동하는 전 국립과천과학관장 이정모 선생님의 감수를 받았다. 귀한 시간을 내어 꼼꼼히 살펴봐주신 이정모 선생님께 감사드린다. 4부의 주제는 인간이다. 역시 편견 가득한 선택이다. 생물 종으로서의 인간과 문화를 창조하는 인간이라는 두 가지 주제에 중점을 두었다. 덧붙여 '정보'를 다루는 장을 따로 마련하였는데, 인간의 의식과 생각을 무생물 차원에서 끌어올 수 있는 징검다리라고 생각했기 때문이다.

　이처럼 많은 주제를 한꺼번에 다루고 있지만, 모든 주제를 하나의 프레임으로 깔끔하게 꿰뚫어 보려는 노력은 시도조차 하지 않았다. 왜냐하면 주제의 층위가 바뀔 때마다 완전히 다른 특성, 즉 창발創發,

emergence이 일어나기 때문이다. 하나의 관점으로 꿰뚫지는 않았지만 각 부분이 완전히 독립적인 것도 아니다. 왜냐하면 물리학자의 시각이라는 전체를 아우르는 틀이 있기 때문이다.

대주제가 바뀔 때마다 책의 기본 체계에서 벗어나는 에세이를 넣었다. 물리학자의 시각으로 쓰는 글에 신이 나올 자리는 없을 거다. 하지만 신이나 종교는 인간에게 매우 중요한 개념이자 전통이다. 1부에서 2부로 넘어가는 사이에 신에 대한 저자의 가벼운 단상을 적어보았다. 근대 과학 이전 세상은 신을 통해 이해되었으니까. 2부에서 3부로 가는 것은 무생물에서 생물로 가는 것이다. 따라서 죽음에 대한 에세이를 넣으면 좋겠다고 생각했다. 이 글은 계간지《시즌》창간호에 실렸던 것이다. 3부에서 4부는 생물에서 인간으로 가는 도약이다. 인간에 대한 에세이가 필요하다는 뜻이다. 내가 인간이라 그런지 여기서는 어깨에 힘을 빼고 조금은 따뜻한 글을 넣고 싶었다. 끝으로 이 책은 2017년부터 2020년까지 계간지《스켑틱》에 연재한 칼럼을 대폭 보강하고 수정하여 만들어졌다는 것을 밝힌다. 칼럼을 연재할 당시에도 이런 책이 되길 바라며 글을 썼다. 하지만 연재 이후 너무 많은 부분을 손봐서 그런지 완전히 새로운 작품이 된 것 같은 느낌이다.

* * *

'하늘과 바람과 별과 시'는 윤동주 시인의 유고시집 제목이다. 하늘, 바람, 별은 그 시집에 실린 '서시'에 등장하는 단어다. 다양한 해석이 가능하겠지만, 나에게 하늘은 우주와 법칙, 바람은 시간과 공간, 별은 물질과 에너지로 다가온다. 즉 물리적으로 존재하는 모든 것이라 볼 수 있다. 여기에 인간을 더하면 이 책이 다루는 내용이 된다. 그래서 책의 제목을 '하늘과 바람과 별과 인간'으로 정했다. 하늘을 우러러 부끄럼 가득한 책이지만, 별을 노래하는 마음으로 모든 죽어가는 것의 경이로움을 담아보려 했다. 존재하는 모든 것을 이해하고 싶은 필자의 마음을 담은 제목이라 할 수 있다. 물론 한 학문 분야의 시각으로 이해하기에 세상은 너무 거대하고 복잡하다. 서로 다른 분야의 전문가들이 소통해야 하는 이유다. 하지만 앞에서 이야기했듯이 온전한 '이해'는 한 사람의 뇌에서만 일어날 수 있다고 생각한다. 소통은 온전한 이해를 향한 중간 과정일 뿐 개별 이해의 합이 전체일 수 없기 때문이다. 온전한 이해 역시 창발의 결과물이 아닐까. 필자의 노력이 무의미하지 않았기를 바랄 뿐이다.

목차

3 생명, 우주에서 피어난 경이로운 우연

4 느낌을 넘어 상상으로

1

원자는 어떻게
만물이 되는가

1장

사물의 본성에 관하여

만물을 구성하는 원자의 비밀

원자라는 불온한 사상

포지오 브라치올리니Poggio Bracciolini는 숨은 책을 찾아내는 일명 '책 사냥꾼'이다. 그는 1417년 남부 독일의 수도원에서 루크레티우스Lucre-tius가 쓴《사물의 본성에 관하여De Rerum Natura》* 필사본을 발견한다. 당시 유럽은 르네상스, 즉 문예 부흥의 시대였다. 사라진 그리스 고전을 발굴하고 보급하는 것이 대유행이었지만, 이는 자칫 위험할 수도 있는 일이었다. 조르다노 브루노Giordano Bruno는 이 책이 담고 있는 우주에 대한 내용을 주장하다가 이단으로 몰려 화형당했다.《사물의 본성에 관하여》는 에피쿠로스 학파의 사상을 정리한 책인데, 한마디로 말해서 세상은 '원자'라는 작은 입자들로 이루어졌다는 주장을 담고 있다.**

《사물의 본성에 관하여》의 핵심을 정리하면 이렇다. 세상은 진공으

---

* 강대진이 우리말로 번역한 책이 2012년에 출간되었다.
** 원자라는 아이디어 자체는 고대 그리스의 철학자 레우키포스와 데모크리토스의 발상이었다. 에피쿠로스는 이 아이디어를 활용해 자신의 철학을 세웠다.

로 텅 비어 있고, 그 속에 원자라는 입자들이 모여 만물을 이룬다. 원자들은 모였다가 흩어지기를 반복할 뿐 거기에는 인간이 만든 어떤 가치나 의미는 없다. 우리 몸도 원자들이 모여 만들어진 것이며 시간이 지나면 다시 원자로 뿔뿔이 나누어진다. 이 원자들은 우연히 다시 모여 포도주가 되거나 고양이, 책상, 돌멩이 혹은 다른 사람이 될 수 있다. 원자들은 단지 법칙을 따라 움직이며 이합집산 하는 것일 뿐 여기에 특별한 의도나 목적은 없다. 그러니 삶에서 특별한 의미를 찾으려하지 말라. 죽음을 두려워할 이유도 없다. 신神도 필요 없다. 그렇다면 우연으로 주어진 한 번뿐인 삶에서 우리가 추구할만한 것은 쾌락뿐이다.

여기서의 '쾌락'은 흔히 말하듯 제멋대로 살자는 뜻이 아니다. 그런 쾌락은 공허하기 때문이다. 앎을 추구하는 소소한 쾌락이야말로 진정 추구할만한 쾌락이라는데, 그 근거가 무엇인지 필자는 잘 모르겠다.

기독교의 유일신이 지배하는 중세 유럽에서 이것은 위험한 사상이었다. 중세 유럽만이 아니라 고대 그리스에서도 위험한 생각이었을 거다. 자연의 구성 원리에서 삶의 의미까지 연역해내는 것은 나 같은 물리학자에게 지나친 논리의 비약으로 보인다. 하지만 에피쿠로스Epikuros가 주장한 원자론이 자연을 보는 시각은 현대 물리학의 관점과 상당히 유사하다. 세상은 원자와 진공으로 이루어져 있다. 존재하는 만물은 100여 종류의 원자들*이 마치 레고 블록같이 여러 가지 방식으로 결합하여 만들어진다. 20세기 탄생한 양자역학은 개별 원자들의 특성뿐 아니라 이들이 결합하는 방식까지 설명해준다. 만물이 원자로 되어 있으니 양자역학은 만물을 설명한다고 할 수 있다. 고대 그리스 철학자들이 간절히 알고자 했던 "만물의 근원은 무엇인가?"라는 질문에 대해 이제 우리는 당당히 답할 수 있다. 답은 원자, 바로 중세의 불온사상이다.

원자는 숫자놀이의 산물

세상 모든 것에 대해 알아보려는 이 책의 여행은 원자 이야기로부터 시작된다. 결국 모든 것은 원자가 모여 만들어지기 때문이다. 근대

---

* 현재 '국제 순수 및 응용 화학 연합IUPAC'에서 공식적으로 인정한 원자는 모두 118개다.

과학의 역사에서 원자를 처음 발견한 사람은 물리학자가 아니라 화학자였다. 화학자들이 원자라는 개념에 이르게 되는 길은 그야말로 좌충우돌의 험난한 여정이었다.* 앙투안 로랑 라부아지에Antoine Laurent Lavoisier가 산소의 존재를 밝혀내던 1770년대만 해도 물이 흙으로 변환된다는 생각을 가진 학자도 여럿 있었다. 물을 밀폐 상태에서 가열하고 식히기를 반복하면 침전물, 즉 흙이 생긴다는 것이 그 이유였다.

근대 화학의 아버지라 할 수 있는 라부아지에는 101일 동안 증류실험을 반복 수행한 후 역시 침전물이 생기는 것을 관찰했다. 하지만 실험 장치의 질량을 재보니 처음과 비교하여 침전물의 질량만큼 줄어들었다는 것을 확인한다. 즉 물이 침전물(흙)로 변한 것이 아니라 실험 장치의 일부가 물에 녹아 나온 것이다. 이미 100여 년 전 뉴턴의 발견으로 당시 과학계는 별들의 움직임을 완벽하게 설명할 수 있었지만, 물질의 근원에 대해서는 2000년 전 철학자 플라톤의 사원소설 수준을 크게 벗어나지 못했다. 라부아지에는 1789년 출판한《화학 개론Traité Élémentaire de Chimie》에서 사원소설을 공식적으로 폐기한다. 더러운 셔츠에 기름과 우유를 적셔 항아리에 넣어두면 쥐가 자연적으로 탄생한다는 생명의 자연 발생설이 루이 파스퇴르Louis Pasteur의 실험으로 기각된 것이 불과 1861년의 일이라는 사실을 잊지 말자.

원자의 존재는 기체 연구에서 밝혀진다. 1774년 조지프 프리스틀리Joseph Priestley는 '산화수은'이라는 고체에 열을 가했더니 알 수 없는 기체가 발생되는 것을 발견하고 이 기체를 '탈플로지스톤 공기'라고

• 그 여정은 존 허드슨의《화학의 역사》에 잘 묘사되어 있다.

공기를 연구하고 있는 라부아지에

불렀다. 이 이상한 공기 속에 촛불을 놓으면 불이 엄청나게 활활 타올랐으며 한 모금 마셔보니 가슴이 가볍고 편안해졌다. 이 기체는 훗날 '산소'로 밝혀진다. 1776년 헨리 캐번디시Henry Cavendish는 아연이나 철 같은 금속을 염산에 넣으면 또 다른 이상한 기체가 발생한다는 사실을 발견한다. 이 기체에 열을 가하면 불이 붙거나 폭발했기 때문에 '가연성 기체'라고 했는데, 이는 오늘날 '수소'로 불리는 기체였다. 이제 캐번디시는 자신이 발견한 가연성 기체(수소)에 프리스틀리가 발견한 탈플로지스톤 공기(산소)를 넣고 전기 방전을 시켜봤다. 그러자 실험 장치 내부에 이슬이 맺혔다. 즉 물이 만들어진 것이다. 더구나 이 반응에서 사용한 기체들의 부피와 생성된 물(수증기)의 부피 사이에는 특별한 관계가 있었다.

2리터의 수소 기체와 1리터의 산소 기체를 결합시키면 2리터의 수증기, 즉 물이 생성된다. 반응에 참여하는 수소, 산소, 수증기의 부피는 언제나 2 대 1 대 2의 비를 이룬다. 이 비는 실험 방법과 무관하게 항상 성립한다. 이래야 하는 이유는 무엇일까? 카페에 들어오는 팀마다 여자 한 명, 남자 두 명으로 구성돼 있고, 모두 하나같이 에스프레소 두 잔, 망고 주스 한 잔을 시키는 것과 비슷하다. 이제 반대로 물을 분해해보면 수소와 산소만 생성된다. 다른 것은 전혀 나오지 않는다. 따라서 물은 수소와 산소로만 이루어진 것이 틀림없다. 수소와 산소가 만나 다른 것으로 바뀌지 않는다는 이야기다.

이제 좀 더 미묘한 질문을 해보자. 수소 2리터에 산소 1리터를 더하면 왜 수증기 3리터가 아니라 2리터가 될까? 1 더하기 2는 3 아닌가? 곰곰이 생각해보면 결국《사물의 본성에 관하여》에 나오는 아이디어에 도달하게 된다. 기체들은 원자로 되어 있고* 진공을 떠다닌다. 수소 2리터를 이루는 대부분의 공간이 텅 비어 있고 그 안을 자그마한 수소 원자들이 날아다니는 거다. 그렇다면 기체의 부피는 원자 하나의 크기나 모양과는 상관없고 오직 원자의 개수와 관계가 있다. 10명의 사람이 아파트 한 채에 한 사람씩 들어간다면 열 채의 아파트를 차지할 거다. 필요한 아파트의 수는 각 사람의 키나 몸무게와 상관없다. 한 채의 텅 빈 공간에 사람이 하나씩 있기 때문이다. 기체가 사람처럼 행동한다면 기체도 개수가 부피를 결정할 거라 생각할 수 있다. 실제 1리터 페트병만 한 공간에는 기체의 종류와 상관없이 입자가 27,000,000,000,000,000,000,000개 정도 들어갈 수 있다.**

수소와 산소가 하나씩 만나서 수증기가 되는 것이라면, 수소 2리터와 산소 1리터가 결합하여 수증기가 1리터가 생성되어야 한다. 남자 10명, 여자 10명이 만나서 10쌍의 커플이 생기는 것과 비슷하다. 수소 2리터와 산소 1리터가 결합한다는 것은 수증기가 수소 2개당 산소 1개의 비율로 구성된다는 뜻이다. 물(H_2O) 1개는 수소(H) 2개, 산소(O) 1개가 결합해 만들어진 것이다. 이 반응에서 부피가 아니라 질량을 살펴보면, 수소 1그램에 산소 8그램을 반응시키는 경우 물 9그램(1그램 더하기 8그램)이 만들어진다. 수소 2개가 1그램, 산소 1개가 8그램에 대응되므로 산소 원자가 수소 원자보다 16배 무겁다는 사실도 알 수 있다.

---

* 엄밀하게 말하면 수소나 산소는 원자 2개가 쌍을 이루어 형성된 분자로 되어 있다. 여기서는 복잡한 설명을 피하기 위해 원자라고 하자.
** 이상 기체는 섭씨 0도, 1기압에서 22.4리터의 부피를 가지며, 아보가드로수($6.02214129 \times 10^{23}$)의 입자로 구성된다. 이것을 기체 1몰mole이라고 한다.

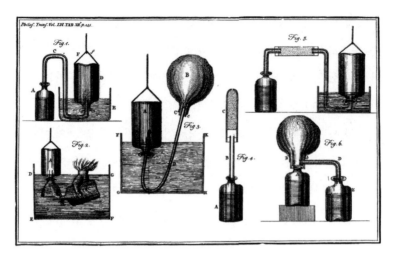

캐번디시가 수소를 채집할 때 사용한 실험 기구들

이런 방식으로 원자들 사이의 상대적 질량도 결정할 수 있다.

다른 수많은 기체의 반응에서도 이처럼 생성되는 기체 사이에 특정한 비가 성립한다. 예를 들어 질소(N) 1리터와 산소(O) 1리터가 결합하여 산화질소(NO) 1리터가 된다. 산화질소는 질소 1개와 산소 1개가 결합된 물질이라는 사실을 알 수 있다. 이처럼 비는 대개 간단한 자연수로 주어지는데, 이는 원자라는 최소 단위가 있다는 것을 의미한다. 데모크리토스Democritos가 말한 대로 만물은 쪼개지지 않는 원자로 되어 있는 것이다. 이처럼 근대 과학의 원자는 화학 반응의 정량적 연구에서 탄생했다. 이 때문에 고등학교 화학 시간에 수많은 화학 반응의 부피비, 질량비 같은 것을 지긋지긋하게 계산했던 거다. 어떤 이들은 "소금물의 농도가 어쩌고…" 같은 이야기만 들어도 몸서리가 쳐진다지만, 원자는 이런 정밀한 계산과 그런 계산을 가능하게 해준 정밀 측정의 산물이다. 숫자는 근대 과학에서 중요하다.

원자 탄생의 화학 혁명이 일어나던 시기는 유럽에서 시민 혁명의 시대였다. 프리스틀리는 전근대적 정치, 사회 제도에 반감을 가지고 있었는데, 이 때문에 영국인이지만 미국의 독립과 프랑스 혁명을 지지했다. 프랑스의 혁명이 국왕을 사형시키는 지경에 이르자, 프랑스는 영국을 포함한 모든 유럽 국가의 적이 된다. 당시 유럽의 대부분 국가는 왕정이었기 때문이다. 프랑스 혁명을 지지했던 프리스틀리는 공공의 적이 되었고, 그의 실험실은 약탈당한다. 영국과 프랑스 사이에 전쟁이 일어나자 프리스틀리는 미국으로 도망쳐야 했다. 하지만 라부아지에에 비하면 프리스틀리는 운이 좋은 편이었다. 프랑스인이었던 라부아지에는 세금 징수와 관련된 회사에서 일했다. 혁명이 일어나자 세금 징수인은 시민의 적이 되었고, 라부아지에는 결국 단두대에서 처형당한다. 수학자 라그랑주는 "라부아지에의 머리를 베어버리는 것은 순간이지만 프랑스에서 그와 같은 두뇌를 만들려면 100년도 넘게 걸릴 것이다"라고 말했다고 한다.

원자는 어떻게 생겼나?

원자는 어떻게 생겼을까? 이제 물리학자가 등장할 차례다. 원자는 원자핵과 전자로 구성되어 있다. 전자는 1897년 조지프 톰슨Joseph Thomson(1906년 노벨물리학상 수상)에 의해 발견되었고, 원자핵은 1911년 어니스트 러더퍼드Ernest Rutherford(1908년 노벨화학상 수상)에 의해 발견되

1927년 10월에 열린 5차 솔베이 회의. 양자역학의 코펜하겐 해석을 두고 격론이 있었다.

었다. 1913년 닐스 보어Niels Bohr(1922년 노벨물리학상 수상)는 러더퍼드의
실험 결과를 바탕으로 원자의 구조에 대한 이론을 내놓는다. 1925년
베르너 하이젠베르크Werner Heisenberg(1932년 노벨물리학상 수상)는 보어의
이론에 등장하는 새로운 개념(새롭다 못해 너무 이상해 물리학자 대부분이 받아
들이지 못했던 개념)을 기반으로 양자역학의 수학을 확립한다. 그 이듬해
에르빈 슈뢰딩거Erwin Schrödinger(1933년 노벨물리학상 수상)도 전자의 운동
을 기술하는 파동 방정식을 독자적으로 발견한다. 이렇게 탄생한 새로
운 물리학을 '양자역학'이라 부른다.

　원자에 대한 주요 발견과 물리학자 이름만 나열해도 숨이 찰 정도
다. 원자의 모습을 알아내는 데 20세기 전반기 물리학의 천재 전부가
투입되었다고 봐도 무방하다. 사실 양자역학의 역사는 20세기 전반

노벨물리학상의 역사이기도 하다. 이렇게 원자를 설명하는 양자역학의 수학이 완성되었으나 그 해석과 의미에 대해서는 논란이 있었다. 1928년이 되자 대부분의 물리학자가 보어와 하이젠베르크가 주장한 일명 '코펜하겐 해석'을 지지하며 논란은 종식된다. 드디어 인류는 원자의 구조를 이해하게 된 것이다. 사실 원자를 기술하는 양자역학의 탄생 과정을 이렇게 한두 문단으로 정리하는 것은 말이 안 된다. 그렇다고 자세히 설명하자면 이걸로 한 권의 책이 될 거다. 여기서는 원자의 구조를 이해하는 데 집중하기 위해 양자역학에 대한 자세한 이야기는 건너뛰기로 하자.*

수소는 가장 단순한 원자다. 원자핵은 양성자 하나로 되어 있고, 전자도 단 하나뿐이다. 원자의 구조를 설명하기 가장 좋은 예란 뜻이다. 양성자는 양전하, 전자는 음전하라 전기적으로 서로 인력引力이 작용한다. 중력으로 서로 당기는 태양과 지구의 관계와 비슷하다. 지구가 태양 주위를 돌고 있는 것처럼 전자는 원자핵 주위를 돌고 있다고 볼 수 있다. 지구는 뉴턴 역학이 기술하는 바와 같이 타원 궤도로 태양 주위를 돈다. 이론적으로 타원의 크기는 어떤 값이든 가능하다. 지구의 타원 궤도는 45억 년 전 지구가 탄생하던 때 그냥 우연히 주어진 거다. 조건이 달랐다면 타원의 크기가 더 컸을 수도 있고 작았을 수도 있다. 타원의 크기가 바뀌면 에너지도 바뀐다. 따라서 원칙적으로 지구는 어떤 에너지 값이든 가질 수 있다. 하지만 전자의 궤도는 이런 식으로 이해할 수 없다. 그래서 양자역학이 필요한 거다.

---

* 양자역학에 대해 더 자세히 알기 원하는 독자는 필자의 《김상욱의 양자 공부》를 참고하시라.

양자역학에 따르면 전자는 띄엄띄엄한 에너지만을 가질 수 있다. 그렇다고 타원 궤도의 크기가 띄엄띄엄한 것은 아니다. 전자는 궤도 자체를 가지지 않기 때문이다. 이런 말들이 독자를 혼란에 빠뜨릴 거다. 지구가 태양 주위를 도는 동안 지구가 지나는 경로를 궤도라 한다. 전자도 원자핵 주위를 도니까 궤도가 있어야 할 것 같다. 하지만 전자의 궤도를 생각할 수 없다는 것이 양자역학의 핵심이다. 어차피 이 책에서 양자역학을 다루지 않기로 했으니 궤도가 없다는 말의 의미를 설명하기보다 궤도 없이 전자의 운동을 기술하는 방법에 대해서 이야기할 것이다. 이제부터 우리는 전자가 '어디에' 있는지가 아니라 '어떻게' 있는지에 주목할 거다. 즉 양자역학은 전자의 '위치'가 아니라 '상태'를 기술한다.

수소 원자에는 전자가 하나 있다. 이 전자가 어떤 상태에 있는지를 아는 것이 수소에 대해 알아야 할 모든 것이다. 전자가 가질 수 있는 가능한 상태를 원자호텔의 비유로 설명해보자.* 전자가 투숙객이라면, 상태는 호텔 객실이다. 호텔 객실은 층과 호수로 표현된다. 예를 들어 2층 3번째 객실이면 203호다. 전자가 어떤 상태를 갖는다는 것은 그 객실에 들어간 것이라고 이해하면 된다. 수소 원자를 이루는 한 개의 전자는 객실 하나에 들어가야 한다. 이 호텔에서는 층이 높을수록 전자의 에너지가 크다. 보통의 호텔은 층마다 객실의 개수가 같지만 이 호텔에서는 층마다 객실의 개수가 다르다. 1층에 1개, 2층에 4개, 3층

---

* 이는 EBS 다큐멘터리 <빛의 물리학>과 한정훈의 저서 《물질의 물리학》에서도 사용했던 비유다.

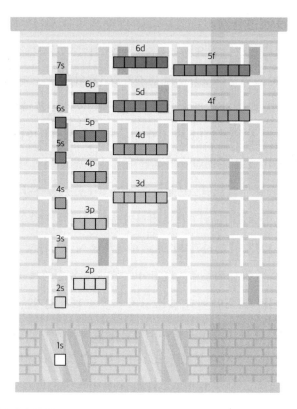

전자가 원자 내에서 점할 수 있는 상태를 나타낸 기묘한 원자호텔

에는 4개의 객실이 있다.* 이 수들이야말로 원자, 나아가 세상 만물의 특성을 결정짓는 마법의 수다. 차차 이야기하겠지만 이 숫자가 조금만 바뀌어도 세상의 모습은 지금과 완전히 달라진다.

---

* 양자역학을 아는 사람이라면 층이 주양자수 n이라 생각할 것이다. 그렇다면 3층에는 4개가 아니라 9개의 객실이 있어야 한다. 여기서는 1s를 1층, 2s와 2p를 2층, 3s와 3p를 3층으로 생각했다. 3d를 n=3임에도 3층에서 제외한 것은 3d가 4s보다 에너지가 크기 때문이다. 원자호텔도 사실 지나치게 단순한 비유다.

전자가 특정한 상태를 갖는다는 말의 의미는 뭘까? 즉 전자가 202호 객실에 있다는 것은 물리적으로 어떤 의미를 가질까? 우선 상태는 에너지를 알려준다. 201호의 전자와 203호의 전자는 에너지가 같다. 앞서 말한 대로 같은 층에 있는 객실의 에너지가 같기 때문이다. 하지만 301호의 전자는 201호의 전자보다 에너지가 크다. 따라서 201호의 전자가 301호로 가려면 추가적인 에너지가 필요하다. 외부에서 에너지를 공급하지 않으면 201호의 전자는 301호로 올라갈 수 없다는 뜻이다. 아파트에서도 위층으로 올라가려면 에너지가 필요하지 않은가. 반대로 301호의 전자가 201호로 이동하면 에너지가 남는다. 이 여분의 에너지는 원자 외부로 방출되어야 한다. 보통 원자에 공급되거나 방출되는 에너지는 '빛'이다. 수소 원자에 빛을 쬐면 전자는 높은 층으로 이동하고, 수소 원자가 빛을 방출하면 낮은 층으로 이동한다.

또한 상태는 전자가 공간적으로 어디에 있는지 알려준다. 이 호텔에서는 투숙한 객실에 따라 전자가 다닐 수 있는 공간이 다르다. 수소 원자는 공 모양을 하고 있기 때문에 전자가 다니는 공간을 설명할 때, 지구 주위의 인공위성을 생각하면 편하다. 예를 들어 1층 1호실에 투숙한 전자는 높이 100~500킬로미터 사이 지구 주위 어딘가에 있는 인공위성이라 할 수 있다. 2층 1호실이면 높이 300~900킬로미터 사이의 인공위성이다. 1호실의 전자는 이처럼 구형球形의 공간에 존재한다. 전자와 인공위성의 비유는 딱 여기까지다. 인공위성이라면 정확한 위치와 궤도를 가질 수 있지만, 전자는 이 공간 내 어딘가에 있다는 것만 알 수 있을 뿐이다.

이렇게 설명해도 수소 원자를 직접 보면 어떻게 생겼냐고 물어볼 사람이 있을 거다. 안타까운 일이지만 이건 질문이 틀린 거다(세상에 이런 말도 안 되는 대답이라니!). 전자의 모습을 알아내기 위해 일부러 전자를 보면 전자는 사라진다. 이게 무슨 말일까? 본다는 것은 전자에 빛을 쪼여서 전자에 맞고 튕겨 나온 빛이 카메라에 도착하는 거다. 원자 내부에서 전자의 위치를 분간할 수 있으려면 원자의 크기보다 작은 파장의 빛을 사용해야 한다. 여기서 왜 알지도 못하는 '파장' 같은 어려운 단어가 오는지 의문이 드는 사람은 제대로 공부하는 수밖에 없다. 아무튼 엑스선에 해당하는 이런 빛을 수소 원자에 쪼이면 전자의 위치를 알아내기는커녕 전자가 원자 밖으로 떨어져 나간다. 마치 지구에 화성을 충돌시켜 지구의 위치를 알아내는 거랑 비슷하다. 위치는 알아내겠지만 지구는 태양계 밖으로 튕겨나갈 거다. 이렇게 하지 않으면서 전자의 위치를 제대로 알아낼 방법이 없다는 것이 하이젠베르크의 불확정성 원리다.* 여전히 이상하다는 느낌이 드는 사람은 양자역학을 본격적으로 공부해야 한다.

수소 원자에서 전자가 가질 수 있는 상태의 수는 무한히 많다. 호텔의 층이 무한히 많다는 뜻이다. 이 가운데 전자가 실제 어느 상태에 있는지 알고 싶으면 관측을 해야 한다. 쉬운 말로 하자면 봐야 한다. 하지만 원자의 세계에서 보는 것이 쉬운 일이 아니라는 것은 이미 이야기했다. 대개의 경우 전자의 상태를 굳이 확인할 필요는 없다. 외부에서 특별한 자극을 주지 않으면 전자는 대개 가장 낮은 층에 있기 때문이다. 가장 낮은 층, 즉 가장 낮은 에너지 상태를 '바닥상태'라고 부른다. 호텔의 비

---

* 전자의 위치와 운동량을 동시에 정확히 알 수 없다는 원리다. 본문의 예에서는 전자의 위치를 정확히 알게 되었기에 운동량이 불확실해져서 원자를 탈출할 만큼 커진 것이다.

유에서 101호다. 수소 원자의 구조를 조금 복잡하고 억지스러운 호텔의 비유까지 들어가며 이렇게 자세히 설명하는 데에는 다 이유가 있다. 이 구조야말로 세상이 지금과 같이 생긴 이유를 설명해주기 때문이다.

파울리의 배타 원리

이제 수소보다 좀 더 복잡한 원자들을 고려해보자. 원자핵에 들어 있는 양성자의 수를 원자 번호라 한다. 수소는 1번이다. 사실 지금이라 면 수소라는 이름 대신 그냥 1번이라고 불렀을지도 모른다. 하지만 원 자의 이름은 양자역학이 만들어지기 150년 전에 지어진 거다. 한번 이 름이 쓰이기 시작하면 바꾸기 힘들다. 그래서 짜증나지만 원자 이름과 원자 번호를 쌍으로 외워야 한다. 더구나 알파벳으로 표기하는 국제 원자 기호까지 있으니 외울 것이 점점 많아진다. 수소의 경우 $_1H$로 표 기한다. 좌측 하단의 숫자가 원자 번호다. 전자의 수는 양성자의 수와 같다. 양성자의 양전하와 전자의 음전하가 상쇄되어 원자는 전체적으 로 중성이 되기 때문이다.

원자 번호 2번은 헬륨($_2He$)이다. 양성자 2개에 전자가 2개다. 전자 가 2개만 되어도 문제는 엄청나게 복잡해진다. 우선 전자들 사이에는 전기적으로 서로 밀어내는 힘이 작용한다. 더구나 양자역학의 슈뢰딩 거 방정식을 직접 적용해보면 잘 풀리지 않는다. 사실 양자역학으로 깨끗하게 풀리는 것은 수소 원자뿐이다. 나머지는 컴퓨터를 이용하거 나 오차를 떠안고 근사적으로 풀어야 한다. 우리의 목적이 원자의 기본 구조를 이해하는 것이니 완전한 답을 구하기보다 약간의 트릭을 쓰는 것이 더 좋겠다. 즉 헬륨을 이해하기 위해 이미 알고 있는 수소 원자의 지식을 이용하자는 거다. 앞에서 소개한 수소의 원자호텔을 재활용한다는 이야기다. 사실 헬륨뿐 아니라 다른 원자도 모두 이렇게 이해할 것이다.

원자호텔 이야기에서는 객실을 주로 이야기했다. 투숙객 전자가 하나뿐이었기 때문이다. 헬륨은 전자가 2개다. 투숙객 둘이 방을 고르면 새로운 문제가 발생한다. 일단 기본 원칙은 같다. 특별한 상황이 아닌 한 전자는 가장 낮은 층에 있으려고 한다. 수소 원자호텔의 가장 낮은 층을 101호라고 했으니, 헬륨의 경우 2개의 전자가 모두 101호에 있으면 된다. 문제는 투숙객 둘이 순순히 한 객실에 들어갈 것이냐다. 이제 우리는 둘 이상의 투숙객을 방에 집어넣는 새로운 규칙을 정해야 한다. 새 규칙은 일반 호텔의 그것과 비슷하다. 객실 하나에 전자 2개까지 들어간다는 말이다. 이것을 '파울리의 배타 원리Pauli exclusion principle'라고 한다.

이 원리를 발견한 볼프강 파울리Wolfgang Pauli(1945년 노벨물리학상 수상)는 양자역학을 만든 하이젠베르크와 같은 연구실 동료로 우리식으로 말하면 선배다. 파울리는 이론에는 뛰어났지만 실험에 젬병이었던 걸로 유명하다. 오죽하면 '파울리 효과'라는 말까지 있다(농담이 아니라 위키백과에 'Pauli effect' 항목이 있다). 파울리가 나타나면 멀쩡히 작동하던 실험 장치도 고장이 난다는 말이다. 심지어 장비 근처가 아니라 같은 도시에 있는 것만으로도 기계가 고장난 적이 있단다. 물론 믿거나 말거나다. 성격이 워낙 까칠해서 붙은 오명汚名일지도 모르겠다.

아인슈타인과 볼프강
파울리

'배타 원리'라는 말이 어렵게 느껴질 수도 있다. 방 하나에 전자가
2개 들어가면, 그다음부터 오는 전자를 배타적으로 대한다고 이해하
면 될듯하다. 다시 말해 하나의 방은 2개의 전자로 꽉 찬다는 뜻이다.
그런데 왜 하필 둘일까? 1925년 21세의 미국인 물리학자 랠프 크로니
히Ralph Kronig는 방을 채운 두 전자가 서로 반대 방향으로 자전自轉하
고 있다고 제안했다. 같은 방에 있는 2개의 전자는 각각 시계 방향, 반
시계 방향으로 회전하고 있다는 거다. 원자의 구조는 태양계와 비슷하
다. 태양이 원자핵이라면 지구는 전자다. 지구는 태양 주위를 공전하

고 있을 뿐 아니라 자전도 한다. 즉 전자가 가질 수 있는 추가적인 상태는 자전에 대한 것이다. 전자의 자전을 '스핀'이라고 부른다.[*]

크로니히가 있던 독일 튀빙겐을 우연히 방문한 파울리는 크로니히의 스핀 아이디어를 단번에 무시했다. 파울리의 까칠한 성격을 생각하면 크로니히가 상처받았을 것이 분명하다. 파울리뿐만 아니라 많은 물리학자가 말도 안 된다고 생각했다. 의기소침한 크로니히는 결국 자신의 아이디어를 철회한다. 비슷한 시기, 이번에는 네덜란드의 젊은 물리학자 조지 울런벡George E. Uhlenbeck과 사무엘 구드스미트Samuel Goudsmit가 스핀에 대한 논문을 제출한다. 논문을 제출하고 네덜란드 최고의 물리학자였던 헨드릭 로런츠Hendrik Lorentz에게 자문을 구하자, 로런츠는 부정적인 반응을 보였다고 한다. 울런벡과 구드스미트는 논문을 철회하려고 출판사에 연락했으나 너무 늦어버렸다. 논문의 출판이 이미 결정되었던 것이다. 하지만 그 바람에 울런벡과 구드스미트는 스핀의 발견자로 역사에 이름을 남기게 된다. 반면에 크로니히는 이런 뒷얘기에만 등장할 뿐 스핀 발견에 대해 아무런 영예도 얻지 못했다.

방 하나에 전자 2개가 들어간다는 파울리의 배타 원리는 물질세계를 이해하는 데 가장 중요한 규칙이다. 원자호텔의 방은 1층에 101호, 2층에 201호, 202호, 203호, 204호, 3층에 301호, 302호, 303호, 304호… 이런 식으로 되어 있다고 했다. 전자는 가장 낮은 층에 우선적

• 이렇게 스핀을 자전으로 이해하는 것은 사실 오류다. 전자는 두 바퀴를 돌아야 원래 모습(?)으로 돌아오기 때문이다. 더구나 전자는 크기가 없다. 스핀을 직관적으로 이해하는 방법은 없다.

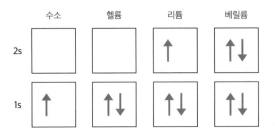

파울리의 배타 원리에 따른 수소, 헬륨, 리튬, 베릴륨의 전자 배열. 위 방향 화살표는 시계 방향, 아래 방향 화살표는 반시계 방향으로 자전하는 전자를 나타낸다.

으로 들어간다. 헬륨은 원자 번호 2번, 즉 전자가 2개 있다. 따라서 헬륨 원자호텔에는 전자 2개가 모두 101호에 있게 된다. 파울리의 배타 원리가 진가를 발휘하는 것은 원자 번호 3번부터다.

원자 번호 3번은 리튬(3Li)이다. 원자호텔에 전자를 아래층부터 채워보자. 1층의 101호에 전자 2개를 넣고 나면 나머지 하나를 더 넣을 수 없다는 사실을 깨닫게 된다. 파울리의 배타 원리 때문이다. 101호는 전자 2개로 이미 만원이다. 더구나 1층에는 객실이 101호뿐이다. 따라서 3번째 전자는 무조건 2층으로 올라가야 한다. 즉 201호에 전자 하나가 들어간다는 뜻이다. 2층에는 객실이 4개 있으니 8개의 전자까지 들어갈 수 있다. 즉 원자 번호 10번까지(2개는 1층을 채워야 한다) 2층의 객실에 전자가 하나씩 채워진다. 원자 번호 11번에서 다시 큰 변화가 일어난다. 1층과 2층의 모든 객실이 전자 2개씩 꽉 차 있기 때문이다. 11번째 전자는 반드시 3층으로 가야 한다. 파울리의 배타 원리는 원자 내 전자 구조를 결정하는 핵심 규칙이다.

지금까지 이야기한 복잡한 원자호텔 이야기와 파울리의 배타 원리에서 무슨 교훈을 얻을 수 있을까? 이들은 양자역학의 수학이 말해주는 결과다. 세상 만물은 원자로 되어 있고, 원자는 양자역학의 수학으로 기술된다. 우리가 사는 세상에서는 비록 규정상 안 된다고 하더라도 호텔 객실에 3명이 몰래 들어갈 수 있다. 아니, 마음만 먹는다면 4명이 못 들어갈 이유도 없다. 하지만 원자 세계에서는 하나의 상태에 3개의 전자가 결코 절대로 들어갈 수 없다. 이것은 1 더하기 1이 절대로 3이 될 수 없는 것과 비슷하다. 물질의 근원인 원자가 사는 세상은 수학이 지배하는 차가운 곳이다. 이곳에는 인간적인 것이 거의 없다. 하지만 인간의 몸은 원자로 되어 있다.

주기율표의 비밀

1869년 러시아의 화학자 드미트리 멘델레예프Dmitri Mendeleev는 주기율표를 만들었다. 주기율표란 당시까지 알려진 원자들을 질량순으로 늘어놓은 표다. 특히 이들을 이차원으로 배치했는데, 서양장기인 체스 판의 각 칸에 원자를 하나씩 넣은 것이라 보면 된다. 이렇게 배열하면 세로 방향*으로 늘어선 원자들의 화학적 성질이 비슷하다. 첫째 가로줄에는 수소가 있고, 둘째 가로줄에는 리튬에서 시작하여 플루오르($_9$F)까지 배열되어 있다. 셋째 줄은 나트륨($_{11}$Na)**에서 시작하여 염소($_{17}$Cl)까지다. 당시는 아직 모든 원자가 발견되지 않았다. 헬륨과 네온

•   멘델레예프가 만든 최초의 주기율표는 지금의 것과 비교할 때 가로, 세로가 뒤바뀌어 있다. 여기서는 현재 사용하는 것을 기준으로 설명한다.
••   나트륨은 영어식 발음인 '소듐sodium'으로 부르기도 한다.

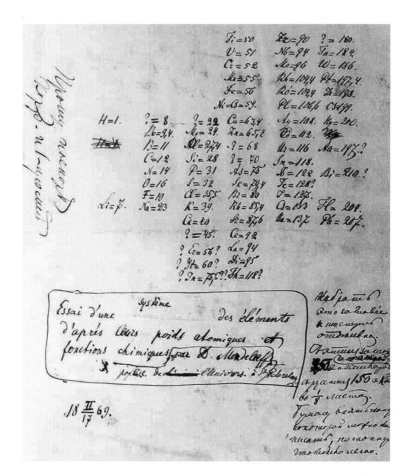

멘델레예프가 최초로 제안한 주기율표

($_{10}$Ne), 아르곤($_{18}$Ar) 등이 빠진 이유다. 멘델레예프는 주기율표의 여기 저기에 빈칸을 만들었다. 그리고는 자신이 만든 표의 규칙성을 볼 때, 빈칸에 들어갈 원자가 아직 발견되지 않았으며, 그 원자들은 이런저런 성질을 가져야 한다고 주장했다. 원자의 구조에 대해 아무것도 모르는 시절이었으니 용감하다 못해 무모해 보일 수도 있겠다.

1878년 폴 에밀 르코크 드 부아보드랑Paul Émile Lecoq de Boisbaudran 은 갈륨($_{31}$Ga)이라는 새로운 금속 원자를 발견했다. 멘델레예프는 부아보드랑의 데이터를 보더니 갈륨의 밀도와 질량이 잘못 측정되었다고 주장했다. 자신의 예측과 다르다는 거였다. 당시로서는 주기율표가 옳아야 할 아무런 이유도 없었기에 누가 보더라도 멘델레예프가 미친 것으로 보였다. 하지만 부아보드랑은 곧 자신의 데이터에 오류가 있다고 발표했다. 멘델레예프가 옳았던 거다. 스타가 탄생하는 순간이었다.

머리 좋은 독자는 눈치챘겠지만 주기율표의 가로줄은 원자호텔의 층과 관련된다. 첫째 줄 2개, 둘째 줄 8개, 셋째 줄 8개라는 숫자를 보라. 호텔 각층의 객실 수와 관련이 있지 않은가? 그렇다면 주기율표 세로줄의 원자들은 왜 화학적 성질이 비슷할까? 예를 들어 첫 번째 세로줄을 보면 수소, 리튬, 나트륨, 칼륨($_{19}$K), 루비듐($_{37}$Rb), 세슘($_{55}$Cs)이 있다. 수소를 제외하면 '알칼리 금속'이라 불린다. 알칼리 금속은 모두 매우 무르고 밀도가 낮은 고체로 반응성이 강하다. 마지막 세로줄에 있는 헬륨, 네온, 아르곤, 크립톤($_{36}$Kr) 등은 불활성 기체라고 부르는데, 모두 다른 원자들과 거의 반응하지 않는다. 반응하지 않으므로 존재하더라도 그 존재를 잘 알 수 없다. 역사적으로 불활성 기체들의 발견이 늦어진 이유다. 이처럼 세로줄에 속한 원자들은 화학적 성질이 비슷하다.

원자의 화학적 성질은 어떻게 결정되는 걸까? 이제 원자호텔이 갖는 의미를 이야기할 때다. 앞에서 호텔 객실에 들어가는 전자의 비유를 사용했는데, 원자에 객실 따위가 실제 있는 것은 아니다. 객실은 단지 전자의 상태를 나타낸다. 코로나바이러스감염증19 사회적 거리두기 3단계라는 것은 감염증의 사회적 상태를 숫자로 표현한 것이다. 마찬가지로 전자가 원자호텔 201호에 있다는 것은 201호라는 상태에 해당하는 여러 물리적 특성을 가진다는 뜻이다. 이것으로부터 해당 전자의 에너지, 운동량, 위치 등을 알 수 있다. 사실 양자역학에 의하면 전자의 위치를 정확히 아는 것은 불가능하다. 상태로부터 전자의 위치에 대해 우리가 알 수 있는 것은 어디쯤 있을지에 대한 대략적 정보다. 전자의 인공위성 비유를 생각해보라. 전자는 인공위성과 비슷하다. 층이 높아질수록 전자는 중심으로부터 멀어진다. 1층보다 2층, 2층보다 3층에 있을 때 전자는 원자 중심에서 멀어진다.

자세히 설명하기는 힘들지만 객실의 번호 가운데 마지막 숫자가 같은 경우 비슷한 물리적 특성을 갖는다. 다시말해 101호, 201호, 301호가 비슷한 특성을 갖는다는 뜻이다. 특히 101호에 전자가 하나 있는 것과 201호, 301호에 전자가 하나씩 있는 것은 물리적으로 유사하다. 따라서 101호에 전자가 하나 있는 수소, 201호에 전자가 하나 있는 리튬, 301호에 전자가 하나 있는 나트륨의 화학적 성질은 비슷하다. 이들의 공통점은 전자를 아래층부터 차례로 채웠을 때 마지막 전자가 각층의 1호실에 있는 원자라는 것이다.

자, 여기 원자 하나가 있다고 하자. 이 녀석이 갖는 성질을 알아보려면 외부에서 건드려보며 그 반응을 살펴봐야 한다. 만물은 원자로 되어 있으니 외부에서 건드리는 '것'도 원자로 되어 있다. 원자를 건드리기 위해서는 원자에 접근을 해야 하는데, 이는 건드림을 당하는 원자와 건드리려는 원자가 서로 접근한다는 말이기도 하다. 원자는 중심의 원자핵과 그 주위를 둘러싸고 있는 전자들로 되어 있다. 따라서 두 원자가 서로 접근할 때, 각각 원자의 가장 바깥에 있는 전자들끼리 우

원자호텔로 본 주기율표의 구조

1	2	3	4	5	6	7	8	9	10	11	12	13	14	15	16	17	18
1 H (1s)																	2 He (1s)
3 Li (2s)	4 Be											5 B	6 C	7 N	8 O	9 F	10 Ne (2p)
11 Na (3s)	12 Mg											13 Al	14 Si	15 P	16 S	17 Cl	18 Ar (3p)
19 K (4s)	20 Ca	21 Sc	22 Ti	23 V	24 Cr	25 Mn (3d)	26 Fe	27 Co	28 Ni	29 Cu	30 Zn	31 Ga	32 Ge	33 As	34 Se	35 Br	36 Kr (4p)
37 Rb (5s)	38 Sr	39 Y	40 Zr	41 Nb	42 Mo	43 Tc (4d)	44 Ru	45 Rh	46 Pd	47 Ag	48 Cd	49 In	50 Sn	51 Sb	52 Te	53 I	54 Xe (5p)
55 Cs (6s)	56 Ba	57 La	72 Hf	73 Ta	74 W	75 Re (5d)	76 Os	77 Ir	78 Pt	79 Au	80 Hg	81 Tl	82 Pb	83 Bi	84 Po	85 At	86 Rn (6p)
87 Fr (7s)	88 Ra	89 Ac	104 Rf	105 Db	106 Sg	107 Bh (6d)	108 Hs	109 Mt	110 Ds	111 Rg	112 Cn	113 Nh	114 Fl	115 Mc	116 Lv	117 Ts	118 Og (7p)

58 Ce	59 Pr	60 Nd	61 Pm	62 Sm	63 Eu	64 Gd (4f)	65 Tb	66 Dy	67 Ho	68 Er	69 Tm	70 Yb	71 Lu
90 Th	91 Pa	92 U	93 Np	94 Pu	95 Am	96 Cm (5f)	97 Bk	98 Cf	99 Es	100 Fm	101 Md	102 No	103 Lr

선 만나게 된다. 전쟁터에서 처음 전투에 돌입하는 것은 최전방에 있는 병사들이다. 더구나 전자들끼리는 척력으로 밀어내므로 그 이상 들어가기는 힘들다.

원자호텔에서 층이 높을수록 전자는 바깥쪽에 위치한다. 가장 바깥쪽에 있는, 즉 최전방의 전자가 원자의 성질을 결정한다. 원자에 접근할 때 가장 먼저 만나는 부분이기 때문이다. 사람을 만났을 때에도 그 사람의 가장 바깥쪽 원자의 집합, 즉 피부가 그 사람에 대한 인상을 결정한다. 인간의 눈은 사람의 피부를 관통해 내부를 볼 수 없기 때문이다. 따라서 가장 높은 층에 있는 마지막 방의 전자가 원자의 성질을 결정한다. 주기율표의 세로줄에 있는 원자들은 마지막 전자가 층은 다르지만 같은 호실을 채운다. 그래서 비슷한 성질을 가지며 화학적 성질도 비슷하다. 이렇게 양자역학은 멘델레예프 주기율표의 구조를 멋지게 설명한다.

필자가 아는 화학자는 주기율표가 일종의 지도라고 말한다. 주기율표는 평면에 118개의 원자들을 늘어놓은 것이다. 얼핏 보면 그 형태가 꼭 지도 같다. 주기율표 세계에는 두 개의 대륙이 있다. 위의 큰 대륙은 유라시아, 아래의 작은 대륙은 마치 오스트레일리아처럼 보인다. 한 종류의 원자만으로 이루어진 물질 가운데 상온에서 액체인 것은 브롬($_{35}Br$)과 수은($_{80}Hg$)이다. 유라시아 대륙에 작은 호수가 두 개 있다고 볼 수 있다. 이제 이 지도에 등고선을 주어 삼차원 구조를 만들 수도 있다. 어떤 물리량을 높이로 잡아 원자마다 높이만큼 흙을 쌓으면 산과 평야가 만들어진다. 예를 들어 '전기 음성도'라는 수치로 높이를 나타내면 유라시아 대륙 동북쪽에 봉우리를 가지며 남서쪽으로 갈수록 점차 낮아지는 지형을 볼 수 있다. 웬만한 화학자라면 눈을 감은 채 각종 물리량을 가지고 만들어진 주기율표 대륙의 지형을 탐사하고 음미할 수 있다.

원자가 우주에 대해 알려준 것

만물은 원자로 되어 있다. 고대 그리스의 레우키포스Leukippos가 말하고 데모크리토스가 주장했으며 에피쿠로스가 발전시킨 것을 루크레티우스가 시詩로 기록하였다. 원자는 불멸한다. 세상에서 벌어지는 모든 현상은 단지 원자들이 여러 가지 방식으로 모였다가 흩어지는 것에 불과하다. 여기에는 어떤 목적도, 의도도 없다.

원자가 어떻게 결합하는지 탐구하는 학문을 화학이라고 한다. 양자역학은 원자가 그렇게 결합하는 이유를 설명한다. 원자의 정수精髓는 원자핵이다. 원자핵이 가진 양성자의 수가 원자의 정체성을 결정한다. 전자는 그것을 보호하듯이 감싸 안고 있다. 따라서 외부에서 보는 원자의 모든 특성은 전자가 결정한다. 전자는 양자역학이 허용하는 특별한 상태를 가진다. 이때 파울리의 배타 원리는 중요한 역할을 한다. 원자호텔의 특별한 구조 때문에 원자들은 서로 상이한 전자 구조를 가지면서도, 주기율표에서 비슷한 성질을 갖는 집단으로 묶이기도 한다.

세상 만물은 원자로 되어 있지만 원자와 만물 사이에는 거대한 간극이 있다. 원자호텔에 대한 이야기로부터 우리에게 익숙한 것(고양이, 연필, 스마트폰, 태양, 인간 등등)에 대한 어떤 단서도 곧바로 얻을 수 없는 이유다. 하지만 만물이 원자로 되어 있다는 것은 여전히 중요하다. 우리 몸을 이루는 원자는 고양이, 연필, 스마트폰, 태양을 이루는 원자와 완전히 똑같다. 우리 몸의 원자는 고양이에서 왔을 수도, 태양에서 왔을 수도 있다. 우리가 죽으면 원자로 산산이 나뉘어져 나무가 될 수도 있고 산이 될 수도 있다. '나'라는 원자들의 '집합'은 죽음과 함께 사라지겠지만, 나를 이루던 원자들은 다른 '집합'의 부분이 될 것이다. 이렇게 우리는 우주의 일부가 되어 영원불멸한다.

원자들은 서로에게 명령을 내리고 있어야 할 곳과 움직임 그리고 가야 할 곳에 대한 생각으로 섬세한 마음을 바꾸어야 하는 종교 회의를 개최하지 않았다. 그저 이런저런 방법으로 뒤섞이고 뒤범벅이 되는 끝없이 계속되는 그런 일에 의해서 서로 부딪히고 몰려다니면서 모든 가능한 움직임과 조합이 이루어진다. 결국 원자들은 이 우주가 만들어지는 데에 필요한 그런 배열을 갖추게 된다.

— 루크레티우스 《사물의 본성에 관하여》

2장

내 이름은 원자

원자의 프로필

물질을 정복하는 것은 그것을 이해하는 것이며, 물질을 이해하는 것은 우주와 우리 자신을 이해하는 데 필요하다. 따라서 멘델레예프의 주기율표는 고귀하고 경건한 한 편의 시이다.

— 프리모 레비《주기율표》

만물은 원자로 되어 있다. 리처드 파인만Richard Feynman은 이것이 인류가 알아낸 가장 중요한 과학적 사실이라고 했다. 하지만 이 사실만으로 할 수 있는 것은 거의 없다. 원자에는 어떤 종류가 있는지, 원자는 어떻게 작동하는지, 원자와 원자가 어떤 방식으로 모여서 만물을 만드는지 알아야 비로소 이 문장은 제 값을 하게 된다. 이런 문제를 집중적으로 다루는 학문이 바로 '화학'이다.

원자의 종류부터 알아보자. 그러려면 원자의 구조를 알아야 한다.

• 이번 장은 오르한 파묵의 소설《내 이름은 빨강》에서 가져왔다. 이번 장의 소제목들도 소설을 본 뜬 것이다

1장에서 이야기했지만 다시 정리해보자. 원자는 원자핵과 전자로 이루어져 있다. 원자핵은 다시 양성자와 중성자로 나뉜다. 양성자는 양전하를 띠고 전자는 음전하를 띤다. 중성자는 이름 그대로 전하가 없다. 흥미롭게도 양성자와 전자는 전하량의 크기가 완전히 똑같고 부호만 다르다. 그 크기는 0.00000000000000000016021766208쿨롱[*]이다. 따라서 자연에 존재하는 모든 전하는 이 값의 정수 배만 가능하다.[**] 전자의 전하가 왜 이런 값인지는 아직 모른다. 아무튼 이 때문에 양성자와 전자의 개수가 같으면 전체적으로 전하가 상쇄돼 완벽한 중성이 된다. 모든 원자가 중성인 이유다. 원자는 원자 번호로 구분된다. 원자 번호는 원자가 가진 양성자의 수다. 원자는 중성이기 때문에 전자도 같은 수가 있어야 한다. 3번 원자 리튬은 양성자 3개, 전자 3개를 가진다.

원자핵도 흥미로운 주제지만 만물이 원자로 되어 있다고 할 때 중요한 것은 전자다. 원자핵은 원자 내부 깊숙한 곳에 숨어 있어 접근조차 힘들기 때문이다. 원자들이 만나서 서로 영향을 주고받을 때 실제 맞부딪히는 것이 전자다. 우리가 다른 사람을 만났을 때 서로 심장이나 뇌를 보여주지 않는 것과 비슷하다. 보통 얼굴을 보거나 악수하며 손바닥을 만져볼 수 있을 뿐이다. 얼굴 생김새나 손바닥의 피부 같은 것은 공간적 구조다. 원자에서도 마찬가지로 전자들의 공간적 배치가 중요하다. 1장에서 이야기한 원자호텔과 파울리의 배타 원리가 그 배치를 결정한다.

---

* 전하량의 단위로 보통 C로 나타낸다. 1암페어의 전류가 1초 동안 이동시킨 전하의 양이다.
** 사실 양성자나 중성자는 쿼크라는 더 작은 입자로 구성된다. 이들은 전자 전하량의 3분의 1, 3분의 2를 가질 수 있다.

자연 상태에서는 92번 원자까지 존재할 수 있다. 빅뱅이나 초신성 폭발 같은 자연 현상으로 만들어질 수 있는 원자를 말한다. 93번 이후는 인공 핵 합성 기술로 만든 것이다. 현재 118번 원자까지 보고되었다. 대충 말해서 원자 번호가 클수록 우주에 존재할 확률이 줄어든다. 따라서 만물을 이해하기 위해 118개의 원자를 모두 알아야 할 필요는 없다. 원자 번호가 큰 원자는 거의 존재하지 않기 때문이다. 우리 몸 질량의 99퍼센트는 단지 4개의 원자로 되어 있다. 이번 장에서는 몇몇 중요한 원자들의 화학적 특성에 대해 알아보기로 하자. 물론 이 특성은 양자역학이 설명한다.

나는 수소

수소는 양성자 하나, 전자 하나로 구성된다. 만약 전자가 달아나 버리면 양성자만 남는 셈이다. 상온常溫*에서 전자 하나는 원자호텔로 이야기하면 101호를 채우는데, 양성자 주위에 고르게 분포한다. 전자의 사진을 무수히 찍어 한꺼번에 겹쳐서 보면 전자의 공간적 분포를 구할 수 있는데, 그 형태가 거의 구형이 된다는 말이다. 어느 방향에서 보더라도 수소 원자의 모습은 비슷하다. 따라서 다른 원자와 결합할 때 방

---

* 상온이란 20~27도 정도의 온도를 말한다. 충분히 낮은 온도에서 수소 원자의 전자는 가장 낮은 에너지 상태에 있게 된다. 수소 원자의 가장 낮은 에너지와 첫 번째 여기상태(들뜬상태)의 에너지 차이를 온도로 환산하면 11만K 정도 된다. 이것과 비교할 때 상온은 300K(상온을 절대온도 K로 환산)으로 1000배가량 작다. 따라서 상온이면 원자의 세계에서는 충분히 낮은 온도다.

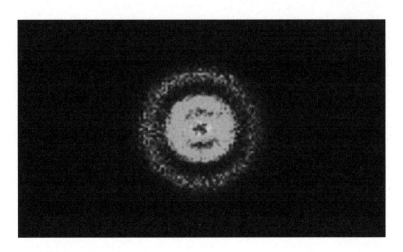

광이온화 현미경을 이용해 촬영한 수소 원자의 모습

향은 고려할 필요가 없다. 수소를 간접적으로나마 느끼고 싶다면 물을 만져보시라. 물을 이루는 원자의 3분의 2가 수소니까.

수소는 우주에서 가장 중요한 원자다. 우주에 존재하는 원자의 무려 75퍼센트가 수소이기 때문이다(암흑 물질이나 암흑 에너지는 무시했다). 나머지 25퍼센트는 원자 번호 2번인 헬륨이다. 둘을 더해서 완전히 100퍼센트가 아니기에 다른 원자들도 존재할 수 있다. 원자 번호 1번과 2번 원자가 우주에 가장 많은 것은 우연이 아니다. 빅뱅으로부터 시작된 우주의 역사에서 핵반응을 통해 가장 단순한 구조의 원자가 먼저 만들어졌기 때문이다. 태양계도 대부분 수소다. 태양의 73퍼센트가 수소, 25퍼센트가 헬륨이니까. 태양과 비교하면 지구는 먼지에 불과하므로 별로 중요한 고려 대상이 아니다. 하지만 지구의 대기에는 수소와 헬륨이 별로 없다. 지구 대기는 주로 질소와 산소로 구성되는데, 수소와 헬륨은 이들보다 가벼워서 날아가 버리기 때문이다. 원자 번호를 보면 수소 1번, 헬륨 2번, 질소 7번, 산소 8번이다. 번호가 클수록 대개 더 무거워진다.

　수소는 가볍다. 그래서 초창기의 기구는 수소를 이용하여 만들어졌다. 1783년 쟈크 샤를Jacques Charles은 수소 기구를 이용한 유인 비행에 성공했다. 당시 이 비행을 보려고 운집한 파리 시민의 수는 무려 40만 명이었다고 한다. 하지만 수소는 가연성 기체라 폭발의 위험성이 있었다. 1785년 필라트르 드 로지에Pilâtre de Rozier는 기구로 도버 해협을 건너던 중 기구의 수소가 화재로 폭발하여 사망한다. 1937년에는 비행선 힌덴부르크호의 기구에 담긴 수소가 폭발하여 승객의 3분의 1 가량이 사망하는 끔찍한 사고가 일어나기도 했다. 수소를 사용하는 대신 공기를 뜨겁게 가열하여 기구를 만드는 것도 가능하다. 사실 최초로 하늘을 날아오른 기구는 1782년 몽골피에Montgolfier 형제가 만든 가열형 기구였다. 수소의 위험성 때문에 현재 사용되는 기구는 모두 가열형이다.

　수소가 전자를 잃어버리면 수소 이온*이 된다. 수소가 양성자와 전자로 구성되어 있기 때문에 전자를 잃으면 남는 것은 양성자뿐이다. 양성자의 반지름은 수소 원자의 10만 분의 1에 불과하다. 다른 원자 이온은 전자를 가지고 있기 때문에 적어도 수소 원자 정도의 크기는 된다. 즉 보통의 이온이 서울시 정도의 크기인데, 수소 이온만 사과 정도의 크기라는 뜻이다. 그래서 수소 이온은 다른 원자들의 이온과는 상당히 다르다. 원자 세계에서 보자면 수소 이온은 전자나 다름없이 작으면서 전자와 같은 크기의 전하량을 가진 입자다. 하지만 전자보다 2000배

---

* 이온이란 원자가 전자를 얻거나 잃어 전하를 띤 상태를 말한다. 원래 중성이었던 원자가 음전하를 띠고 있는 전자를 얻으면 음이온, 전자를 잃으면 양이온이 된다.

무겁다. 수소 이온은 전자같이 원자 세상 여기저기를 움직여 다니며 중요한 화학 작용을 일으킨다. 식물의 광합성은 태양 빛으로 물 분자를 분해시켜 수소 이온과 산소 이온을 만드는 과정이 핵심이다. 그래서 식물은 생존을 위해 태양 빛과 물을 필요로 한다. 식물은 물을 분해하여 얻어진 수소 이온을 이용하여 에너지를 얻는데, 산소는 쓸모가 없어 버린다. 우리 같은 동물도 수소 이온을 이용하여 에너지를 얻는다. 수소 이온은 생명의 에너지원이다. 이처럼 수소 이온이 중요하다보니 용액에 포함된 수소 이온의 농도를 표시하기 위해 'pH'라는 값을 특별히 따로 정의하였다. pH 값이 7이면 중성, 7보다 작으면 산성, 7보다 크면 염기성이라 한다. 산성은 수소 이온이 보통보다 많은 상태다.

수소는 양자역학의 발전에서 결정적인 역할을 했다. 수소 원자의 단순한 스펙트럼이 없었다면, 닐스 보어는 원자 이론을 만들지 못했을 것이다. 다른 원자들은 전자가 2개 이상이라 스펙트럼이 대단히 복잡하다. 만약 인류가 달에 있었다면 달에서 보는 천체의 움직임이 너무 복잡해서 우주를 이해하기 어려웠을 것과 같은 이유다. 달은 그 자신이 자전하며 지구 주위를 도는데, 지구는 역시 태양 주위를 돌기 때문이다. 하지만 수소의 가장 중요한 특성은 수소 핵융합 반응을 한다는 거다. 4개의 수소가 결합하여 1개의 헬륨을 만드는데, 이때 막대한 에너지가 나온다. 이 에너지를 이용하여 태양이 빛을 낸다. 태양뿐 아니라 하늘에 보이는 대부분의 별이 이런 방식으로 빛을 낸다. 대부분의 별이 수소로 되어 있다는 말인데, 그 이유는 앞서 이야기한 대로 빅뱅 이후 만들어진 원자가 대부분 수소라서 그렇다. 태양 빛이 없으면 지구의 생명체는 존재할 수 없다. 식물은 수소가 만든 태양 빛으로 수소

이온을 얻어 에너지를 만들고, 동물은 음식을 먹고 수소 이온을 얻어
에너지를 만든다. 이래저래 수소는 우주의 에너지원이다.

내 이름은 탄소

탄소의 원자 번호는 6번, 원자 기호는 C다. 원자호텔을 생각하면
6개의 전자 가운데 2개는 1층 101호에, 나머지 4개는 2층 201호부터
204호에 하나씩 들어간다. 탄소 원자의 특성을 결정하는 것은 2층의
전자다. 2층의 전자 4개는 공간적으로 비엔나소시지같이 생긴 영역에
주로 존재한다.* 정사면체를 상상해보라. 탄소의 원자핵이 정사면체의
중심에 있다면 중심으로부터 4개의 꼭짓점을 향하는 방향으로 소시지
4개가 놓여 있다고 생각하면 된다. 4개의 전자는 이 4개의 소시지 각각
내부에 주로 존재한다. 파울리의 배타 원리에 따르면 원자호텔의 객
실에는 전자가 2개까지 들어갈 수 있다. 그러니까 각 소시지에 전자가
2개씩 들어갈 수 있는 셈이다. 그런데 탄소는 소시지 하나에 하나의 전
자씩만 있으니 추가적으로 각각 하나의 전자를 더 받아들일 수 있다.
　추가적인 전자는 다른 원자로부터 얻을 수도 있다. 예를 들어 수소
하나가 다가온다고 하면, 수소에 있는 전자 하나가 탄소의 소시지 공간

---

* 사실 이 부분의 이야기는 정확하지 않다. 정확히 이야기하자면 201호에서 204호까지 객실에 해
당하는 4개의 전자 상태가 양자 중첩되어 새로운 4개의 상태를 형성한다. 양자 중첩된다는 것은
전자 1개가 4개의 객실에 동시에 존재할 수 있게 된다는 말인데 양자역학의 신기한 마술이다. 이
렇게 만들어진 새로운 중첩 상태를 sp^3 혼성 오비탈이라 부른다.

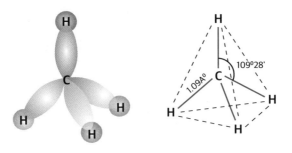

탄소의 네 개의 팔과 수소가 결합해 만들어지는 메테인

에 들어갈 수 있다. 이런 일이 일어나면 수소는 탄소와 결합한 셈이 된다. 수소의 전자가 탄소의 영역 안에 있기 때문이다. 탄소에는 소시지가 4개 있으니 수소 4개가 결합하는 것이 가능하다. 이렇게 만들어진 분자를 메테인(CH₄)이라고 한다. 정사면체의 중심에 탄소 원자핵이 있고 각 꼭짓점에 수소가 있는 구조가 될 것이다. 나중에 자세히 다루겠지만 원자는 이런 식으로 다른 원자들과 결합할 수 있다. 탄소와 수소의 결합을 원자들이 서로 손을 맞잡은 모습으로 상상하는 것도 나쁘지 않다. 그렇다면 탄소는 4개의 팔을 가진 괴물과 비슷하다. 4개의 소시지가 전자를 하나씩 가지고 있어서 다른 원자들과 결합할 수 있기 때문이다.* 탄소는 이 팔로 다른 탄소와도 결합할 수 있다. 이때 상황에 따라 팔을 하나, 둘 또는 세 개까지 한꺼번에 사용할 수도 있다.** 이런 유

---

* 2개의 소시지에 전자가 2개씩 들어가고, 나머지 2개의 소시지는 비워두면 안 될까? 이렇게 해도 파울리의 배타 원리를 위배하는 것은 아니니까. 하지만 4개의 소시지에 전자가 하나씩 들어가는 것이 더 안정적이다. 물리에서 더 안정적이라고 하면 그렇게 된다는 말이다. 이것을 '훈트의 규칙 Hund's rules'이라고 부른다.

** 에테인(C₂H₆)은 팔을 1개, 에틸렌(C₂H₄)은 2개, 아세틸렌(C₂H₂)은 3개 사용한 것이다. 4개의 팔을 한꺼번에 사용할 수는 없다

연성을 바탕으로 탄소는 다른 탄소들과 연이어 결합하여 마치 끈처럼 줄줄이 연결되는 것도 가능하다. 이것이 중요하다. 왜냐하면 이 덕분에 당신과 내가 존재할 수 있으니까.

우리 몸에 꼭 필요한 3대 필수 영양소는 탄수화물, 지질, 단백질이다. 이들은 모두 끈같이 긴 구조를 갖는다.* 이런 구조가 가능한 것은 탄소가 줄줄이 연결될 수 있는 능력을 가졌기 때문이다. 탄수화물은 이름 자체가 탄소와 수소의 화합물이라는 뜻이니 역시나 탄소가 중요하다. 지질은 딱 봐도 탄소가 줄줄이 연결되어 끈처럼 된 구조다. 단백질은 탄소와 질소가 번갈아 가며 늘어선 구조다. 탄수화물은 에너지원이고, 지질은 세포막을 만드는 데 쓰인다. 집으로 말하면 벽과 천장을 만드는 재료란 뜻이다. 이들 모두 탄소가 뼈대다.

단백질은 생명의 물질이다. 콩에 많이 들어 있다고 알려진 성분 말이다. 단백질이 중요한 이유는 이것이 효소가 되기 때문이다. 효소는 생명체 내에서 일어나는 거의 모든 생화학 반응을 제어한다. 반응을 일으키거나 중단시킨다는 뜻이다. 생명체가 뭔가 하려 한다면 대개 그것을 실행하는 것이 단백질이다. DNA에 들어 있는 정보를 꺼내려면 우선 DNA의 정보를 RNA로 옮겨야 한다. 이때 RNA중합효소가 그 일을 한다. DNA를 복제할 때는 DNA중합효소를 사용한다. DNA의 고장 수리나 연결도 효소가 한다. DNA연결효소가 그것이다. 효소, 효소, 효소. 그리고 또 효소다. 효소가 모든 일을 한다. 다시 말하지만 효소는 단백질이다. DNA에 담긴 정보조차도 단백질을 만드는 정보. 이 정

---

* 단백질의 경우 실처럼 긴 구조물이 접히면서 복잡한 삼차원 구조를 만든다.

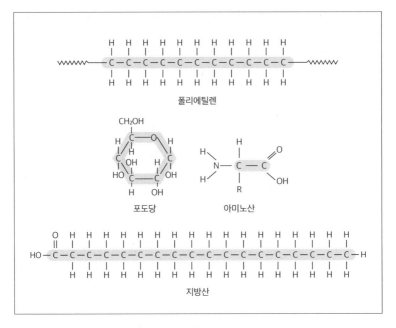

폴리에틸렌

CH₂OH

포도당

아미노산

지방산

탄수화물, 지질, 단백질 등 다양한 물질의 뼈대를 이루는 탄소

보를 이용하여 단백질을 만들 때도 리보솜이라는 단백질이 필요하다. 우리가 자식에게 전달하는 정보는 다름 아닌 단백질 매뉴얼인 것이다. 단백질 만세!

탄소 원자가 생명에서 중요한 역할을 할 수 있는 이유는 팔이 4개 있어 자유자재로 결합할 수 있기 때문이다. 팔이 4개 있는 원자가 탄소 뿐일까? 주기율표의 세로줄은 성질이 비슷하다고 한 것을 기억할 거다. 주기율표를 보면 탄소 바로 아래에 규소($_{14}$Si)가 있다. 영어로는 실리콘silicon이다. 주기율표에서 세로 방향으로 늘어선 원자들은 성질이 유사하다. 규소도 탄소같이 4개의 팔로 결합할 수 있다. 그럼 규소를 바탕으로 생명체를 만들 수는 없을까? 쉽지 않을 거다.

지구상의 다세포 생물은 대개 산소 호흡으로 에너지를 얻는다. 앞서 이야기한 탄수화물, 지질을 산소로 태워 에너지를 얻는 것이다. 이 과정에서 이산화탄소가 발생한다. 호흡의 부산물이다. 우리가 탄소를 자연에 되돌려주는 과정이기도 하다. 우리 같은 동물은 다른 동물이나 식물을 먹어서 탄소를 얻는다. 식물도 생물이니 탄소가 필요하다. 식물은 동물이 배출한 이산화탄소에서 탄소를 얻는다. 원자는 영원불멸한다. 생명의 원자인 탄소는 동물과 식물 사이를 오가며 여러 가지 물질의 일부가 될 뿐 결코 사라지거나 만들어지지 않는다. 동물과 식물은 이산화탄소를 통해 탄소를 주고받는다. 동식물 간 원활한 탄소 교환이 가능한 것은 이산화탄소가 기체이기 때문이다.

규소 기반 생명체가 있어서 탄소 기반 생명체와 비슷한 방식으로 살아간다면, 이산화탄소 대신 이산화규소(SiO_2)를 통해 규소를 교환해야 할 거다. 하지만 이산화규소는 상온에서 기체가 아니라 고체다. 이산화규소 기체를 얻으려면 무려 2950도의 온도가 필요하다. 고체로 자유로이 물질을 교환하기는 힘들다. 규소 기반 인간은 쉴 새 없이 이산화규소 알갱이를 입 밖으로 뿌려대거나 수시로 배설해야 할 거다. 더구나 이것들은 무거워서 땅으로 떨어질 테니, 식물은 땅에서 규소를 흡수한 뒤 중력을 거슬러 몸의 각 부분으로 이동시키는 수밖에 없다. 이산화탄소는 잎에서 기공이라는 작은 구멍을 열어두기만 하면 공기에서 얻을 수 있다. 원자의 특성은 생명의 형태를 결정한다.

탄소가 일차원으로 주르륵 연결된 구조물에 수소가 사방에 촘촘히 달리면 휘발유나 플라스틱 같은 것들이 된다. 탄소가 이차원 구조로 좀 복잡하게 연결되면 석탄이다. 휘발유나 석탄은 말할 것도 없고 플라스

화석 문명의 배후에는 탄소 원자가 놓여 있다. 조제프 페넬의 〈베들레헴의 제철소〉(1881)

틱도 잘 탄다. 산업 혁명 이래 인간이 연료로 사용해온 화석 연료란 다름 아닌 탄소 화합물이다. 증기기관은 석탄을 태우는 것이고, 자동차를 움직이는 내연 기관은 휘발유를 태우는 것이다. 탄다는 것은 화학적으로 산소와 결합하는 것을 말한다. 탄소 화합물이 산소와 결합하면 무조건 이산화탄소가 생성된다. 우리가 호흡을 할 때 내쉬는 날숨에 이산화탄소가 들어 있는 것은 필연이다. 내연 기관이 배출하는 이산화탄소와 사람이 내쉬는 이산화탄소는 동일한 과정의 산물이다. 화석 연료가 탈 때 발생하는 이산화탄소는 온실 효과를 일으키는 기후 위기의 주범인데, 사실 화석 연료는 먼 옛날 살았던 생물의 사체다. 우리는 그 사체를 석탄이나 휘발유라고 부른다. 산업 혁명은 인간이 땅속 깊숙이 묻힌 탄소의 봉인을 깨고 탄소를 대기 중에 풀어놓기 시작했다. 기후 위기는 그 대가다. 인류 현대 문명의 배후에는 탄소 원자가 있다.

나를 질소라고 부를 것이다

질소의 원자 번호는 7번, 원자 기호는 N이다. 질소의 전자 7개 가운데 2개는 원자호텔 101호에 있고 나머지 5개가 2층에 위치한다. 앞서 설명한 소시지가 4개 있는데 탄소와 달리 전자가 5개이므로 하나의 소시지에는 전자가 2개 들어가야 한다. 나머지 3개의 소시지는 전자가 하나씩뿐이므로 탄소의 팔과 같이 행동한다. 탄소와 비교하자면 팔이 3개 있는 셈이다. 따라서 질소는 3개의 수소와 결합할 수 있다. 이것이 바로 암모니아(NH_3)다.

2개의 질소 원자가 결합하면 질소 분자(N_2)가 만들어진다. 이것은 3개의 팔로 강하게 결합된 분자다. 그래서 삼중결합이라 부른다. 탄소의 경우도 탄소 2개로 분자(C_2)를 형성할 수 있지만 3642도 이상의 높은 온도에서만 가능하다. 반면 질소 분자는 상온에서 존재할 뿐 아니라 그 결합이 산소 분자나 수소 분자의 결합보다 두 배 가까이 강하다. 지구에서 보통의 생물이 이것을 깨기는 대단히 힘들다.

질소는 생물에게 반드시 필요하다. 우선 단백질 골격의 절반이 질소다. DNA의 코드인 염기를 만드는 데도 질소가 꼭 필요하다. 이 정도만 말해도 충분하리라. 그런데 공기의 80퍼센트가 질소다. 질소는 주위에 지천으로 널려 있다고 볼 수 있다. 식물의 탄소 공급원인 이산화탄소가 공기의 0.03퍼센트라는 걸 고려하면 질소는 거의 무한하다는 뜻이다. 하지만 생물은 공기 중의 질소 분자를 활용할 수 없다. 질소 분자의 삼중결합을 깰 수 없기 때문이다. 집에 쌀이 배달되었는데 특수 강철 상자에 담겨 있어 쌀을 꺼낼 수 없는 거랑 비슷하다. 질소가 삼중결합이 아니라 한두 개의 팔로 결합된 상태에 있을 때 '고정 질소'라고 부른다. 생물은 질소 분자는 이용할 수 없지만 고정 질소가 되면 쉽게 이용할 수 있다.

고정 질소는 단백질이나 염기, 암모니아 등의 여러 형태로 변화하다가 일단 삼중결합의 질소 분자가 되면 돌아올 수 없는 강을 건너는 셈이다. 다시 말해 생물은 점점 줄어드는 고정 질소를 놓고 서로 피비린내 나는 전쟁을 해야 한다는 말이다. 물론 자연에서 질소 분자로부터 고정 질소가 만들어질 수도 있다.* 우선 번개다. 번개가 칠 때 그 엄청난 에너지 때문에 삼중결합이 깨질 수 있다. 사실 드물지만 질소 분자의 결합을 깨는 생물도 존재한다. 질소고정박테리아인데 질소고정효소라는 특별한 단백질을 가진다(단백질 만세!). 콩과 식물의 뿌리에 기생하여 살기 때문에 뿌리혹박테리아라고도 부른다.** 이 두 가지 과정이 거의 전부다. 그렇다면 지구상 생물의 총량은 번개 치는 횟수와 뿌리혹박테리아의 주당 근무 시간에 의존한다고 말할 수 있다.

몇 년간 같은 장소에서 같은 작물로 농사를 지으면 밭의 생산성이 떨어지는 것을 볼 수 있다. 농부들은 지력地力이 떨어졌다고 말한다. 그런데 몇 년에 한 번씩 콩을 심어주면 그런 문제가 사라진다. 이제 당신은 이유를 알 수 있으리라. 생산성이 떨어진 것은 밭의 질소가 고갈되었기 때문이다. 농작물이 밭에 있는 고정 질소를 모조리 훑어 먹어버린 것이다. 질소가 부족하면 탄소나 산소가 아무리 많아도 생물은 생존할 수 없다. 라면을 끓이려면 면, 스프, 물이 필요하다. 스프와 물이 아무리

---

* 이런 과정이 없었다면, 질소는 모두 질소 분자가 됐을 것이다. 질소 블랙홀이라 할만하다.
** 콩과 식물에 기생하지 않고 독립적으로 생활하는 질소고정박테리아도 있다.

콩과 식물 뿌리에는 삼중결
합 질소를 분해하는 질소고
정박테리아가 기생한다.

많아도 면이 없으면 라면을 먹을 수 없는 것과 같은 이치다. 콩을 심으
면 콩과 식물의 뿌리에 기생하는 질소고정박테리아가 공기 중의 질소
분자를 고정 질소로 바꾸어준다. 우리는 이런 땅을 비옥하다고 한다.
물론 고정 질소가 들어 있는 물질을 직접 땅에 뿌려도 효과가 있다. 바
로 인간과 가축의 배설물이다. 물론 동물을 죽여서 땅에 뿌려도 된다.
동물의 몸에도 질소가 있기 때문이다. 하지만 죽여서 땅에 뿌릴 동물이
있다면 일단 그 동물을 맛있게 먹고 소화되어서 나오는 배설물을 뿌리
는 게 현명할 거다.

배설물로 만드는 거름의 양에는 한계가 있다. 작은 밭이야 어떻게

초석을 놓고 벌어진 태평양 전쟁의 이키케 전투

되겠지만 기차를 타고 달리며 호남평야를 보면 무슨 말인지 이해가 될 것이다. 맬서스가 이야기한 대로 인구는 기하급수로 늘어난다. 특히 19세기에는 산업 혁명으로 유럽의 인구가 빠른 속도로 늘어나고 있었다. 결국 거름이 부족하여 재앙이 올 터였다. 하지만 19세기 중반 페루에서 구아노라는 천연 비료가 발견되면서 식량 증산에 획기적 전기가 열린다. 구아노는 새똥이 쌓여 만들어진 천연 비료다. 1863년 구아노를 두고 페루와 스페인은 전쟁을 벌이기도 했다. 하지만 무분별한 채취로 인해 구아노는 불과 20년 만에 고갈된다.

다행히 곧 페루의 아타카마사막에 있는 칠레초석이 뛰어난 비료라는 것이 밝혀진다. 이것은 질산나트륨($NaNO_3$)으로 고정 질소를 포함한다. 유럽은 칠레초석을 수입하여 식량 생산성을 유지할 수 있었고, 이것은 페루에 막대한 경제적 이익을 주었다. 아타카마사막은 페루 영토였지만 일하는 인부들은 칠레인들이었다. 그래서 1879년 질산나트륨을 두고 페루-볼리비아 연합군과 칠레 사이에 전쟁이 벌어진다. 이른바 '초석 전쟁'이라고 불리는 태평양 전쟁이다. 이 전쟁에서 칠레가 이긴다. 그런데 칠레초석마저 다 써버리면 유럽의 식량은 어떻게 되는 걸까?

20세기 초 독일의 프리츠 하버Fritz Haber와 카를 보슈Carl Bosch는 고정 질소를 만드는 화학적 방법을 개발한다. 이를 하버-보슈법이라 한다. 공기 중의 질소 분자에 수소를 결합해 암모니아를 만드는 것이다. 암모니아에서 질소는 수소와 각각 하나의 팔로 결합을 이루고 있다. 하버-보슈법의 핵심은 질소 분자의 삼중결합을 끊어서 고정 질소를 만드는 것이다. 그 화학 반응식을 보면 시시하기 이를 데 없다.

$$N_2 + 3H_2 \rightarrow 2NH_3$$

하지만 누누이 이야기했듯이 질소 분자의 결합을 깨는 것은 쉬운 일이 아니다. 하버-보슈법에서는 400~500도의 온도와 대기압의 150~250배에 달하는 압력이 필요하다. 초기 실험에서 장치가 종종 폭발한 이유가 이 때문이다. 특별한 촉매도 필요하다. 더구나 엄청난 양을 만들어야 했기에 화학 반응을 대규모로 구현할 수 있어야 했다(호남평야를 생각해보라). 결국 보슈는 거의 마을 크기에 달하는 공장을 건설했다. 이른바 중화학 공업의 탄생이다.

2023년 현재 세계 인구는 80억 명이다. 하버-보슈법이 없었으면

30억 명 이상을 먹여 살릴 수 없을 것으로 추정된다. 대한민국 5000만 인구 가운데 3000만 명은 하버-보슈법 덕분에 존재한다는 말이다. 지금 당신 몸에 있는 질소의 60퍼센트 가량은 하버-보슈법, 즉 공기 중의 질소에서 만들어진 것이다. 공기의 연금술이라 할만하다.*

저는 산소랍니다

산소의 원자 번호는 8번, 원자 기호는 O다. 이제 당신도 산소의 전자 구조쯤은 예상할 수 있지 않을까? 전자 2개는 원자호텔 101호에 있고, 6개의 전자가 2층에 위치한다. 소시지 2개는 전자가 2개씩 가득 차 있고, 나머지 소시지 2개는 전자가 각각 하나씩밖에 없다. 다른 원자와 결합할 수 있는 팔이 2개라는 이야기다. 따라서 산소 원자는 우선 수소 원자 2개와 결합할 수 있다. 물(H_2O)이다. 물의 구조는 흥미롭다. 원자 호텔 2층의 소시지 4개가 정사면체 구조를 이룬다고 앞서 말한 바 있다. 이 가운데 두 꼭짓점에 수소가 하나씩 달려 있다. 나머지 두 꼭짓점은 전자 2개로 가득 차 있어서 수소가 결합할 수 없다. 그래서 물 분자는 마치 미키 마우스 같아 보인다. 산소가 머리, 2개의 수소가 귀다. 탄소는 팔이 4개라고 했으므로 팔이 2개 달린 산소 2개와도 결합할 수 있다. 이렇게 만들어진 분자가 온실 기체 이산화탄소(CO_2)다.

산소야말로 생명의 기체다. 오죽하면 '산소 같은 여자'란 말이 있

---

* 하버-보슈법의 역사에 대해서는 토머스 헤이거의 《공기의 연금술》를 참고하시라.

겠는가. 하지만 산소는 독이기도 하다. 이게 무슨 궤변일까? 산소는 반응성이 강한 원자다. 다른 원자로부터 전자를 빼앗는 것이 특기다. 산소가 전자를 좋아하는 이유는 물론 양자역학이 설명한다. 원자호텔의 2층에는 4개의 객실이 있고 8개의 전자가 들어갈 수 있다. 호텔 입장에서는 모든 객실이 다 차기를 바랄 것이다.* 더구나 객실이 거의 차고 한두 자리가 비었다면 말할 것도 없다. 산소는 두 자리가 비어 있는 상태다. 그래서 산소는 전자만 보면 환장한다. 2층에 단 한 자리가 비어 있는 원자는 전자에 대한 집착이 산소보다 더 클 것이다. 바로 불소($_9$F)라는 일급 독성 물질이다. 불소가 누출되었다는 이야기를 들었다면 무언가 조치를 취하려 하지 말고 최대한 빨리 도망쳐야 한다.

산소와 결합하는 것을 '산화酸化'라 부르는데 도둑과 결합하는 것을 '도난'이라 부르는 것과 비슷하다. 산화의 정확한 정의는 전자를 잃는 것이다. 전자를 좋아하는 산소와 결합하는 다른 원자 입장에서는 전자를 빼앗기는 셈이다. 전자를 주고받는 것이 화학 반응이니까 산소는 아무하고나 반응을 잘 일으킨다는 말이다. 산소는 사람만 보면 달려드는 좀비와 비슷하다. 산소가 철을 만나면 달려들어 반응을 하는데 그 결과물을 '녹綠'이라 부른다. 우리 주변에 있는 대부분의 물질은 사실 산소로 뒤덮여 있다. 대부분의 물질이 산소와 결합한 상태라는 뜻이다. 산소와 결합된 물질을 산화물이라 하는데 지구상에서 가장 흔한 물질이 바로 산화물이다. 세상은 산소라는 좀비에게 점령당한 셈이다.

탄소 화합물이 산소와 결합하여 물과 이산화탄소가 되는 과정을

---

* 이를 화학에서는 '옥텟 규칙'이라고 한다. 3장에서 더 자세히 살펴볼 것이다.

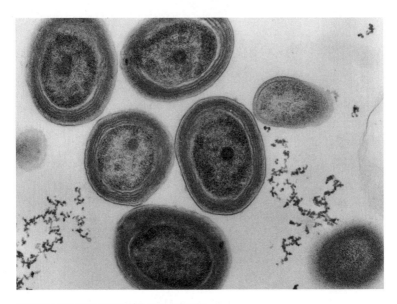

광합성을 통해 지구의 운명을 바꾼 시아노박테리아

'연소燃燒'라고 한다. 쉽게 말해서 타는 거다. 이 과정에서 에너지가 나온다. 에너지라고 하니까 어려운 느낌이지만 불이 탈 때 밝게 빛나고 뜨거운 열이 나오는 것을 말한다. 산소 호흡을 할 때 우리 같은 동물은 탄수화물인 포도당을 태워서 에너지를 만든다. 이 반응은 미토콘드리아라는 세포 내 소기관에서 일어난다. 모든 세포가 에너지를 필요로 하므로 산소는 모든 세포에 전달되어야 한다. 따라서 허파로 들어온 산소를 세포 구석구석까지 전달할 특급 교통 체계가 필요하다. 바로 혈관(고속도로)과 적혈구(수송 차량)다. 적혈구 내의 헤모글로빈(특수 요원)이 위험물 산소를 끌어안고 안전하게 세포까지 전달한다. 이것은 인간처럼 산소 호흡을 하는 생물의 이야기다.

지구의 탄생 초기에 존재하던 생물들은 산소 호흡을 하지 못했다.

이들에게 반응성 강한 산소는 독이다. 당시의 생물들에게는 다행히도 초기 지구에는 산소가 많지 않았다. 그러다가 광합성을 할 수 있는 시아노박테리아가 나타났다. 광합성은 앞서 이야기했듯이 태양광을 이용하여 물을 수소와 산소로 분해하는 과정이다. 광합성의 에너지는 수소에서 얻기 때문에 산소는 그냥 쓰레기다. 시아노박테리아가 버린 산소 쓰레기가 지구에 쌓이고 쌓여 지금과 같이 산소가 풍부한 세상이 되었다. 산소가 쌓여감에 따라 산소를 이용할 줄 모르는 생물들은 산소의 독성 때문에 멸종되거나, 산소를 피해 숨어야 했을 거다. 초기 지구 생명체에게 시아노박테리아는 최악의 '빌런'이었던 셈이다.

오늘날 인간과 같은 모든 다세포 생물의 원형인 진핵생물은 까마득한 옛날 미토콘드리아를 끌어안고 산소라는 독을 헤쳐나갔을 것이다. 원래 미토콘드리아는 독립적인 생명체였다. 하지만 수십 억 년 전 어느 날 큰 세포에게 잡아먹힌다. 이유는 모르지만 그 독립적 생명체는 소화되지 않고 살아남을 수 있었고, 결국 포식자 세포의 일부가 되었다. 이런 추론의 강력한 증거는 미토콘드리아가 그 자신만의 DNA를 갖는다는 사실이다. DNA는 생명체의 신분증이다. 모든 세포는 세포핵 내부에 DNA를 가지고 있다. 미토콘드리아도 DNA를 가진다는 것은 하나의 세포에 두 개의 신분증이 있는 셈이다. 우리처럼 수십조 개의 세포로 이루어진 거대한 동물은 산소 호흡으로 얻는 막대한 에너지가 없었으면 제대로 움직이지 못했을 것이다. 산소의 반응성이 크다는 것은 많은 에너지를 얻을 수 있다는 뜻이기도 하다. 그 반응성은 산소가 전자를 뺏는 능력에서 온 것이다. 실제 산소 호흡을 하지 못하는 생명체는 대부분 현미경으로나 볼 수 있는 단세포 생물들이다.

만물은 원자로 되어 있다

우리가 사는 이 세상의 모습은 따지고 보면 원자의 특성에서 그 기원을 찾을 수 있다. 지구상 생명체는 수소 이온을 배터리로 사용하여 에너지를 저장한다. 식물은 광합성을 통해 수소 이온을 모으고, 동물은 호흡을 통해 수소 이온을 모은다. 동물의 호흡은 식물이나 다른 동물을 먹이 삼아 얻은 음식을 연료로 이용하니까 결국 그 근원은 식물이다. 식물의 광합성이 태양 빛을 이용하고, 태양이 수소 핵융합 반응으로 빛을 낸다는 사실을 생각해보면, 수소는 지구상 모든 생명 에너지의 근원이라 할만하다. 이는 수소가 양성자와 전자를 하나씩만 가진 단순한 구조이기 때문이다. 탄소는 양자역학으로 이해되는 4개의 팔을 이용하여 다양한 형태의 분자를 만드는 뼈대가 되는데, 이렇게 생명이라는 건축을 디자인한다. 질소는 공기 중에 널려 있지만 3개의 전자가 만드는 양자역학적 삼중결합 때문에 쉽사리 재활용되지 못한다. 하버-보슈법이 아니었다면 인류는 맬서스의 암울한 예측을 현실로 마주했으리라. 산소는 독이다. 비어 있는 전자의 자리를 채우려는 산소의 양자역학적 욕망 때문이다. 하지만 산소가 아니었으면 우리는 존재할 수 없다. 2장에서 다룬 수소, 탄소, 질소, 산소는 당신의 몸을 구성하는 원자의 99퍼센트를 이룬다.

세상 만물은 원자로 되어 있다. 세상 모든 것을 원자로 환원할 수는 없지만 원자는 세상이 왜 이런 모습인지 알려준다.

3장

물질을 만드는 세 가지 방법

원자는 어떻게 만물이 되는가

세상 만물은 원자로 되어 있다. 그렇다고 원자만 알면 세상 모든 걸 알게 될까? 원자들의 이름이 나열된 주기율표를 들여다보라. 거기서 세상이 보이는가? 그렇다면 당신은 천재이거나 미친 거다. 주기율표는 원자들을 원자 번호 순서로 나열한 도표다. 물론 세상 만물은 주기율표의 원자들이 모여 만들어진 것이다. 하지만 이들이 어떤 방식으로 모이는지 알지 못하면 만물을 이해할 수 없다. 더구나 그렇게 모인 원자들의 집단이 어떤 특성을 가질지도 알아야 한다.

예를 들어 나트륨(Na)과 염소(Cl)가 정육면체 모양의 격자에 번갈아 놓이면 '소금(NaCl)'이라 불리는 물질이 된다. 나트륨은 폭발성을 가진 금속이다. 염소는 반응성 강한 기체로 인간에게는 독이다. 폭탄과 독이 만나 소금이 되는 것이니, 개별 원자로부터 결합물의 성질을 예측한다는 것은 쉽지 않은 일임을 알 수 있다. 원자에서 물질로 갈 때 일종의 양질전환量質轉換과 같은 일이 일어난다고 보면 된다.

원자가 모인 것을 분자라 한다. 산소 원자 2개로 이루어진 산소 분자(O_2)가 있는가 하면 788개의 원자가 결합한 인슐린도 있다. 이런 분

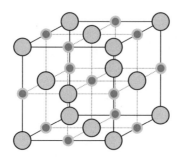

소금(염화나트륨)의 배열 구조. 두 종류의 원은 각각 나트륨과 염소를 나타낸다.

자들을 이해하는 것이야말로 만물을 이해하는 첫걸음이다. 원자들이 결합하여 분자 혹은 물질이 될 수 있다는 것은 원자 사이에 힘이 작용한다는 뜻이다. 우주에 존재하는 힘은 중력, 전자기력, 강한 핵력, 약한 핵력으로 네 가지뿐이다. 원자 규모에서 중력은 너무 약하므로 무시할 수 있다. 강한 핵력과 약한 핵력은 원자핵 내부에서만 작용하므로 무시할 수 있다. 결국 원자들이 주고받을 수 있는 힘은 전자기력뿐이다.

전자기력은 전하들 사이에 작용하는 힘이다. 전하에는 양전하와 음전하, 두 종류가 있다. 원자의 경우, 중심에 있는 원자핵이 양전하를 갖고 전자는 음전하를 가진다. 원자들이 서로 만나서 결합하고 반응할 때, 원자핵은 깊숙이 있어 직접적으로 관여하지 않는다. 따라서 원자 결합의 주인공은 전자다. 전자가 어떤 역할을 하느냐에 따라 원자 결합은 크게 세 종류로 나뉜다. 전자가 한 원자를 완전히 떠나 다른 원자로 이동하여 결합이 만들어지면 '이온결합', 전자가 결합에 참여하는 두 원자 사이에서 사이좋게 공유되면 '공유결합', 원자에서 떨어져 나온 전자들이 집단적으로 원자들의 결합을 매개하면 '금속결합'이다. 우리 몸을 이루고 있는 탄수화물, 지질, 단백질 분자와 주변에 널려 있는 플라스틱의 탄소 뼈대는 공유결합의 산물이고, 부엌에 있는 칼이나 수저 같은 금속은 금속결합 물질이며, 소금, 분필(CaCO₃), 제설제(CaCl₂), 비누(NaOH) 등은 이온결합 물질이다.

이온결합: 전자를 버리거나 줍거나

두 원자를 결합시키는 가장 간단한 방법은 원자 하나는 양전하, 다른 하나는 음전하를 띠게 만드는 것이다. 그러면 둘 사이에 전기적 인력이 작용할 것이다. 원자는 그 자체로 중성이므로 전하를 띠게 하려면 전자를 넣거나 빼는 방법밖에 없다. 이런 방법으로 전하를 띠게 된 원자를 '이온'이라 부른다. 원자핵의 전하를 바꾸는 방법도 있기는 하다. 이를 원자핵 변환이라 부르는데 이때 방사선이 나오게 된다. 전자를 넣고 빼는 것에 비하면 훨씬 더 많은 에너지를 필요로 한다. 대개의 화학 반응에서 일어나지 않는 일이므로 여기서는 고려하지 않는다.

소금을 생각해보면 나트륨에서 전자를 빼서 양이온을 만들고 염소에 전자를 더해서 음이온을 만들면 된다. 물론 나트륨의 전자를 빼서 멀리 버리고 어디에선가 전자를 새로 가져와서 염소에 넣는 것보다 나트륨의 전자를 떼어다가 그 전자를 염소에 넣는 것이 현명할 것이다. 이제 나트륨 이온과 염소 이온 사이에 서로 당기는 힘이 작용하게 된다. 이것을 이온결합이라 한다.*

---

* 엄밀히 말하면 세 종류의 에너지를 고려해야 한다. 나트륨에서 전자를 떼어내는 데 필요한 에너

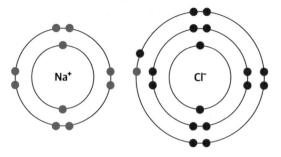

소금을 만드는 나트륨 이온과 염소 이온의 이온결합. 나트륨의 전자가 염소로 이동했다.

　이온결합에서 중요한 것은 두 원자 가운데 하나는 전자를 떼어내기 쉽고 다른 하나는 전자를 받아들이기 쉬워야 한다는 점이다. 소금의 경우 나트륨은 전자를 떼어내기 쉽고, 염소는 전자를 받기 쉽다. 전자를 떼어내기 얼마나 어려운지는 '이온화 에너지'로 표현된다. 원자에 멀쩡히 붙어 있던 전자를 떼어내기 위해 외부에서 주어야 하는 에너지다. 소속 구단을 옮기는 운동선수의 이적료라고 할까. 이 값이 클수록 떼어내기 어렵다. 예를 들어 염소의 이온화 에너지는 나트륨보다 3배가량 크다. 염소보다 나트륨의 전자를 떼어내기 더 쉽다는 뜻이다.

　사람의 혀는 나트륨 이온이 닿으면 짜다고 느낀다. 맛을 느끼는 과정은 복잡하지만 혀가 감지하는 것은 원자가 아니라 전하다. 나트륨 이온과 똑같은 전하량을 가지는 리튬 이온이나 칼륨($_{19}$K) 이온 모두 짠맛이 나는 이유다. 물론 같은 전하량을 가지더라도 루비듐($_{37}$Rb)이나 세슘($_{55}$Cs)처럼 이온의 크기가 너무 커지면 다른 종류의 짠맛을 느끼게

───────────

지, 염소에 전자를 넣었을 때 생성되는 에너지, 두 이온이 서로 인력으로 당겨 안정화되며 생성되는 에너지가 그것이다. 이 모두를 고려하여 총체적으로 에너지가 낮아지면 결합이 형성된다.

된다. 나트륨 이온과 칼륨 이온은 우리 몸에 꼭 필요하다. 지금 이 순간 당신이 이 글을 읽을 수 있다는 것은 눈으로 얻은 시각 정보가 뇌에 전달되기 때문이다. 몸에서 정보는 전기 신호로 전달되는데, 정확히 말해서 나트륨 이온과 칼륨 이온이 세포막을 이동하며 만드는 전류 신호다.* 이런 이온들이 없으면 신호가 멈출 것이고 우리는 바로 죽을 것이다. 숨을 쉬려고 해도 숨 쉬기에 관여하는 근육을 움직일 신호가 필요하다.

나트륨이 생존에 중요하기에 우리는 짠맛에서 행복을 느끼고 쉽게 중독된다. 아니, 짠맛에 심드렁했다면 생존하기 힘들었을 것이다. 리튬($_3$Li)보다 원자 번호가 하나 큰 베릴륨($_4$Be)은 단맛이 난다. 원래 단맛은 당糖류 분자가 일으켜야 한다. 당은 몸의 중요한 에너지원이기 때문에 먹으면 기쁨을 느껴야 생존에 유리하다. 실제 아이들은 단 것이라면 환장한다. 그런데 베릴륨은 당과 전혀 상관없는 데다 많이 먹으면 해롭기까지 하다. 우리 미각세포가 베릴륨에 속아 넘어가는 이유는 간단하다. 인류의 진화 여정에서 베릴륨을 먹어본 적이 없기 때문이다. 베릴륨은 18세기 말에 가서야 분리 및 정제되었으니 이것을 구분할 능력을 진화시키지 못한 것이다.

지금까지 양이온으로 등장한 리튬, 나트륨, 칼륨과 같은 원자가 갖는 공통점은 주기율표의 맨 왼쪽에 위치한다는 것이다(이들을 1족 원소 또는 알칼리 금속이라 부른다). 이 원자들은 제일 바깥쪽에 전자를 하나만 가지고 있다. 이렇게 외곽 가장자리에 위치한 전자는 다른 전자들보다

---

* 이런 일이 모든 세포에서 일어나는 것은 아니다. 뉴런이라 불리는 신경세포에서 주로 일어난다.

홀로 멀리 있어 원자핵의 인력을 적게 느낀다. 그래서 전자가 떨어져 나가기 쉽다. 다시 이야기하겠지만 결국 원자들 사이의 결합은 전자가 주도한다. 전자가 떨어지기 쉬운지 어려운지는 원자의 특성을 이해하는 데 결정적인 정보다. 한편 염소와 같이 전자를 좋아하는 원자들은 주기율표 오른쪽에 위치한다. 따라서 주기율표의 좌우 양쪽 끝에 위치한 원자들이 만나면 전자를 주고받고 이온결합을 형성한다.

원자호텔로 이온결합을 설명할 수도 있다. 호텔의 1층은 객실이 하나, 2층은 4개, 3층은 4개가 있다고 했다.* 따라서 2층과 3층에는 각각 8개의 전자가 들어갈 수 있다. 이유는 묻지 말고 원자는 가급적 2층과 3층에 있는 8개의 객실 정원을 꽉 채우려는 성질이 있다고 가정해보자. 염소는 3층에 7개의 전자가 있기 때문에 이걸 꽉 채우기 위해 전자 1개를 외부에서 끌어온다. 산소는 전자가 6개 있으니 외부에서 전자 2개를 끌어온다. 앞에서는 이 상황을 염소나 산소가 전자를 좋아한다는 말로 표현했다. 내가 호텔 주인이라도 한 층의 객실이 가득 차길 바랄 테니 원자들이 기특할 거다. 하지만 나트륨은 3층에 전자가 1개 있는데, 이걸 내쫓으면 꽉 찬 2층이 가장 높은 층이 된다. 내가 호텔 주인이라면 손님이 하나 줄기는 했지만 한 사람 때문에 3층 시설을 모두 가동하지 않아도 되니 좋아할지도 모른다. 이처럼 각 층을 전자 8개로 가득 채우려는 특성을 옥텟 규칙octet rule**이라 한다. 20세기 초 화학자들

---

* 정확히 말하면 3층에는 9개의 객실이 있다. 하지만 9개의 객실을 세 종류, 3a(객실 4개), 3b(객실 5개)로 나누는 것이 가능하다. 이렇게 나누는 이유는 3b층이 4층의 일부 객실보다 높은 곳에 있기 때문이다. 이런 걸 다 어떻게 아느냐고 묻는다면 제대로 양자역학을 공부해야 한다고 답할 수밖에 없다.
** 'octa'는 라틴어로 8을 의미한다.

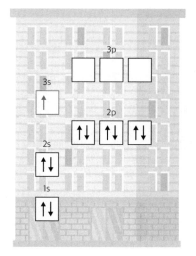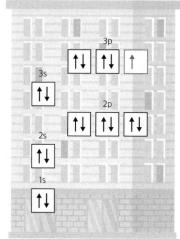

나트륨과 염소의 원자호텔 객실과 옥텟 규칙

은 전자가 원자 주위에서 정육면체의 8개 꼭짓점에 위치하기 때문에 8이라는 숫자가 중요하다고 생각했다. 아무튼 옥텟 규칙은 왜 나트륨, 칼륨은 양이온이 되고 산소, 염소, 불소는 음이온이 되는지 설명해준다. 물론 정확한 이유를 알려면 양자역학이 필요하다.

이온결합 물질의 원자들이 이온이 될 때 전자를 주고받는다고 했지만 원자들이 서로 거래를 하는 것은 아닐 테고 언제나 하나의 전자를 완전히 주는 것도 아니다. 전체적으로 보아서 원자의 전자가 한쪽으로 아주 약간 쏠리는 것만으로 충분하다. 전자를 약간이라도 끌어당긴 원자는 전자를 얻었다고 볼 수 있고, 전자가 끌려가게 된 원자는 전자를 잃었다고 볼 수 있다. 화학에서는 상대적으로 전자를 잃은 쪽을 산화, 전자를 얻은 쪽을 환원되었다고 한다. 환원하려는 성향이 강한 불소나 염소는 공교롭게도 기체다. 그래서 우리에게 더욱 위험하다.

독일군의 화학 공격을 받은 영국군을 묘사한 존 싱어 사전트의 〈가스에 중독된 사람들〉(1919)

공기 중을 날아다니는 독이기 때문이다.

1915년 4월 22일 오후, 벨기에 북부 이프르의 독일군 진지에서 황록색 기체가 피어올랐다. 이 기체는 바람을 타고 프랑스군과 알제리군이 있는 참호로 이동했고 잠시 후 병사들이 질식하며 쓰러지기 시작했다. 이날은 제1차 세계대전 유럽 서부 전선에서 역사상 최초의 화학 무기 공격이 있던 날이다. 이 화학 무기는 다름 아닌 염소 기체였다. 염소는 혈관을 타고 흐르다 폐로 들어가 조직을 손상시킨다. 조직 손상 그 자체 때문에 죽는 것은 아니다. 아이러니하게도 우리 몸이 조직을 복구하기 위해 만든 체액이 과도하게 축적되는 폐부종으로 죽게 된다. 염소는 표백제로도 사용된다. 강한 반응성 때문에 바닥을 깨끗이 청소해버리기 때문이다. 세균이고 뭐고 살아 있는 건 다 죽인다.

그래도 염소는 양반이다. 주기율표에서 염소 바로 위에 있는 불소는 극악무도한 물질이다. 실험실에는 각종 안전 지침들이 있다. 주로 긴급 상황 발생 시 대처 요령에 대한 것이다. 불소나 불산(불소와 수소의 결합물)이 누출되었을 때의 지침은 간단하다. 무조건 도망치라는 거다. 사실 이건 너무 위험해서 주변에서 쉽게 찾아보기도 힘들다. 불산은 반응성이 워낙 강하다 보니 닥치는 대로 녹인다. 그렇다면 불산을 담아둘 용기가 존재할까? 놀랍게도 불산에도 녹지 않는 '테플론teflon'이라는 물질이 있다. 테플론이 불산에 녹지 않는 이유는 단순하다. 테플론은 탄소가 줄줄이 늘어선 끈 구조물 주위에 불소를 두르고 있기 때문이다. 참고로 불소 대신 수소를 두르면 폴리에틸렌이 된다. 사람들은 폴리에틸렌을 플라스틱이라 부른다. 다시 말해 불소에 버틸 수 있는 물질은, 즉 불소라는 창을 막아줄 방패는 불소 그 자신뿐이란 뜻이다. 2012년 9월 27일 구미시에서 불산 가스 누출 사고가 일어났다. 현장에 있던 5명이 사망했고 인근 마을 전체가 대피했다.

불소와 염소의 왼쪽 이웃에 있는 산소와 황($_{16}$S)도 같은 이유로 반응성이 강한 원자들이다. 산소는 특별히 중요한데 지구에는 산소가 무척 많기 때문이다. 따라서 여러분이 주변에서 보는 물질의 표면은 대개 산소로 뒤덮여 있다고 보면 된다. 공기 중에 충만한 산소가 모든 물질과 닥치는 대로 반응하여 결합을 이루고 있기 때문이다. 지구 생명체는 산소를 다루는 법을 개발하여 물질이 산소와 결합하는 산화 반응에서 에너지를 얻는다. 반응성이 큰 만큼 얻는 에너지도 크다. "위험이 없으면 보상도 없다no risk, no return"랄까. 이처럼 이온결합은 주기율표 좌우 양 끝에 존재하는 다혈질 원자들이 만나서 이룬 평화다. 이이제이以夷制夷라 할만하다.

공유결합: 전자 나누어갖기

원자들이 결합하는 또 하나의 방법은 양자역학을 제대로 이용하는 것이다. 앞서 설명한 이온결합은 본질적으로 양이온과 음이온 사이의 전기적 인력을 이용하는 고전적 수법이다. 하지만 원자는 양자역학의 마술이 지배하는 세상에 산다. 쉬운 예로 수소 분자(H_2)를 생각해보자. 이것은 두 개의 수소 원자가 결합한 것이다. 이온결합의 관점으로 생각해보면 전자가 어느 한쪽으로 특별히 끌려갈 이유가 없다. 두 개의 수소는 완전히 똑같기 때문이다. 그렇다면 두 수소 원자는 어떻게 결합할 수 있을까? 답은 이렇다. 수소 두 개가 가까워지면, 두 개의 수소 원자핵과 두 개의 전자가 만드는 새로운 양자 상태가 생긴다. 쉽게 말해서 양자역학으로 풀어봐야 안다는 말이다.

두 수소 원자가 멀리 있을 때, 각각의 전자는 수소 원자 하나에 해당하는 상태에 있게 된다. 원자호텔의 101호다. 원자가 2개니까 호텔도 2개다. 각 호텔을 1동, 2동이라고 부른다면 1동 101호, 2동 101호에 전자가 하나씩 있는 거라 할 수 있다. 이제 두 수소 원자가 충분히 가까워지면 1동 101호와 2동 101호 사이에 순간이동 통로가 생긴다. 이게 무슨 말일까? 두 객실 사이에 순간이동 통로가 생긴다면 사실상 두 객실은 하나가 되었다고 볼 수 있다.* 그렇다면 투숙객 전자 입장에서는 두 객실 모두에 존재하는 셈이 된다. 원래 따로 있던 두 객실이 사실상

---

* 정확히 이야기하면 두 원자의 상태 사이에 '양자 중첩'이 형성된 것이다. 양자 중첩이 형성되면 전자는 두 상태에 동시에(!) 존재할 수 있다. 여기서는 쉽게 설명하기 위해 순간이동 통로가 생긴다고 표현했다.

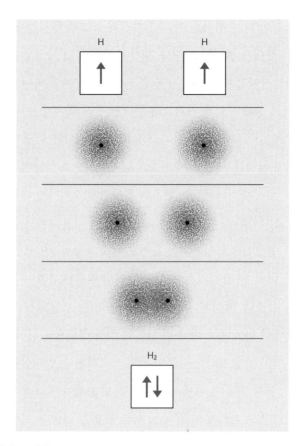

수소 원자의 공유결합

하나가 되었다는 뜻이다. 이렇게 두 호텔, 아니 두 원자는 하나가 된다. 이를 공유결합이라 한다.*

아무래도 전자를 좋아하는 원자들이 공유결합을 쉽게 할 거다. 산

---

* 사실 이온결합과 공유결합은 칼로 무 자르듯 나누기 애매하다. 전자가 한쪽으로 살짝 쏠리면서 동시에 공유할 수도 있기 때문이다.

소나 염소같이 다른 전자를 가져다 자신의 공간에 두려는 원자 말이다. 서로가 상대의 전자를 가져다 자기 공간에 두면 사실상 공유하는 것과 마찬가지이기 때문이다. 나와 친구가 각각 수박을 하나씩 가지고 있는데, 서로 상대 수박을 가져오려 한다면 우리 두 사람은 수박 두 개를 공동으로 소유하게 되는 거라고 할까. 공유결합은 단단하고 구조를 바꾸기도 어렵다. 예를 들어 탄소의 공유결합으로 만들어진 다이아몬드가 그 예다. 다이아몬드는 탄소의 정사면체 소시지가 다른 탄소의 정사면체 소시지와 겹쳐 공유결합을 형성하여 그물같이 촘촘한 구조를 갖는다. 연필심으로 사용되는 흑연도 탄소의 공유결합으로 되어 있다. 흑연은 마치 A4 용지가 쌓여 있는 것처럼 평평한 판들이 층층이 쌓인 구조를 갖는다. 여기서 공유결합은 평평한 판 모양의 구조물을 형성하는 데에만 기여한다. 판과 판 사이는 약한 결합으로 되어 있다. 그래서 외부에서 힘을 가하면 판들이 서로 미끄러진다. 연필심은 흑연으로 만든다. 연필을 종이 위에서 움직이면 탄소판이 미끄러지며 종이 위에 펼쳐진다. 연필로 종이 위에 글을 쓸 수 있는 이유다. 그렇다고 흑연을 이루는 판 구조를 눈으로 보려고 노력하지는 마시라. 판은 원자 규모에서나 보이니까.*

공유결합 세계의 스타는 누구일까? 원자호텔 2층을 생각해보면 객실이 4개 있고 8개의 전자가 투숙할 수 있다. 2층에 전자가 1개 있는

---

* 흑연을 이루는 판 하나만 떼어낸 것을 '그래핀graphene'이라고 부른다. 어떻게 원자 한 층만 떼어낼 수 있을까? 믿기 어렵겠지만 스카치테이프로 하면 된다. 진짜다. 이 방법을 알아낸 공로로 안드레 가임Andre Geim과 콘스탄틴 노보셀로프Konstantin Novoselov가 2010년에 노벨물리학상을 수상했다.

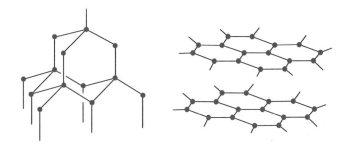

공유결합의 패턴 차이로 물성에서 차이를 보이는 다이아몬드와 흑연

리튬과 2개 있는 베릴륨의 경우 전자를 잃기 쉽고, 전자가 6개인 산소와 7개인 불소는 전자라면 서로 차지하려고 난리다. 전자를 잃기 원하는 원자와 얻기 원하는 원자 들이 만나서 이온결합을 이룬다고 했다. 따라서 공유결합에 적합한 원자는 이온결합을 하지 못하는 원자, 그러니까 2층에 전자가 4개 정도로 반쯤 찬 탄소다. 탄소는 다른 원자와 공유할 수 있는 전자가 4개나 있다. 원자계의 중개인이라 할만하다. 탄소는 4개의 팔을 이용하여 다른 많은 원자와 마구 결합하여 복잡한 구조를 형성할 수 있다. 2장에서 이야기한 대로 이 복잡한 구조가 바로 생명의 분자를 이룬다. 탄수화물, 지질, 단백질 모두 탄소를 기반으로 한다는 것이 그 증거다. 탄소가 산소와 공유결합을 형성할 때 연소 반응이 일어난다. 쉽게 말해서 타는 것이다. 우리같이 산소 호흡하는 생물이 에너지를 얻는 방법이다.

탄소로 만들어진 수많은 공유결합 물질들은 결합의 복잡함만큼이나 다양한 특성을 가질 수 있다. 하나의 분자에 원자가 수십에서 수백 개까지 참여하는 것은 보통이다. 이렇게 원자가 모이면 하나일 때와 비교해 어떤 변화가 일어날까? 사실 원자 하나의 특성은 그 원자가 다른 원자와 만났을 때 어떻게 행동하는지에 달려 있다. 어떤 사람에 대한 평가는 그 사람이 다른 사람과 어떤 관계를 맺고 있는지에 달려 있는 것과 같다. 많은 원자가 모여 만들어진 거대한 분자의 특성도 다른 분자와 만났을 때 어떻게 행동하느냐로 결정될 것이다. 물리적으로는 이게 전부다.

아무것도 없는 빈 공간에 분자가 정지한 상태로 있다면 분자는 영원히 정지 상태에 있게 된다. 관성의 법칙이다. 만약 다른 분자가 다가온다면 분자에 영향을 주게 된다. 영향을 준다는 것은 물리학적 관점에서 볼 때 힘을 준다는 것이다. 다른 분자의 존재는 그 분자의 운동에 변화를 일으킨다. 즉 정지한 분자를 움직이게 만든다는 뜻이다. 정지한 것을 움직이게 만드는 능력을 물리에서는 '힘'이라고 부른다. 분자 수준에서 의미 있는 힘은 전기력뿐이라고 앞에서 말한 바 있다.

결국 분자들이 서로 만난다는 것은 전기적인 힘을 주고받는 것이고, 전기력은 거리에 민감하게 변한다. 더구나 분자는 전체적으로 중성이라 아주 가까이 접근하지 않으면 전하를 느낄 수 없다.* 전하를 느끼지 못하면 힘이 작용하지 않으니 아무런 상호 작용도 하지 않는다는 말과 같다. 분자가 커도 정작 만나는 부분은 크지 않다. 두 사람이 만났을 때 전기적으로 상호 작용하는 부분은 악수를 할 때 맞닿는 손바닥뿐이다. 각자의 손바닥을 이루는 원자들이 공유결합으로 묶여 있고, 상

---

* 소금은 이온결합 물질이다. 나트륨(Na)의 전자가 염소(Cl)로 이동한 다음 나트륨 양이온과 염소 음이온이 결합한 것이다. 따라서 소금(NaCl)은 전체적으로는 중성이지만 나트륨에 가까이 접근하여 보면 양전하가 보이고 염소에 접근하여 보면 음전하가 보일 것이다. 하지만 분자 전체로는 중성이다.

대 손바닥 원자 주위의 전자들이 서로 밀어내기 때문에 두 사람의 손바닥이 서로 뒤섞이지 않는다. 아무튼 분자 전체의 구조보다 서로 만나는 특정 부위의 구조가 어떤 모습인지가 반응의 특성을 결정할 가능성이 크다는 말이다. 우리가 처음 보는 사람을 판단할 때도 기껏해야 얼굴 생김새만 보고 판단하는 경우가 많지 않은가. 분자들의 얼굴에 해당하는 부분을 '작용기'라고 한다. 작용기를 이루는 원자들은 종종 공유결합으로 서로 단단히 묶여 있다. 이제 작용기에 대해 알아보자.

가끔 이상한 짓을 하는 사람이 있다. 자동차 부동액으로 사용되는 에틸렌글리콜($C_2H_4(OH)_2$)을 실수로 마셨다면 어떻게 해야 할까? 이게 무슨 뚱딴지같은 질문이냐는 생각이 드셔도 좀 참으시라. 답은 에탄올(C_2H_5OH), 그러니까 술을 퍼마시는 거다. 에틸렌글리콜은 몸의 효소와 반응하여 옥살산($C_2H_2O_4$)을 만들어내는데 이 녀석이 콩팥에 해를 입힌다. 에틸렌글리콜은 탄소, 산소, 수소 10개가 모인 분자다. 이 분자는 산소와 수소로 구성된 -OH 작용기를 가지고 있다. 에탄올도 마찬가지다. 에틸렌글리콜이 몸에서 처음으로 반응하는 효소는 '알코올탈수소효소'다. 에탄올을 잔뜩 마시면 에탄올이 탈수소효소를 독점하게 되므로 에틸렌글리콜은 몸에 해를 끼칠 기회를 얻지 못하고 배설된다. 탈수소효소가 에탄올과 에틸렌글리콜을 혼동하기 때문이다. 예를 들어 설명해보자. 첩보 영화를 보면 추격전 장면이 종종 나온다. 주인공이 노란 옷을 입고 도망치고 있다. 악당들이 노란색을 보며 쫓아오고 있을 때, 갑자기 노란 옷을 입은 사람 수백 명이 나타난다면 주인공은 악당의 추격을 따돌릴 수 있을 거다. 여기서 노란 옷이 -OH 작용기에 해당한다고 보면 된다. 화학 공부할 때 작용기들을 외워야 하는 이유다.

설파제sulfanilamide는 연쇄상 구균 감염에 효과가 있는 항생제다.* 설파제가 개발되기 전 치러진 제1차 세계대전에서는 총에 맞아 죽은 사람보다 세균 감염으로 죽은 사람이 더 많았다. 세균은 파라아미노벤조산이라는 화합물에서 엽산이라는 물질을 만든다. 이 물질은 생명체의 생존에 꼭 필요하다. 인간은 비타민B의 형태로 엽산을 섭취해야 한다. 설파제의 구조는 파라아미노벤조산과 유사하다. 세균이 항생제 설파제와 파라아미노벤조산을 놓고 혼동을 일으키는 것이다. 결국 세균의 엽산 생산이 방해를 받고 성장이 둔화된다. 이렇게 설파제는 세균을 퇴치한다. 분자에서 중요한 것은 원자들이 배열된 구조, 특히 작용기의 구조다.

원자들이 결합을 이루면 개별 원자가 갖던 성질에서 예측하기 힘든 특성을 가질 수 있다. 폭발물 나트륨과 독가스 염소의 결합으로 만들어진 소금의 예에서 '양질전환'이라는 표현을 쓴 이유다. 하지만 원자가 아주 많이 모여 거대한 분자가 되었을 때 그 특성은 특정 부위를 이루는 소수의 원자들에 의해 결정될 수도 있다. 세상 만물을 이해하는 일은 쉽지 않다.

금속결합: 양자역학이 필요해

지금까지 주기율표의 북쪽을 주로 살펴봤다. 인간에게 중요한 원자는 대부분 원자 번호가 작은 북쪽에 모여 있기 때문이다. 주기율표

---

* 설파제의 역사에 대해 알고 싶은 사람은 토머스 헤이거의 《감염의 전장에서》를 보시라.

중앙에는 유라시아 대륙과 같은 거대한 평원이 펼쳐져 있다. '전이금속'이라는 이름이 붙은 지역이다. 이 원자들은 이름 그대로 금속이 되는데 어떤 방법으로 그렇게 되는 걸까? 금속 원자는 이온결합이나 공유결합과는 사뭇 다른 방식으로 결합한다.

금속을 이루는 원자들은 각각 전자를 내놓는다. 중성인 원자가 전자를 내놓았으니 원자는 양이온이 된다. 원자들이 내놓은 전자들은 어디로 갈까? 이들 전자는 모든 금속 원자가 만들어내는 중첩 상태에 존재한다.* 원자호텔로 이야기하자면 1동 403호, 2동 403호, 3동 403호 … 1,000,000동 403호, 1,000,001동 403호 … 등등 엄청나게 많은 동에 있는 객실이 모두 순간이동 통로로 연결된다는 말이다. 하나의 전자가 동시에 모든 객실에 존재하는 셈이다. 황당하지만 양자역학은 이런 상태가 존재한다고 말해준다. 전자가 모든 원자의 중첩 상태에 있다는 것은 금속 내 모든 곳에 동시에 존재한다는 말과 같다. 전자가 모든 곳에 동시에 존재할 수 있다는 것은 아무런 제약을 받지 않고 자유롭게 움직일 수 있다는 뜻이다. 이런 상태에 있는 전자를 '자유 전자'라고 한다. 좀 어렵게 이야기하자면 금속결합은 음전하를 띤 자유 전자들의 집단과 모든 양이온의 집단이 집단 대 집단으로 일종의 이온결합을 한 것이다.

이 때문에 금속은 쉽게 휘어지고 잘 늘어난다. 공유결합과 같이 이웃한 원자들 사이에 전자를 공유하여 만들어진 결합은 원자 수준에서 견고한 구조를 이룬다. 이 경우 구부리면 부러진다. 하지만 금속결합

---

* 이를 전도대conduction band라고 한다. 이에 대해서는 4장에서 이야기할 예정이다.

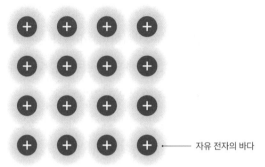

자유 전자의 바다

자유 전자의 바다와 금속 양이온으로 구성된 금속결합

은 전자의 바다에 양이온들이 떠 있는 것과 비슷한 상태다. 그래서 휘거나 늘이는 변형이 가능하다. 양이온들이 떠 있다고 했지만 미시적인 수준에서는 견고한 구조를 이룬다. 그렇지 않다면 금속 구조 자체가 무너질 거다.

전이금속은 주기율표 3번째 세로줄부터 12번째 세로줄까지 점하고 있다. 원자호텔로 이야기하면 305호부터 309호까지 5개의 객실에 전자를 하나씩 채우면 스칸듐($_{21}$Sc), 타이타늄($_{22}$Ti), 바나듐($_{23}$V), 크로뮴($_{24}$Cr), 망가니즈($_{25}$Mn), 철($_{26}$Fe), 코발트($_{27}$Co), 니켈($_{28}$Ni), 구리($_{29}$Cu), 아연($_{30}$Zn), 이렇게 10개의 원자가 된다. 앞서 이야기했듯이 원자의 특성은 공간적으로 가장 외곽에 있는 전자가 결정한다. 외부에서 보았을 때 가장 외곽에 있는 전자가 주로 보이기 때문이다. 전이금속의 경우 3층 305호~309호의 에너지가 4층 401호보다 에너지가 크다. 보통 층이 낮을수록 에너지가 작은데 이 경우는 반대다. 따라서 전자는 에너지가 작은 401호를 먼저 채운 다음 305호~309호를 채운다. 왜 이렇게 이상하게 되어 있느냐고 묻는다면 양자역학을 공부하라고 답할 수밖에 없다. 결국 전이금속은 전자의 개수가 늘어감에 따라 4층을 먼저 다 채우고 305호~309호를 하나씩 채워간다. 가장 외곽의 전자는 4층에 있으니 3층의 전자 수와 상관없이 스칸듐부터 아연까지 10개의 전이금속 특성이 비슷할 것이라 예측할 수 있다.

주기율표 남쪽 큰 섬에는 란탄, 악티늄 계열의 원자들이 있는데 같은 이유로 화학적 성질이 비슷하다. 사실 이들은 서로 너무나 비슷하여 따로 분리해내기조차 힘들다. 유유상종이라더니 자연에서도 서로 뒤섞여 존재한다. 이들을 그냥 란타넘족, 악티늄족이라고 퉁쳐서 부르는 이유다. 따라서 전이금속은 서로 뒤섞어 새로운 특성을 갖는 물질을 만들기 쉬운데 이를 합금이라 한다.

금속은 인류에게 중요한 물질이다. 인간 문명사를 청동기, 철기 같은 금속 이름으로 부르고 있는 것만 봐도 그렇다. 청동은 구리와 주석($_{50}$Sn)이 섞여 만들어진 합금이다. 주변을 둘러보면 돌 천지다. 인간의 문명이 석기 시대에서 시작한 것은 당연하다. 돌과 비교해서 금속은 번쩍거리고 단단하다. 아마 순수한 형태의 금속은 우연히 발견되었을 것이고 대단히 귀했을 거다. 처음엔 돌보다 단단하지 않아 귀중품으로만 쓰였을 가능성이 크다. 합금 형태의 금속도 우연히 발견되었을 것이고 불을 이용하여 금속의 성질을 바꿀 수 있다는 것도 차차 알게 되었으리라. 그렇게 청동제 무기를 가진 이들이 득세하게 되고 이어서 철제 무기를 만든 이들이 역사를 지배하게 되었을 것이다.

금속의 이용에 있어 중요한 것이 두 가지 있다. 부식腐蝕과 용융鎔融이다. 금속의 최대 약점은 녹스는 거다. 공기 중에 존재하는 반응성 높은 원자인 산소와 금속이 결합하여 산화물이 되는 것을 말한다. 산소는 전자를 좋아한다. 결국 금속이 쉽게 녹스는지 여부는 얼마나 전자를 잃기 쉬우냐에 달려 있다. 금속이 잃은 전자를 산소가 가져가며 금속과 산소가 결합한 것이 '녹'이기 때문이다. 고등학교 화학 시간에 '칼카나마알아철니주납수구수은백금*'이라고 외운 것이 바로 금속의 이온화 경향, 그러니까 전자를 잃기 쉬운 정도의 순서다. 뒤로 갈수록 전자를 내놓지 않으려 한다. 은, 금, 백금이 전자를 가장 내놓지 않으려하니까 잘 녹슬지 않는다. 우리는 이런 금속을 귀금속이라 한다. 또 하나의 관건은 용융, 즉 녹는 것이다. 금속은 제련, 제강을 통해 더욱 가치 있게 만들 수 있다. 이것은 금속을 녹여야 할 수 있는 일이다. 하지만 금속을 녹일 만큼 높은 온도를 얻는 것은 어렵다. 녹는점이 1084도인 구리가 녹는점이 1535도인 철보다 역사적으로 먼저 사용된 것은 우연이 아니다. 그래서 청동기 시대가 철기 시대보다 먼저 왔던 것이다.

주석은 물러서 무기로 사용될 수는 없지만 일찍부터 장식품으로 사용되었다. 밝은 광택이 났고 녹는점이 232도에 불과해 가공하기가 쉬웠기 때문이다. 금과 은이 상류층의 번쩍이는 금속이었다면, 주석은 보통 사람들의 번쩍이는 금속이었다. 안데르센의 동화《장난감 병정과 꼬마 숙녀》에 나오는 외발의 병정 인형은 주석으로 만든 것이다. 그래서 불에 타 없어진다. 철이었으면 어림없는 이야기다.《오즈의 마법사》에도 양철 나무꾼이 나온다. 양철은 얇은 철의 표면에 주석을 입힌

---

* 차례로 칼륨(K), 칼슘(Ca), 나트륨(Na), 마그네슘(Mg), 알루미늄(Al), 아연(Zn), 철(Fe), 니켈(Ni), 주석(Sn), 납(Pb), 수소(H), 구리(Cu), 수은(Hg), 은(Ag), 백금(Pt), 금(Au). 뒤로 갈수록 이온화되기 힘들다.

철을 제련하고 있는 모습을 그린 조셉 라이트의 〈대장간〉(1771)

것이다. 동화의 이야기와 달리 주석은 그렇게 쉽게 녹슬지 않는다. 앞
서 이야기한 금속의 이온화 경향 순서에서 주석은 철보다 뒤에 있다.
영국 해군이 양철 통조림에 담긴 음식을 먹으며 세계를 정복한 걸 보
면 알 수 있다.

녹는점이 327도인 납($_{82}$Pb)도 일찍부터 사용되었지만 문제는 독성이다. 이 사실을 알지 못한 로마인들은 납으로 수도관을 만들었기 때문에 납 중독으로 로마가 멸망했다는 학설이 있을 정도다. 청동이나 철이 무기로 사용되어 문명사에 청동기 시대나 철기 시대라는 이름을 남긴 거라면, 납은 좀 억울할 거 같다. 총포가 발명된 후 총알로 사용된 금속이 납이기 때문이다. 총알은 총신에 정확히 들어맞아야 한다. 틈이 생기면 화약이 폭발할 때 가스가 새어나가 속도가 느려져 파괴력이 떨어지기 때문이다. 납으로 완벽한 구형의 총알을 만드는 데 기발한 방법이 이용되었다. 녹인 납을 높은 곳에서 방울방울 떨어뜨리는 것이다. 납 방울이 낙하하는 동안 표면 장력 때문에 거의 완벽한 구형이 되는데, 이 상태로 바닥에 놓은 찬물에 들어가며 바로 굳어버리게 된다. 이렇게 완벽한 구형의 납 탄환이 만들어진다. 천재다!

수은($_{80}$Hg)은 녹는점이 영하 38도다. 상온에서 이미 녹아 액체로 존재한다는 뜻이다. 그래서 필자의 화학과 친구들은 "주기율표에 작은 연못이 하나 있다"라고 말하곤 했다. 구식 수은주 온도계에 사용된 액체금속이라 우리에게 친숙한 녀석이기도 하다. 하지만 인간에게 '미나마타병'을 일으키는 치명적인 금속이다. 주기율표에서 수은과 같은 족에 속하는 카드뮴($_{48}$Cd)도 '이타이이타이병'을 일으키는 무서운 금속이다. 이와 같은 일이 일어나는 것은 같은 족에 속하는 아연이 우리 몸에 꼭 필요한 필수 미네랄 성분이기 때문이다. 아연이 있어야 할 곳에 카드뮴이 들어가게 되면 효소나 골격 등이 제 기능을 못하게 된다. 반복되는 이야기지만 몸에서 화학적으로 유사한 카드뮴과 아연을 혼동하기 때문에 일어나는 일이다.

화학으로 본 세상

　원자들이 모여 어떻게 세상 만물이 되는지 연구하는 분야를 화학이라 한다. 대개 화학은 안 좋은 이미지를 갖고 있다. 많은 이들이 화합물보다 천연물이 좋다고 생각한다. 화학 공장은 혐오 시설이고, 화학은 환경 오염이나 일으키는 더러운 과학일까? 세상 만물을 이해하려면 화학을 알아야 한다. 나중에 이야기하겠지만 사실 우리 몸이 바로 화학 공장이다. 우리 몸을 이루는 탄소와 공장에서 쏟아내는 오염 물질 속의 탄소는 완전히 같다. 우리 몸에서 음식물을 태워서 에너지를 얻는 것이나 휘발유를 태워 자동차를 움직이는 것이나 화학의 관점에서는 크게 다르지 않다. 화학은 이들을 동일한 관점으로 다룬다. 다시 말해 화학이란 세상이 작동하는 방식이다.

　제2차 세계대전 중 나치는 화학 물질로 유대인을 대량 학살했다. 하지만 유대인을 학살한 것은 화학이 아니라 인간이다. 공장이 쏟아내는 오염 물질의 피해가 화학의 잘못일까? 그런 물질을 제조한 화학자의 책임도 있지만 오염 물질을 버리도록 지시한 사람도 책임이 작다고 볼 수 없다. 사실 화학이 아니었다면 우리들 가운데 절반 이상은 존재할 수도 없다. 화학 비료가 없었다면 현재 인구의 절반도 먹여 살릴 수 없기 때문이다. 플라스틱, 비닐, 합금, 페인트, 유리, 섬유 등 우리가 사용하는 물건 대부분이 화학 제품이다. 항생제나 각종 약품 등도 모두 화학 회사가 만드는 것이다. 인간의 수명이 급격히 늘어나고 삶의 질이 높아진 것은 대부분 화학의 공로다. 양자역학은 인간 지성의 위대한 승리지만, 그것을 실제 세상의 이해와 나아가 응용까지 끌어내려면 화학이 필요하다. 화학이 아니라면 생물학과 의학은 19세기로 돌아가야 한다.

원자에서 분자로 한 단계 올라가는 과정은 때로 연속적이지 않다. 분자들을 이해하기 위해서는 화학이라는 새로운 방법이 필요하다. 원자와 분자 모두 양자역학으로 이해할 수 있지만, 다뤄야 할 원자의 개수가 많아지면 양자역학은 사실상 무용지물이 된다. 이렇게 결국 원자와 분자는 양자역학이라는 틀로 느슨하게 연결되어 있다. 하지만 거대한 분자라도 작용기의 예에서 본 것처럼 때로 몇 개의 원자가 전체의 특성을 결정하기도 한다. 세상 만물을 이해하기 위해 원자와 분자 사이의 연결 고리를 단단히 조이는 것이 필요한 이유다.

지금까지 원자와 분자를 살펴봤지만 쉽게 다가오지 않는다는 느낌이 들면 당연하다. 전자가 중요하다고 했지만, 전자가 어떻게 행동하는지 정확히 알 수 없다. 아니 어디에 있다는 것인지조차 알기 어렵다. 그래서 원자호텔이라는 비유로 설명하지만, 비유는 비유일 뿐 물리학자의 정확한 이해와도 거리가 멀다. 이것은 아이러니가 아닐 수 없다. 나를 포함한 세상 모든 것은 원자로 되어 있다. 하지만 모든 것의 근원인 원자는 세상의 모습과 너무나 다르다. 이제 원자를 하나둘 모아서 10억 곱하기 10억 곱하기 10억 개를 모으면 사과나 고양이같이 우리에게 익숙한 물체가 된다. 이들은 우리가 이해할 수 있는 방식으로, 즉 뉴턴 역학이 기술하는 방식으로 운동한다. 더 이상 원자와 같이 두 장소에 동시에 존재한다든지 하는 이상 행동을 하지 않는다는 말이다. 하지만 왜 원자가 많이 모이면 이상한 행동이 사라질까?

결론부터 이야기하자면 물리학자들조차 아직 이 문제에 대해 완전한 답을 알지 못한다. 원자 세계를 설명하는 양자역학과 일상을 설명하는 뉴턴 역학의 경계에 무엇이 있는지, 원자들의 집단이 어느 정도 크기가 되어야 일상의 물체처럼 행동하는지, 정말 크기가 중요한 것인지 완전히 알지 못한다. 이것은 '측정 문제'라는 양자역학 역사의 지긋지긋한 논쟁과 관련 있다.

원자를 기술하는 양자역학으로 돌멩이 같은 일상적 크기의 물체의 운동을 설명하려고 시도해볼 수는 있지만(물리학자들은 그렇게 해도 뉴턴 역학과 같은 결과라 나올 거라 믿는다) 그냥 뉴턴 역학을 사용하는 것이 편하다. 이 두 가지 방법이 연속적으로 연결되는지, 불연속적인지 아직 불분명하지만 대상에 따라 두 가지 방법 가운데 하나를 골라 사용하는 것이 좋은 전략이라는 점은 자명하다. 돌멩이의 낙하를 설명하기 위해 양자역학으로 계산을 해야 한다면 우리는 돌멩이가 언제 떨어질지 영원히 알 수 없을 거다. 하지만 원자를 설명하려면 양자역학이 반드시 있어야 한다. 그렇다고 자유의지를 갖고 살아가는 사람의 행동을 원자로부터 이해하려는 것은 불가능하다. 원자에서 분자, 분자에서 세포, 세포에서 인간으로 층위가 바뀔 때마다 이전 층위에서 없던 새로운 성질이 창발하기 때문이다.

결국 우리는 층위에 따라 다른 법칙을 적용하는 것이 최선이라는 결론에 도달한다. 많은 것은 다르다More is different.

물리학자에게 신이란

인간이 함께 살기 위해 만든 최고의 상상력

인과율에 따르면 원인은 결과에 앞서고, 특별한 원인은 특별한 결과를 준다. 인과율과 비슷한 것으로 '조건화'가 있다. 이반 파블로프는 개를 이용하여 조건화에 대한 실험을 수행했다. 개에게 음식을 줄 때마다 종을 울리면 음식을 주지 않은 채 종만 울려도 개가 음식을 기대하고 침을 흘린다는 내용이다. 여기서 종소리는 원인이고, 음식은 결과다. 동물도 인과율에 따른 사고를 하는 것처럼 보인다는 말인데, 그렇다고 동물이 인과율을 안다고 할 수는 없을 것이다. 조건화 행동과 인과율에 대한 이해는 미묘하게 다르다. 조건화는 두 가지 사건이 단순히 연결된 것이라고 볼 수 있다. 이것은 학습의 한 예에 불과하다. 12장에서 다루겠지만 연체동물의 하나인 군소도 조건화 학습을 할 수 있다. 조건화에서 인과율을 추론하는 것은 다른 문제다.

연체동물이 할 수 있다면 선사 시대의 인류도 조건화를 할 수 있었을 거다. 정확히 언제인지는 알 수 없지만 인간은 조건화하는 것을 넘어 조건화에 깔린 인과율을 이해하는 단계에 이르렀다. 이를 '인지혁명'이라 불러도 좋다. 인과율을 어설프게 사용하면 주술이 된다.* 아메리카 인디언인 오지브와족은 특정인을 해코지하려고 할 때 그를 본뜬 나무 인형을 만들어 머리나 심장을 바늘로 찌르거나 화살을 쏜다. 그들은 이를 통해 상대에게 실제로 상해를 입힐 수 있다고 믿기 때문이다. 이처럼 잘못된 인과율 추론은 주술이 된다. 사실 주술에 깔린 근본 원리는 과학과 같다. 하지만 주술의 결과는 과학과 달리 재현 가능하지 않다. 아마 이따금 주술이 효력을 발휘하는 것처럼 보이는 경우가 있었을 것이고 그 때문에 사람들은 주술을 믿게 되었을 것이다.

　농경과 주술 중 무엇이 먼저 나타났는지는 모르겠지만, 농경은 인과관계에 대한 상당한 이해를 바탕으로 한다. 씨를 뿌리고 알맞게 물을 주고 보살펴야 작물이 자란다. 봄에 파종하고 가을에 작물을 거둬야 한다. 날씨는 작황에 결정적인 영향을 준다. 날씨와 관련된 자연 현상 사이에 인과적 관계가 있는듯하나 이해하기는 어려웠으리라. 날씨 예측은 지금도 어려운 문제다. 농경을 하는 문명은 하늘을 유심히 관찰할 수밖에 없다. 하늘에는 구름과 별이 함께 있다. 물론 이들은 서로 아무 관계가 없지만, 선사 시대 인류는 이들이 서로 영향을 주고받는다고 생각할 수도 있었으리라. 그러다가 누군가 하늘의 별들이 거의 완벽한 규칙을 따른다는 사실을 깨달았을 것이다. 태양은 하루 주기로, 달은 한 달 주기로, 계절은 1년 주기로 변한다. 다른 별들도 일정한 궤도 운동을 한다. 천문학은 인간이 연구한 최초의 과학이다. 자연스럽게 하늘에서 벌어지는 완벽한 법칙을 인간의 운명에 적용하려는 시

---

* 주술에 대해서는 제임스 조지 프레이저의 《황금가지》를 참고했다.

도들이 생겨났다. 주술의 일종인 점성술이야말로 인문학과 과학 사이에 일어난 최초의 융합이 아니었을까? 주술은 인과율을 바탕으로 해야 했고, 주술사는 그것을 법칙이라 불렀으리라.

그러나 주술은 종종 제대로 작동하지 않았고, 누군가는 주술의 법칙을 의심했을 거다. 주술사는 권력자이거나 권력자와 긴밀히 연결되어 있었을 것이기에 주술이 거짓이라고 주장하기는 쉽지 않았으리라. 그렇다면 주술이 성공하지 않은 경우, 이를 '설명'(이라고 쓰고 '변명'이라고 읽는다)할 이론이 필요하다. 그런 이론 가운데 하나로 '신'이라는 새로운 존재를 도입하는 것이 가능하다. 신은 주술이 말하는 인과율을 깰 수 있는 존재, 그러니까 자연의 법칙을 초월한 존재여야 한다. 그뿐만 아니라 법칙을 깨겠다는 결정을 내릴 수 있는 의지를 가진 존재여야 한다. 그게 아니라면 신은 그냥 멋대로 법칙을 깨거나, 또 다른 주술적 원리로 주술을 깨야 한다. 하지만 사람들은 지나치게 복잡한 이론을 싫어하니까 의지에 따른 결정을 내리는 존재가 있다는 것이 더 좋은 선택이었으리라. 특히 그런 결정이 인간의 행동 때문에 일어난다면(이렇게 주술의 실패를 누군가의 잘못으로 만들 수 있다), 신은 인간의 행동에 기뻐하거나 슬퍼하는 인간 같은 감정을 가진 존재여야 한다.

농경이 인간에게 준 것은 잉여 산물이고, 잉여 산물은 일하지 않고도 배불리 먹고 살 수 있는 사람을 만들었다. 바로 권력자다. 이들은 자신이 놀고먹으며 다른 이들을 착취하는 이유를 설명해야 했을 것이다. 조폭이 그렇듯이 처음에는 폭력을 사용했겠지만 자신들의 권리가 자연법칙의 일종이라고 속이는 편이 장기적으로 더 좋은 전략임을 깨달았을 것이다. 이렇게 자연법칙을 다루는 주술사와 이를 초월할 수 있는 신은 권력자와 결탁할 수밖에 없다. 물론 신의 이름으로 만들어진 수많은 규율은 권력자의 이권을 지키기 위한 것만은 아니었으리라.

농경 덕분에 탄생한 인구 밀집 지역의 사람들이 평화적으로 함께 살기 위해서 많은 규율이 필요했을 거다. 다른 사람을 함부로 죽이면 안 된다거나 남의 재물을 빼앗으면 안 된다는 금지 조항이 그 예다. 재물을 소유한다는 개념은 인류 역사상 가장 기이한 아이디어가 아니었을까? 장 자크 루소는《인간 불평등 기원론》에서 인류의 역사에서 누군가 최초로 땅에 큰 사각형을 그린 다음 "이 땅은 내 것이다"라고 말한 순간 문명이 시작되었다고 하지 않았던가. 신은 인간이 만든 농경 사회의 기반인 규칙을 만들고 유지하는 데 핵심적인 역할을 했으리라. 신이야말로 13장에서 다룰 인간의 상상 가운데 지금까지 남아 있는 가장 오래된 것 중 하나다.

* * *

대부분의 문화권은 초기에 다신교의 시기를 거친 것으로 보인다. 아이를 갖게 해달라는 주술이 실패하자 아이를 생기게 하는 신을 생각했을 것이고, 비를 내려달라는 주술이 실패했을 때 비를 내리게 하는 신이 등장했으리라. 이런 식이라면 모든 것에서 신을 만들 수 있다. 다신교의 신은 주술과 크게 다르지 않다. 특정한 신에게 제물을 바치면 원하는 바를 이룰 수 있다는 인과율을 바탕으로 하기 때문이다. 하지만 나의 정성이 충분치 않다면 신은 바람을 들어주지 않을 것이다. 고대 그리스의 수없이 많은 신은 불사의 몸을 가졌지만 인간과 동일한 감정을 가진 존재였다. 이들은 인간의 행동에 따라 기뻐하거나 분노했다.

신에게 정성을 보이려면 어떻게 해야 할까? 당연히 중요한 것을 바쳐야 할 거다. 고대 인류에게는 가축이나 식량이 중요했을 테지만 간절한 바람을 이루려면 더 특별한 것이 필요했을 거다. 아마도 가장 소중한 건 사람의 목숨 아니었을까. 인신공양은 대부분의 문화권에서 존재했던 끔찍한 악습이다. 고대의 종교 의식은 기본적으로 희생 제의라고 할 수 있으며 엄청난 폭력을 수반한 행사였다. 희생제에 기초한 초기 종교는 점차 우리에게 익숙한 형태로 변화해간다.

기원전 900년경부터 기원전 200년경 사이 지금까지 이어져온 사상과 종교의 위대한 전통이 나타났다. 독일의 철학자 카를 야스퍼스는 이 시기를 '축의 시대'라 불렀다.' 이 시기에 탄생한 전통은 중국의 유교와 도교, 인도의 힌두교와 불교, 이스라엘의 유일신교, 그리스의 철학적 합리주의다. 이들은 공통적으로 엄청난 폭력의 시기 혹은 그에 대한 경험의 결과로 만들어졌으며 폭력을 거부하고 서로에 대한 공감과 자비를 강조한다. 자비는 자기가 속한 집단이나 민족에게만 국한할수 없으며 결국 전 세계 모든 사람으로 확대해야 한다.

기원전 1500년경 캅카스 지역(지금의 아르메니아 주변)의 아리아인은 청동 무기와 전차를 가지고 메소포타미아 지역을 침략하기 시작했다. 이들로 인해 이 지역에 폭력이 만연하게 되는데 이에 저항하라는 계시를 받은 이가 조로아스터다. 아리아인은 계속 동쪽으로 이동하여 인도에 다다랐으며 침략 지역에 정착하면서 점차 생활이 안정되어갔다. 그

---

* 이후 종교에 대한 이야기는 카렌 암스트롱의 《축의 시대》를 참고했다.

러자 약탈에서 농경으로 변화가 일어난다. 희생제에도 변화가 생기는데 폭력성이 점차 사라지고 희생제의 목적이 가축, 지위, 부를 얻는 것에서 '아트만'이라 불리는 내면의 자아를 계발하는 것으로 옮겨갔다. 이처럼 인도의 종교는 일찌감치 내면화의 길을 걸었다. 내면을 탐구하고자 모든 걸 버리고 길을 떠나는 출가자가 나타나는데, 이 가운데 가장 유명한 이가 바로 '고타마 싯다르타'다.

싯다르타는 다른 많은 출가자와 마찬가지로 삶이란 고통이며 그 고통의 원인이 욕망 때문이라고 생각했다. 훈련을 통하여 노력하면 욕망이나 이기심에 지배받지 않는 새로운 인간으로 태어날 수 있다. 그러면 다른 모든 피조물에 대한 공감과 자비 속에서 자아를 넘어서게 된다. 즉 해로운 마음을 눌러 없앰으로써 무아無我의 상태에 도달하여 평화를 누리게 된다. 세상 모든 것에 대해 공감하고 자비를 베풀며 타인을 위해 사는 것이 도덕적인 삶이라는 싯다르타의 깨달음은 축의 시대가 갈망하던 진리의 핵심이었다.

고대 중국의 왕은 제의祭儀의 중심이었다. 왕이 추구해야 할 것은 인간과 자연이 조화를 이루도록 하는 것이었다. 왕의 권력은 막강했지만 모든 것을 멋대로 할 수는 없었다. 자신을 천상의 모범과 일치시키며 자연의 도道를 따라야 했기 때문이다. 매년 왕과 왕비는 제의를 통해 봄을 열었다. 제의에 있어 얼굴 표정이나 몸의 움직임 하나하나가 다 정해져 있었다. 즉 제의에 참여하는 사람의 개별성은 중요하지 않았다는 뜻이다.

기원전 771년 오랑캐 견융이 주나라에 침입하여 유왕을 살해했다. 왕권이 약화되자 여러 정치 세력이 난무하기 시작하며 중국은 춘추 시대라는 혼란의 시기로 접어든다. 제의의 중심이었던 왕의 권력이 약해지자 제의는 새로운 길을 찾아야 했다. 왕을 대신하여 제의를 전문으로 하는 집단이 생겨난 것인데 이들을 '유儒'라 한다. 이제 제의는 유력한 지방 귀족을 중심으로 제의 전문가에 의해 진행되었다. 제의 전문가 가운데 가장 유명한 사람이 바로 '공자'다.

공자는 전통적 제의를 무시한 것이 춘추 시대 혼란의 근원이며 이를 바로잡기 위해서는 과거의 전통으로 돌아가야 한다고 생각했다. 물론 새로운 것도 필요했지만 그것은 과거에서 나온 것이어야 했다. 즉 옛것을 익혀 새로운 앎을 얻어야 하는 것(온고이지신溫故而知新)이다. 새로운 제의는 이전의 제의에 만연했던 (춘추 시대 최대의 문제였던) 폭력을 제거한 것이야 했다. 그러기 위해서는 제의가 자기만을 위한 이기적인 것이 되지 않아야 했는데, 대부분의 폭력은 남을 생각하지 않는 이기심에서 나오기 때문이다. 즉 자기를 이기고 예로 돌아감(극기복례克己復禮)이야말로 중요한 덕목이다. 여기서 예禮란 단순히 정해진 동작을 행하는 것이 아니다. 짜증 섞인 태도로 제의의 동작을 하는 것이 무슨 의미가 있겠는가. 제의와 예의 핵심은 태도다. 이처럼 자신을 이기고 진실한 태도로 행하는 예는 결국 다른 사람을 자신과 동등하게 여기는 마음으로 이어지고 나아가 남을 배려하는 데 도달한다. 적어도 남이 나에게 행하기 원치 않는 일을 남에게 하지는 말아야 한다(기소불욕 물시어인 己所不欲 勿施於人). 예가 완벽해지면 인仁의 경지에 도달하게 되는데 이것이야말로 모두가 추구할 이상이다. 공자도 인도의 싯다르타와 비슷한 결론에 도달한 것이다.

기원전 8세기쯤 이스라엘 왕국의 사람들은 구전되던 '신의 말씀'

을 텍스트로 기록했는데, 이는 놀라운 일이다. 당시 인도 사람들은 가르침을 글로 쓰는 것이 불가능하다고 생각했고, 고대 그리스에서조차 본격적으로 철학을 문자로 기록한 것이 대략 기원전 5세기, 즉 플라톤부터였기 때문이다. 당시 경전이었던 구약성경의 모세 오경은 크게 두 부분으로 나뉜다고 알려져 있다. 바로 J와 E다. 이런 이름이 붙은 이유는 J의 저자가 신을 야훼Jahweh라고 불렀고, E의 저자는 엘로힘Elohim 이라고 불렀기 때문이다. J는 남부 왕국 유다에서 발전한 것으로 보이는데 아브라함이 중심인물이다. E는 야곱과 모세가 중요 인물이며 이집트 탈출 이야기가 핵심이다. 구전되던 신의 말씀이 텍스트로 기록되던 시기, 《모세 오경》의 〈신명기〉가 추가된다. 〈신명기〉의 저자가 이스라엘의 종교를 책의 종교로 만든 사람 혹은 사람들이다.

기원전 6세기 바빌로니아는 유다를 수차례 공격하여 나라를 잿더미로 만들었다. 예루살렘의 성전은 폐허가 되었고 사람들은 바빌로니아로 끌려갔다. '바빌론 유수'라고 불리는 이스라엘의 암흑기가 시작된 것이다. 이 수난의 시기를 거치며 이스라엘의 종교에 변화가 일어난다. 눈에 보이는 세상에서 모든 것을 잃은 사람들은 자신의 내면으로 들어갔다. 아마도 일부는 야훼에 대한 믿음을 잃었을 수도 있다. 자신의 신이 바빌로니아의 신에게 패배했기 때문이다. 야훼로부터 고난만 당하는 '욥'의 이야기는 이 시기에 쓰였을지도 모른다.

이때 추가된 부분을 P라고 하는데 여기에서는 〈창세기〉가 중요하다. 우리의 경우도 단군 신화가 처음 등장하는 《삼국유사》가 몽고의 침략에 굴복한 이후 쓰이지 않았던가. P의 〈창세기〉는 당시 인근 지역에서 유행하던 폭력적 창조 신화와 사뭇 다르다. 신은 그저 "빛이 있으라"라고 명령할 뿐이다. 인도나 중국의 제의 전문가들이 제의에서 폭력을 제거했듯이 P도 창조 신화에서 폭력성을 제거했다. P의 텍스트는 외부인을 피하지 말고 사랑하라고 가르친다. "너에게 몸 붙여 사는 외국인을 네 나라 사람처럼 대접하고 네 몸처럼 아껴라. 너희도 이집트에 몸 붙이고 살지 않았느냐?" 고난을 경험한 사람은 다른 사람의 고통을 이해하는 법이다. P에 이르러 이스라엘의 종교도 인도, 중국과 비슷한 깨달음에 도달한 것이다.

* * *

축의 시대는 지금으로부터 거의 2500년 이전의 시기다. 하지만 우리는 지금까지 축의 시대가 보여준 통찰을 넘어선 적이 없는 것 같다. 축의 시대 현자들은 하나같이 공감과 자비를 이야기했다. 다른 사람을 친절히 대하고 관대하게 행동하면 세상은 좋아진다. 다른 사람은 다른 생명으로 나아가 우주 전체로까지 확장되어야 한다. 이런 깨달음을 얻기 위해 신의 존재가 반드시 필요한 것도 아니다. 지리적으로 떨어져 있고 문화적으로도 상이한 여러 지역에서 비슷한 결론에 도달했다는 것은 축의 시대의 깨달음이 인류의 본성에 대해 뭔가 심오한 이야기를 해준다고 볼 수 있다.

자연에 존재하는 인과율의 존재를 깨닫는 순간, 인간에게 세상을 인과적으로 이해하려는 경향이 생긴 것 같다. 이해할 수 없는 많은 부분이 '신'의 의도로 채워졌다. 신이 인간에게 내리는 규율은 이기적이고 호전적인 호모 사피엔스가 그나마 서로 죽이지 않고 협력하는 기반이 되었으며, 권력자들은 자신들의 이익을 지키기 위해 신의 밥상에 숟가락을 얹었다. 신에 대한 탐구는 축의 시대를 거치며 상이한 문화권에서 비슷한 결론에 이르게 된다. 바로 다른 사람에 대한 공감과 자비다. 기하학에는 왕도王道가 없지만 신이라는 초월적 존재에 이르는 길에는 왕도가 있었던 거다. 이후 종교는 세속화되기도 하고 권력과 더 긴밀히 결탁하기도 했지만, 그 핵심 내용은 지금까지 크게 변하지 않은 채 전해지고 있다. 결국 신은 인간이 다른 인간과 함께 조화롭게 살기 위해 만들어낸 궁극의 상상력이었던 것이 아닐까.

2

별은 어떻게
우리가 되는가

4장

물리학의 관점으로 본 지구

지구에 존재하는 대부분의 만물

우리는 지금까지 원자와 주기율표 그리고 원자들이 모여 어떻게 분자를 만드는지 간략하게 살펴보았다. 사실 너무 간략하여 원자, 분자의 전모를 알기에 터무니없이 부족했다. 그래도 이걸 가지고 어떻게든 다음 층위로 올라가 보는 수밖에 없다.

모든 물질은 원자로 되어 있다. 주위를 둘러보면 많은 물질이 보인다. 이들이 왜 그런 모습인지 이들을 이루고 있는 원자로부터 설명할 수 있으면 좋을 것이다. 하지만 이것은 환원주의의 꿈이다. 원자에서 시작하는 설명이 완벽할 수는 없다. 탄소와 산소를 이해한다고 해서 인간을 이해할 수 없지 않은가. 그래도 구성 원자를 아는 것은 물질의 이해에 대한 첫걸음이다. 모든 물질이 원자로 되어 있다는 것에서 강조할 것이 있다면, 원자는 서로 구분할 수 없이 똑같다는 사실이다. 공기 중의 탄소, 나무의 탄소, 내 몸의 탄소, 흙 속의 탄소는 모두 똑같다. 그래서 공기는 나무가 되고, 나무는 내 몸이 되고, 내 몸은 흙이 된다.

세상에는 두 종류의 물질이 있다. 생물과 무생물이다. 과학적 분류는 아니다. 생명이 무엇인지 아직 정확히 알지 못하기 때문이다. 하지만 분명한 것이 하나 있다. 생물과 무생물 모두 원자로 되어 있다는 사실이다. 앞으로 세 장에 걸쳐 무생물에 대해 알아보자. 무생물이 생물보다 다루기 더 쉬우니까.

다시 한번 주위를 둘러보라. 지금 필자의 눈에 보이는 무생물은 책상, 의자, 컴퓨터, 책, 마룻바닥 같은 것들이다. 이런 물질들은 정말 특별하다. 인간이 의도를 가지고 만든 것이기 때문이다. 지구 전체를 놓고 볼 때 인간이 만든 물질은 정말 무시할 만큼 적다. 인공위성에서 지구를 내려다볼 때 인간의 흔적은 찾아보기 힘들다. 지구의 껍질인 지각의 대부분은 흙과 암석이다. 생물이 있기는 하지만 흙의 양에 비하면 새 발의 피도 안 된다. 아니 새 발의 피도 너무 많다. 지각은 두께가 불과 수십 킬로미터에 불과하다. 지구의 반지름은 6400킬로미터에 달하며 그 대부분은 핵과 맨틀이다. 이들은 온도가 수천 도니까 흔히 보는 지각의 흙이나 암석과는 다른 상태에 있다.

사실 지구조차 우주에서는 표준이 아니다. 태양계만 해도 그 질량 대부분을 태양이 가지고 있다. 태양은 수소와 헬륨이 엄청난 온도로 밀집되어 있는 플라스마 덩어리다. 플라스마란 원자가 전자와 이온 형태로 분리되어 뒤섞여 있는 것으로 일상에서는 '불'이 좋은 예다. 태양계의 다른 행성들을 보아도 지구와 같은 암석 행성은 표준이 아니다. 지구 질량의 100배가 넘는 목성이나 토성 모두 기체 행성이다. 따라서 우리가 세상 모든 물질을 이해하려고 할 때 우리 주위에서 보는 물질은 그리 중요한 것이 아님을 알 수 있다. 하지만 우리가 지구를 벗어나기는 힘드니까 우선 지구의 물질, 즉 지구 그 자체에 대해 이야기해보기로 하자.

태평양 판과 북아메리카 판의 경계, 샌앤드레이어스 단층

우리는 산소를 밟고 있다

지구 전체를 이루는 물질은 철과 산소가 각각 30퍼센트 정도이며 규소와 마그네슘이 각각 15퍼센트 정도 되고(네 가지 원자만 고려해도 90퍼센트다), 황, 니켈, 칼슘, 알루미늄까지 합치면 99퍼센트가 된다. 철은 주로 지구 내부 깊숙이 위치한 핵을 이룬다. 핵은 지표 아래 2400킬로미터 정도에 있다. 우리는 지구 표면에 살고 있으니 지각의 물질에 집중하여 알아보기로 하자. 지각은 흙과 암석으로 되어 있다. 고등학교 지구과학 시간에 배웠던 수많은 암석의 이름이 떠오를 거다. 암석은 크게 화성암, 퇴적암, 변성암으로 나뉘고 세부적으로 들어가면 현무암, 반려암, 사암, 역암, 편마암 등이 있다. 물론 물리학자인 필자는 이들의 이름조차 다 알지 못한다. 이런 분류는 주로 암석이 만들어진 물리화학적 과정에서 기인한다. 이 때문에 육안으로 볼 때 그 차이를 확연히 알 수 있다. 그래서 이렇게 분류한 것이다. 마치 옛날에 피부, 눈동자, 머리카락의 색깔로 인간을 분류한 것과 비슷하다고 보면 된다. 생물학적으로 이들은 모두 같은 호모 사피엔스다.

물리학자의 입장에서 궁금한 것은 겉모습이 아니라 이들이 어떤 원자로 되어 있는가이다. 지구의 생명체는 주로 산소, 탄소, 질소, 수소의 네 가지 원자로 되어 있다. 2장에서 다루었던 원자들이다. 하지만 지구 지각은 산소, 규소, 알루미늄, 철, 칼슘, 나트륨, 마그네슘, 칼륨이라는 여덟 가지 원자가 질량의 99퍼센트 이상을 차지한다. 생물과 무생물 모두에서 산소가 등장한다. 산소야말로 '모든 물질이 원자로 되어 있다'는 이야기의 주인공이다. 우주에 가장 많이 존재하는 수소는

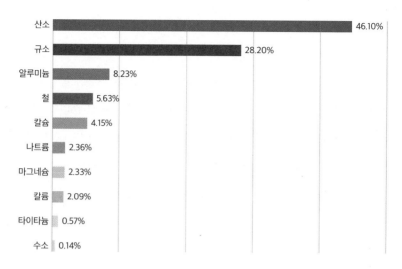

산소	46.10%
규소	28.20%
알루미늄	8.23%
철	5.63%
칼슘	4.15%
나트륨	2.36%
마그네슘	2.33%
칼륨	2.09%
타이타늄	0.57%
수소	0.14%

지각을 구성하는 원소의 비율

너무 가벼워서 쉽게 날아가 버린다. 생명의 필수 원자 질소는 지각에 별로 없지만 대기의 80퍼센트를 이루고 있으니 지각의 중요한 일원이라 볼 수도 있다.

산소는 지각과 맨틀의 45퍼센트, 대기의 23퍼센트를 이루는 원자다. 산소는 우리은하 내에서도 수소, 헬륨 다음으로 많다. 물론 수소, 헬륨과 비교하면 미미한 양이다. 2장에서 이야기한 대로 산소는 반응성이 크다. 정확히 말하자면 다른 원자의 전자를 빼앗으려고 혈안이되어 있다. 전자를 빼앗은 산소는 전자를 빼앗긴 원자와 전기적으로결합을 하게 되는데 이 과정에서 여분의 에너지가 나온다. 쉽게 말해서 열이 난다. 예를 들어 포도당이 산소와 결합하여 이산화탄소가 될때 나오는 에너지가 동물이 살아가는 데 필요한 에너지원이 된다. 산소는 지각을 이루는 다른 원자들과 닥치는 대로 결합한다. 결국 지각을 이루는 물질은 산소 결합물, 즉 산화물 형태로 존재하게 된다. 산화규소, 산화알루미늄, 산화철 등등.

여러분이 땅 위에 서 있을 때 산소를 밟고 있다고 보면 틀림없다. 그뿐 아니다. 당신이 다른 사람과 악수를 할 때에도 당신 손바닥 표면의 가장 바깥쪽 원자는 산소일 확률이 크다. 상대방의 손도 마찬가지다. 당신 몸뿐 아니라 주변의 모든 물질이 산소로 코팅되어 있다고 보는 편이 옳다. 많은 사람이 산소가 대기 중에 기체 상태로 있다고 생각하는데, 사실 지구 산소의 99.999퍼센트는 땅속에 산화물의 형태로 존재한다.

산소 다음으로 많은 원자는 규소(혹은 실리콘)로 지각의 28퍼센트에 해당한다. 결국 지구에서 가장 흔한 광물은 규소와 산소의 화합물인 규산염이다. 알려진 규산염만 1300종이 넘는다. 이산화규소(SiO_2) 혹은 석영이 대표적인 규산염이다. 석영을 이루는 원자들이 규칙적으로 배열된 결정 형태가 되면 '수정'이라고 부른다. 맑고 투명한 보석 같은 광물이다. 반면 원자들이 무작위로 배열된 비정질이 되면 우리에게 익숙한 '유리'가 된다. 석영을 보고 싶으면 바다에 가면 된다. 바닷가 모래가 바로 석영이니까. 지구에 존재하는 석영은 바다의 모래알만큼이나 많다.

규소는 주기율표에서 탄소 바로 아래 위치한다. 탄소 아래 세로로 위치한 원자들을 14족 원소 혹은 탄소족 원소라 부른다. 이들은 탄소와 비슷한 화학적 성질을 갖는다. 탄소가 삼차원 결정을 형성하면 다이아몬드가 되는데, 마찬가지로 규소도 다이아몬드 구조와 동일한 구조의 결정을 이룰 수 있다. 이를 실리콘 단결정이라고 한다. 실리콘 단결

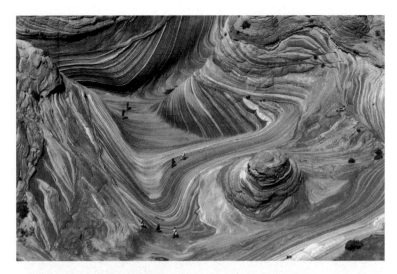

붉은색의 사암으로 이뤄진 애리조나의 더 웨이브

정으로 만들어진 웨이퍼wafer야말로 반도체 소자의 핵심 부품이다. 인공지능은 컴퓨터에 기반을 두고 있고 컴퓨터는 반도체로 만드니 인간과 인공지능 모두 주기율표의 14족 원자로 되어 있는 셈이다. 탄소와 산소가 결합하면 이산화탄소라는 기체가 되지만, 규소와 산소가 결합한 이산화규소는 고체다. 앞서 이야기한 대로 동물은 산소를 들이마시고 이산화탄소 기체를 내뱉으며, 식물은 이산화탄소 기체를 흡수한다. 만약 탄소 대신 규소를 이용하는 동식물이 존재했다면, 동물은 산소를 들이마시고 이산화규소 고체를 내뱉었을 것이고, 식물은 이산화규소 고체를 채집해야 했을 것이다. 탄소와 규소는 모두 14족 원자로 전반적으로 유사한 특성을 갖지만 세부적으로는 차이가 많다. 지구에서 탄소와 비슷한 규소가 쉽게 생명의 물질이 되지 못하는 이유다.

지구는 대략 지각, 맨틀, 핵으로 구성된다. 지각은 표면에서 수십 킬

대부분 회장석으로 이뤄진 달 표면

로미터에 불과한 영역으로 지구 반지름의 0.1퍼센트에 불과하다. 맨틀이라는 유동성 물질 위에 지각이 둥둥 떠 있다고 보면 된다. 지구 반지름의 절반은 핵이 차지하고 있다. 지구 내부로 들어갈수록 압력과 온도가 높아지는데, 핵은 3000도 이상의 온도를 갖는 지옥이다. 땅속에 불지옥이 있다는 신화를 과학이 입증했다고 오해하지 않길 바란다. 이곳은 생물이 존재할 수 없는 곳이기 때문이다. 지각과 맨틀은 원자의 조성이 비슷하지만 핵은 완전히 다르다. 깊이 들어갈수록 무거운 원자가 많아진다. 우리가 경험으로 알고 있듯이 중력 때문에 무거운 것이 아래위치하기 때문이다. 전체적으로 지구를 볼 때 내부가 아래에 해당한다.

45억 년 전 지구는 뜨거운 곤죽 상태에서 점차 식어가며 모습을 갖추어갔다. 최초의 암석은 감람석($(Mg, Fe)_2SiO_4$)이었을 것이다. 이것은 마그네슘과 철이 함유된 규산염이다. 감람석은 주위의 마그마 대양 곤 죽보다 밀도가 커서 가라앉았다. 숟가락이 수프 속으로 가라앉는 모습을 상상하면 되겠다. 오늘날 감람석은 주로 맨틀 상부, 즉 지하 수백 킬로미터 아래에 위치하여 지표면에서 보기는 쉽지 않다. 마그네슘이 함유된 감람석이 가라앉아 지표면의 마그네슘이 점점 고갈되면서 두 번째 광물이 형성되기 시작했다. 칼슘, 알루미늄이 함유된 규산염인 회장석($CaAl_2Si_2O_8$)이다. 회장석은 마그마 대양보다 밀도가 작아서 위로 떠올랐다. 달에서는 이들이 식으면서 6킬로미터 가까이 솟은 광대한 지각을 형성했다. 백두산 높이의 두 배 이상이다. 달을 보면 '달고지'라 불리는 지역이 있다. 은빛으로 빛을 반사하는 회백색의 영역으로 달 표면의 65퍼센트 가까이 차지한다. 바로 여기가 회장석*으로 된 지역으로 달에서 가장 오래된 지층이다.

지구는 달보다 물이 더 많고 내부 온도와 압력이 훨씬 높아서 휘석이 더 많이 만들어졌다. 휘석은 마그네슘이 잔뜩 들어 있는 규산염이다. 아마 감람석과 휘석의 혼합체가 초기 지구의 지각을 이루었을 것이다. 이들은 마그마 대양보다 밀도가 큰 암석이라 가라앉으며 마그마를 밀어 올렸다. 감람석 컨베이어벨트가 돌아갔다고 보면 된다. 결국 지표면을 이룰 만큼 가벼운 암석은 컨베이어벨트를 타고 밀려 올라간 마그마가 급속히 식어 생긴 현무암이다. 급속히 식으면 빈 공간이 많이 생기기 때문에 밀도가 낮다. 현무암은 감람석 바다 위에 둥둥 떠서

• 엄밀히 말하면 달고지는 주로 사장석으로 되어 있다. 사장석은 회장석과 조장석의 혼합물이다.

단단한 지각을 형성할 수 있었다. 감람석만으로 지각이 만들어졌다면 지구는 훨씬 편평했을 것이다. 감람암 곤죽은 무거운 산을 받치기에는 약한 암석이기 때문이다.

감람석, 회장석, 휘석 등등 생소한 암석 이름이 등장하고 있지만 이들은 모두 규산염에 마그네슘, 철, 칼슘, 알루미늄 같은 금속이 다른 비율로 섞인 것들에 불과하다. 규산염은 산소와 규소의 화합물이다. 지각을 이루는 원자의 74퍼센트가 산소와 규소다. 지구의 지각은 규산염으로 가득하다.

지각에 가장 많은 금속

지각과 맨틀에 가장 많이 존재하는 금속은 알루미늄이다. 지각의 8퍼센트에 달한다. 하지만 알루미늄은 아주 최근에야 그 존재가 알려졌다. 발견 초기에는 금보다 더 귀한 귀금속 취급을 받기도 했다. 프랑스의 나폴레옹 3세는 손님들에게 금 식기를 제공하고 자신은 알루미늄 식기를 썼다는 (미확인) 전설이 있을 정도다. 알루미늄이 귀했던 이유는 순수한 금속 알루미늄을 얻기가 어렵기 때문이다. 알루미늄도 자연 상태에서는 산소와 결합한 산화물 형태로 존재한다. 문제는 알루미늄 산화물에서 산소를 떼어내는 것이 무척 어렵다는 사실이다. 산화알루미늄에서 산소를 떼어내는 데에는 많은 에너지가 필요하다.

1886년 미국의 화학자 찰스 마틴 홀Charles Martin Hall이 산화알루미늄에 전기를 가하여 금속 알루미늄을 얻는 방법을 개발하였다. 같은

찰스 마틴 홀이 산화알루미늄에서 분리해낸 알루미늄

시기 프랑스 과학자 폴 에루Paul Héroult도 같은 방법을 알아냈다. 그래서 이 방법을 '홀-에루법'이라 부른다. 홀은 알코아Alcoa라는 회사를 설립하는데, 알코아는 여전히 세계 1위의 알루미늄 생산 회사다. 알코아가 만들어질 당시 알루미늄은 1파운드(약 450그램)당 550달러였지만 50년이 지나자 25센트로 떨어지게 된다.* 이제 알루미늄은 캔을 만드는 데 쓰일 만큼 흔해졌다.

캔을 알루미늄으로 만든다는 것은 알루미늄이 잘 녹슬지 않는다는 뜻일까? 그렇지 않다. 알루미늄은 철보다 잘 녹슨다. 금속이 녹슨다는 것은 산화, 즉 산소와 결합한다는 말이다. 앞서 산화알루미늄에서 산

---

* 인플레이션은 고려하지 않았다.

소를 떼어내기 어려워서 알루미늄이 최근에야 쓰이게 되었다고 했다. 산소를 떼어내기 어렵다는 말은 산소와 알루미늄이 서로 좋아한다는 뜻이다. 즉 산소와 알루미늄은 만나면 쉽게 결합한다. 그렇다면 녹이 잘 슨다는 말이다. 알루미늄이 잘 녹슬지 않는 것처럼 보이는 이유는 단단하고 치밀한 알루미늄 산화물의 특성 때문이다. 알루미늄은 표면에만 녹이 슬고 멈춘다. 표면을 뒤덮은 단단한 산화알루미늄 막이 내부의 금속 알루미늄을 지켜주는 것이다. 녹으로 녹을 막는 셈이다. 창틀에 있는 알루미늄 새시는 이 정도 방어막으로 충분하지만 음료수 캔은 그렇지 않다. 추가로 캔을 코팅해줘야 한다.

맥주는 화학 반응성이 크지 않아 캔을 코팅하지 않아도 된다. 맥주에 들어 있는 단백질이 산소를 용해시켜 알루미늄과 반응하는 것을 막는다. 오렌지주스도 비타민C가 산소를 제거하여 알루미늄 캔이 산화되는 것을 방지한다. 다른 과일에 비해 오렌지주스가 비교적 일찍 캔의 형태로 판매된 이유 중 하나다. 하지만 콜라는 다르다. 콜라는 녹을 생기게 할 목적으로 만들어진 것 같은 음료다. 그래서 맥주 캔이 나오고 수십 년이 지나서야 콜라 캔이 나오게 된다. 필자가 어릴 적 콜라는 유리병에만 담겨 있었다. 콜라 캔의 알루미늄은 눈에 보이지 않는 플라스틱 막으로 코팅되어 있다. 부식만 생각한다면 맥주 캔에 코팅할 필요는 없지만 요즘은 맥주 캔도 코팅을 한다. 부식을 막으려는 것이 아니라 이산화탄소가 빠져나가는 것을 막기 위해서다. 녹이 슬지 않아도 김이 빠지면 맥주의 가치를 상실하기 때문이다.

철은 알루미늄 다음으로 많은 원자다. 철이 부식의 대명사처럼 되어 있는데, 이것은 오해다. 철은 알루미늄, 칼슘, 나트륨, 마그네슘, 칼륨 같은 지각의 핵심 금속 중 산소와 가장 약하게 반응한다. 부식은 산소와 결합하는 것이므로 가장 부식이 안 되는 금속이 철인 셈이다. 산소와의 반응성이 약하다는 말은 산소를 떼어내기 쉽다는 뜻이기도 하다. 그래서 철은 순수한 형태로 정제하기 쉽다. 알루미늄 시대보다 철기 시대가 먼저 시작된 이유다. 표면에 생성된 알루미늄 산화물이 금속 알루미늄을 감싸서 보호해주는 것과 달리 철 산화물은 부서지며 떨어져 나간다. 그러면 녹이 떨어져 나간 자리에 새로 드러난 철이 녹슬기 시작한다. 이렇게 철은 순차적으로 부식되어 사라져간다. 철로 뭔가를 만든 사람들은 그것이 사라지는 걸 지켜보며 분통이 터졌을 것이다. 철이 녹의 대명사가 된 이유다.

인류의 문명은 석기 시대로부터 시작되었다. 석기는 지각에 있는 암석으로 만든 도구다. 이것은 주로 알루미늄, 철, 칼슘, 나트륨, 마그네슘, 칼륨 같은 금속 원자의 금속 산화물과 규산염 들이다. 청동기와 철기 시대란 금속 산화물에서 산소를 제거하여 얻은 금속을 이용한 시대다. 물론 이 금속들은 순수하지만은 않았다. 두 종류 이상의 금속을 섞어 합금을 만들기도 했으니까.

지구를 이루는 물질인 흙과 암석 이름의 리스트는 끝이 없다. 눈으로 보기에도 여러 가지 색과 형태를 갖는 다양한 물질들이 존재하는 것처럼 보인다. 하지만 나 같은 물리학자에게 지구를 이루는 물질은 이렇게 요약된다. 지구는 알루미늄, 철, 칼슘, 나트륨, 마그네슘, 칼륨 같은 금속이 섞인 규산염 또는 금속의 산화물이 뒤섞인 혼합체다. 온도, 압력에 따라 특별한 밀도와 형태를 갖는 암석이 만들어졌고 그것들이 지금 우리가 보는 지표의 다양한 모습을 결정했다.

다시 이야기하지만 지구 표면에서 가장 많고 중요한 원자는 산소다. 지각의 거의 모든 물질은 산화물의 형태로 존재한다. 산화는 생명이 에너지를 만드는 방법이기도 하다. 규소는 무생물의 뼈대이고, 탄소는 생물의 뼈대다. 규소와 탄소가 모두 14족 원자인 것은 우연이 아니다. 게르마늄도 14족 원자이지만 지각에서 그 양이 규소의 100만 분의 1에 불과하다. 뭔가 중요한 역할을 하기는 힘들다는 이야기다. 단언할 수는 없지만 규소로 된 땅바닥, 그 위에서 살아가는 탄소 생명체, 그리고 모든 물질을 넘나들며 변화를 일으키는 산소라는 구도는 생명체가 존재하는 지구형 행성의 보편적인 모습일 가능성이 크다.

결정의 물리

규산염, 감람석 그리고 이들을 이루는 원자가 무엇인지 이야기를 아무리 들어도 주변에 보이는 흙이나 돌이 이들과 어떤 관계가 있는지 바로 알기는 쉽지 않다. 분자 수준에서는 원자들이 양자역학의 규칙에 따라 구조를 형성한다. 규소는 4개의 팔을 가지고 있으니 최대 4개의 원자와 결합하는 식으로 말이다. 원자와 분자의 세상은 수학이 지배하는 기하학적 세계다. 하지만 점점 큰 규모로 가면 이런 수학적이고 규칙적인 구조가 계속 유지되기는 힘들다. 야외 매표소에 줄 선 사람들을 보면 앞쪽은 그럭저럭 열을 맞추고 있더라도 뒤로 가면 엉망인 경우가 많은 것과 비슷하다. 실제 원자들이 모여 만들어진 암석과 흙에서도 유사한 일이 일어난다.

 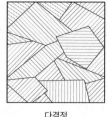 

| 단결정 | 다결정 | 비정질 |

원자의 배열에 따른 고체의 분류

지구를 구성하는 대부분의 물질은 금속 혹은 금속 산화물이 함유된 규산염이라고 했다. 이처럼 원자 수준에서 보면 세상은 다양하지 않다. 세상의 다양함은 재료가 아니라 재료의 배열에서 온다. 물감 색의 종류가 수백 가지에 불과하지만 그것으로 얻을 수 있는 그림의 종류가 무한히 많은 것과 같다. 이들 물질은 기본적으로 비정질이거나 결정 구조를 갖는 모래알 같은 것들이 왕창 뒤섞인 혼합체의 형태로 존재한다. 원자들이 규칙적으로 배열된 것을 결정, 그렇지 않은 것을 비정질이라 한다. 비정질이라고 해도 원자 몇 개의 수준에서 보면 어느 정도 규칙은 있다. 매표소 바로 앞에서 줄이 맞는 것과 비슷하다. 하지만 시야를 확대해가면서 원자들을 보면 규칙이 사라진다. 비정질은 쉽게 설명하기 어려우므로 여기서는 결정만 가지고 이야기해보도록 하자.

결정은 (당신이 물리학자라면) 수학적으로 다루기 쉬울 뿐 아니라 고체가 갖는 중요한 전기적 특성에 대해 통찰력 있는 결과를 준다. 우주에는 네 가지 힘이 있지만 원자 수준에서 중요한 힘은 전자기력뿐이다. 따라서 물질의 물리적 성질을 연구할 때 가장 중요한 것은 전기적 특성일 수밖에 없다. 전기장이나 자기장을 가했을 때 물질이 어떻게 반

석영의 결정 중 보라색을 띠는 자수정

응하는지 이해하는 것이 중요하다는 뜻이다. 전기장을 가했을 때 물질은 전류를 통하거나 통하지 못하는 특성을 보인다. 이로부터 모든 물질은 도체와 부도체로 나뉜다. 반도체는 사실상 부도체이나 도체의 특성을 일부 가진 경우다. 자기장에 대해서는 훨씬 복잡하므로 여기서는 다루지 않겠다. 일단 결정의 전기적 특성을 이해하면 이를 바탕으로 결정이 아닌 경우에 대해서도 대략적인 이해가 가능하다. 하지만 우리 주변의 많은 물질은 대개 결정이 아니라는 것만 이야기해둔다. 물질에 대한 이해가 어려운 이유다.

모래알만 한 결정들이 모여 암석이나 흙이 된다. 이들의 양자역학적 특성이 암석이나 흙의 색을 결정한다. 예를 들어 황토黃土는 산화철과 석영을 포함하고 있는데 그 입자의 크기가 0.02~0.05밀리미터 정도 된다. 이 입자가 하나의 결정일 수 있다. 이보다 큰 결정도 만들어질 수 있으나 일반적으로 쉬운 일은 아니다. 결정이 생성되려면 원자들이 적당한 밀도로 모여 적당한 온도와 압력 아래에 장시간 놓여야 한다. 그러면 마치 아파트가 한 층씩 쌓여 올라가듯이 원자가 쌓여 결정이 성장해간다. 실험실에서조차 이렇게 조건을 제어하여 충분히 큰 결정을 성장시키는 것이 쉽지 않다.

하물며 자연에서 큰 결정이 저절로 만들어지기는 매우 어렵다. 쉽게 말해서 귀하다. 그래서 우리는 어느 정도 크기가 되는 결정을 보통 '보석'이라 부른다. 지각에 가장 흔한 산소와 규소가 만나 결정을 형성하면 '수정'이라는 보석이 된다. 이 과정에 수분이 더해지면 수정이 무지개 색을 띠게 되는데, 이것이 '오팔'이라 불리는 보석이다. 지각에 가장 많은 금속인 알루미늄과 지각에 가장 많은 원자인 산소가 결합한 산화알루미늄이 결정으로 성장할 때 크로뮴 원자가 약간 첨가되면 붉은색 '루비'가 되고, 타이타늄과 철 등이 더해지면 파란색 '사파이어'가 되며, 베릴륨, 크로뮴이 더해지면 초록색 '에메랄드'가 된다. 결국 보석을 이루는 원자는 지각을 이루는 흔한 원자들이다. 보석이 귀한 것은 그것을 이루는 재료가 특별해서가 아니라 그것이 만들어지는 과정이 까다롭기 때문이다. 보석의 색이 아름다운 것은 소량의 불순물 금속 원자 때문이다.

결정은 원자들이 규칙적으로 배열된 물질이다. 원자가 하나씩 규칙적으로 배열되다가 불순물을 만나면 규칙이 깨진다. 불순물이 아주 소량일 때는 별 문제가 되지 않는다. 불순물 덕분에 보석이 되기도 하지 않는가. 하지만 불순물 때문에 구조에 금이 갈 수도 있고 다른 종류의 혼합물이 되기도 한다. 따라서 인공 결정을 만들려면 적당

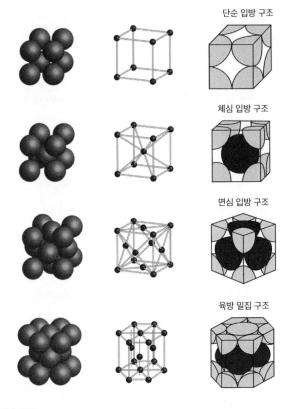

단순 입방 구조

체심 입방 구조

면심 입방 구조

육방 밀집 구조

대표적인 결정 배열

한 조건에서 오랜 시간 조심스럽게 결정을 성장시켜야 한다. 암석과 흙은 원자들이 규칙적으로 결합하여 만들어진 작은 결정들이 뒤죽박죽 섞여 있는 잡동사니 같은 거라고 보면 된다. 결정 하나하나는 너무 작아서 현미경으로나 볼 수 있을 정도다. 눈 내린 들판을 생각해보라. 처음엔 새하얀 풍경만 보이겠지만 자세히 보면 아름다운 기하학적 구조를 갖는 눈송이를 볼 수 있다. 눈송이가 결정이라면 눈 덮인 들판은 암석과 흙이다.

결정호텔

양자역학의 입장에서는 크기가 1센티미터나 1미터나 크게 다를 바 없다. 양자역학의 대상이 되는 원자의 크기와 비교하면 둘 다 엄청나게 큰 구조물이기 때문이다. 공원을 산책하는 사람에게 전국 지도나 세계 지도 모두 쓸모없기는 마찬가지인 것과 같다. 따라서 지구상 모든 물질을 이해하는 데 가장 중요한 것은 기본 단위가 되는 작은 결정의 물리적 특성을 아는 것이다. 결정은 원자들로 구성된 기본 단위 구조가 반복적으로 배열된 것이다. 기본 단위는 원자 하나일 수도 있지만 대개 원자들로 구성된 분자다. 일반적으로 결정 구조는 완벽하지 않지만 편의상 완벽하다고 가정하자. 여기서 중요한 질문은 반복되는 원자와 분자 구조물이 갖는 양자역학적 특성이 무엇인가이다. 쉬운 질문은 아니다. 엄청나게 많은 수의 원자핵과 전자를 다뤄야 하기 때문이다. 복잡한 것을 싫어하는 물리학자는 문제를 한 단계 더 단순화시킨다. 단 하나의 전자만 생각하는 것이다. 지나친 단순화 같지만 전자들이 서로 영향을 주지 않고 독립적으로 행동한다면 상당히 그럴듯한 가정이 된다. 한국인의 특성을 이해하려면 모든 한국인의 삶을 들여다봐야 하겠지만 평범한 한국인 하나를 고른 후 그 사람의 일생을 보는 것만으로도 한국인의 일반적 특성에 대해 상당히 많이 알 수 있는 것과 비슷하다.

하나의 전자가 결정과 같이 주기적인 구조물에 놓였을 때 어떻게 행동할까? 물론 결정 내에는 엄청나게 많은 전자가 있다. 더구나 이들은 전기력으로 서로 밀어낸다. 하지만 전자들이 서로 전혀 영향을 주고받지 않는다고 가정할 거다. 그렇다면 이제 우리는 다른 전자를 모두 무시할 수 있다. 양자역학을 생각하면 주기적인 구조물 속에 놓인 전자 하나의 상태를 구해야 한다. 다행히 주기적 구조물의 상태는 슈뢰딩거 방정식을 이용하여 쉽게(?) 구할 수 있다. 이 상태들은 앞서 이야기한 수소 원자의 상태와 같은 방식으로 다룰 수 있다. 즉 수소 원자의 원자호텔과 마찬가지로 주기적 구조물의 상태에 대응되는 이른바 '결정호텔'을 생각하면 된다는 뜻이다. 전자 하나만 다루고 있지만 이렇게 구해진 결정호텔의 객실에 나머지 모든 전자를 차곡차곡 채우는 것으로 문제를 다룰 수 있다. 이때 하나의 객실에 두 개의 전자까지 들어갈 수 있다. 전자들 사이의 상호 작용을 무시하더라도 파울리의 배타 원리는 무시할 수 없기 때문이다. 전자들 사이의 상호 작용을 왜 무시할 수 있는지는 1950년대가 되어서야 이해된다.*

이제 본격적으로 '주기적인 구조물에 놓인 하나의 전자' 문제를 생각해보자. 만약 당신이 전자라면 우리가 풀어야 할 문제는 이렇게 설명할 수 있다. 당신은 곧 달리기를 할 거다. 당신 앞에는 1미터 간격으로 똑같이 생긴 장애물이 끝도 없이 늘어서 있다. 당신은 어떤 운동을 할 수 있을까? 고전 역학이라면 답은 쉽다. 장애물을 뛰어넘는 포물선 운동을 반복해야 할 것이다. 아니면 어느 장애물인가에 걸려 넘어져 있을 거다.

양자역학은 이상한 답을 준다. 당신은 장애물이 전혀 없는 것처럼 뛸 수 있다. 점점 속도를 높여보자. 아무런 문제가 없다. 그러나 속도가

---

* 이를 페르미 액체 모형이라 부른다. 물리학과 대학원 수준의 이야기다. 따라서 여기서 다루지는 않겠다.

어느 정도 커지면 점점 장애물이 느껴지기 시작한다. 그러다가 특정 속도에 이르면 당신은 더 이상 속도를 높이는 것이 불가능하다. 예를 들어 시속 10킬로미터까지 점점 속도를 올리는 건 가능하지만 이보다 더 빨리 달리는 것은 불가능하다. 가속을 아무리 해도 안 된다. 하지만 시속 10킬로미터에서 단박에 20킬로미터로 건너뛰어 달리는 것은 가능하다. 이후로는 시속 21, 22, 23킬로미터로 점차 속도를 높일 수 있다. 그러다가 다시 시속 30킬로미터부터는 속도를 더 높일 수 없다.

정리하면 이렇다. 시속 0~10킬로미터까지는 장애물이 없는 것처럼 자유롭게 달릴 수 있다. 시속 10~20킬로미터로는 절대 달릴 수 없다. 다시 시속 20~30킬로미터는 가능하다. 시속 30~40킬로미터는 또 불가능하다. 즉 당신이 가질 수 있는 속도의 구간이 존재하게 된다는 말이다. 이 가능한 속도의 구간을 '밴드band'라고 부른다.* 밴드와 밴드 사이에는 전자가 가질 수 없는 속도 구간이 있는데 이를 '갭gap'이라 부른다. 이제 지금까지 무시했던 다른 전자들을 고려해보자. 이 전자들은 밴드로 된 양자 상태에 모두 채워 넣어야 한다. 전자가 물질 내에 있다면 물질이 허용하는 양자 상태를 가져야 하기 때문이다. 이는 마치 당신이 대한민국 안에 있다면 대한민국 땅 위의 특정한 위치에 있어야 하는 것과 같다. 전자들을 양자 상태에 채울 때 파울리의 배타 원리 때문에 밴드 내의 상태에 전자가 하나씩 들어가게 된다. 상태에 전자가 들어간다는 표현이 생소하게 느껴질 수도 있겠다. "내 키는

---

* 여기서는 편의상 속도로 이야기했지만 에너지로 이야기하는 것이 옳다. 그래서 정확히는 이것을 '에너지 밴드'라고 한다.

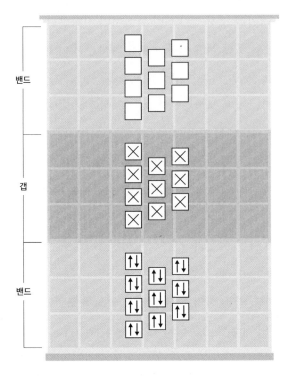

밴드

갭

밴드

결정의 물리적 성질을 결정하는 결정호텔

170센티미터다"를 "나는 키가 170센티미터인 상태에 들어갔다"라고
표현한 거라 보면 된다.

전자를 결정호텔의 객실에 넣을 때에도 아래층부터 차곡차곡 채워
야 한다. 전자의 수가 어마어마하게 많지만 객실도 그만큼 많기 때문
에 문제는 없다. 원자호텔에서 원자의 특성을 결정하는 것은 가장 바
깥쪽, 즉 가장 위층에 있는 전자라고 했었다. 여기서도 마찬가지다. 가
장 높은 객실을 채운 전자가 어디에 있는지, 그 객실의 특성이 어떤 지
가 물질의 특성을 정한다. 결정호텔의 객실은 밴드 구조로 되어 있다

고 했다. 쉽게 말해서 이렇다는 거다. 1층부터 10층까지는 각 층에 객실이 하나씩 있다. 11층부터 20층까지는 내부 수리 중이라 투숙객이 들어갈 수 없다. 즉 갭에 해당한다. 다시 21층부터 30층까지 객실은 들어갈 수 있다. 아래부터 손님을 객실에 차곡차곡 채웠을 때 마지막 손님이 들어간 최고층이 10층인지, 5층인지가 중요하다. 즉 밴드의 위쪽 끝인지, 중간인지가 중요하다는 말이다. 각각의 경우 물질은 근본적으로 다른 전기적 특성을 갖기 때문이다.

도체와 부도체

물질을 이루는 원자는 전자기력의 지배를 받는다. 원자핵과 전자, 전자와 전자 사이에 주고받는 힘 모두 전자기력이다. 따라서 전기장이나 자기장을 가했을 때 물질이 어떻게 반응하는지가 물질에 있어 가장 중요한 특성일 수밖에 없다. 물론 실용적으로도 물질의 전기적 특성은 중요하다. 전기로 작동되는 모든 장치가 물질의 이런 특성을 이용하는 거다.

가장 위층의 전자가 밴드의 끝에 위치하는 경우를 생각해보자. 앞의 결정호텔 예에서 10층까지 꽉 찬 경우다. 11층부터 20층까지는 수리 중이라 전자가 절대 들어갈 수 없다. 이런 물질에 전기장을 가하면, 쉽게 말해서 물체의 양쪽에 도선을 달고 전원에 연결하면, 전자는 가속되어야 한다. 전기장은 전자에 힘을 가하고 힘을 받은 전자는 속도가 점점 빨라지기 때문이다. 다름 아닌 뉴턴의 운동 법칙이다. 가속된다는 것은 전자의 에너지가 커진다는 말이기도 하다. 원자호텔과 마찬가지로 결정호텔에서도 위층으로 올라가려면 에너지가 필요하다. 10층까지 꽉 찬 경우 전기장을 가하면 전자는 가속될 수 없다. 왜냐하면 가속된다는 것은 속도가 커진다는, 즉 에너지가 커진다는 뜻인데, 에너지가 커지면 결정호텔에서 위층으로 올라가야 한다. 하지만 11층은 수리 중이라 들어갈 수가 없다. 따라서 전자는 전기장을 걸어도 아무 일도 일어나지 않는다. 이런 물질은 전기장에 별다른 반응을 하지 않는다. 바로 전기가 통하지 않는 부도체다.

이제 가장 위층의 전자가 5층에 있는 경우를 생각해보자. 이 물질에 전기장을 가하면 5층의 전자는 힘을 받아 더 빨라질 수 있다. 에너지가 커질 수 있다는 말이기도 하다. 에너지가 커지면 위층으로 올라가야 하는데 다행히도 6층은 비어 있다. 그러니 올라가면 된다. 더구나 이런 상태의 전자는 앞서 이야기했듯이 마치 장애물이 없는 것처럼 달릴 수 있다. 이런 전자를 '자유 전자'라고 부르는 이유다. 즉 전기장을 걸면 전자는 자유롭게 움직이기 시작한다. 전류가 흐른다는 말이다. 바로 도체다. 3장에서 금속결합을 다룰 때, 자유 전자는 전자가 금속 내 모든 원자에 동시에 존재하는 상태에 있는 것이라고 설명한 바 있다. 바로 이것이야말로 밴드 이론이 기술하는 비어 있는 층에 전자가 있는 상태다. 밴드 이론은 모든 물질이 전기적 특성에 따라 도체와 부도체로 나뉜다고 말해준다.

주기율표에서 자연 상태에 존재하는 원자의 3분의 2가량이 금속이다. 주기율표 대륙에서 동부 지역을 제외한 대부분이 금속이라고 보면 된다. 구리, 철, 아연, 알루미늄은 말할 것도 없고, 나트륨, 칼슘, 마그네슘, 수은도 금속이고, 금($_{79}$Au), 은($_{47}$Ag), 백금($_{78}$Pt) 등은 귀한 금속, 즉 귀

금속이며, 우라늄($_{92}$U), 플루토늄($_{94}$Pu), 라듐($_{88}$Ra) 같은 방사성 원자도 금속이다. 금속에 빛을 쪼이면 반사된다. 대부분의 금속은 도체다. 도체는 전기가 통하는 물질이고 전기가 통하는 이유는 자유 전자가 존재하기 때문이다. 자유 전자는 빛이 물질 내부로 들어오는 것을 막는다. 즉 자유 전자는 빛을 튕겨낸다. 그래서 금속이 반짝거린다. 금은보화가 반짝이는 이유이기도 하다. 금속인 철이 반짝이지 않는다면 표면에 녹이 슬어서 그렇다. '녹'이란 철이 산소와 결합한 산화물로 산화물은 대개 부도체다. 이제 주변의 많은 물질이 반짝이지 않는 이유를 알았으리라. 대기 중에 산소가 많은 지구에서 물질 표면은 대개 산화물 형태다. 그 이유는 산소가 반응성이 좋은 원자이기 때문이다.

우리 문명은 전기에 기반을 두고 있다. 전기 문명이 굴러가려면 전기가 흘러야 한다. 도체가 필요하다는 뜻이다. 지각에 풍부한 알루미늄, 철, 칼슘, 나트륨, 마그네슘, 칼륨 같은 금속은 순수한 상태로는 도체이지만 산화물이 되면 대개 부도체가 된다. 지각은 부도체인 규산염과 금속 산화물의 혼합체다. 따라서 순수한 금속을 얻으려면 금속 산화물, 즉 흙이나 암석에서 산소를 떼어내는 과정이 필요하다. 이렇게 도체가 얻어지면 우리가 사용하는 많은 전기 장치를 만들 수 있다.

물리적으로 모든 전기 현상은 전기장, 자기장으로 설명된다. 원칙적으로는 이 둘을 제어하는 장치가 있으면 충분하다는 뜻이다. 전기장은 전하가 만들어낸다. 전기기기 내에 있는 축전기는 전하를 담는 장치다. 그래서 축전기는 전기장을 제어한다. 도선에 전류가 흐르는 것은 전자가 움직이는 것이다. 전류가 흐르는 도선 주위에는 자기장이 생긴다. 자기장을 강하게 만들기 위해서 도선을 코일 형태로 감기도 한다.

그래서 코일은 자기장을 제어한다. 전류가 도체를 흐를 때 에너지 손실이 생긴다. 도체의 종류나 구조에 따라 손실의 정도가 다른데 그것을 저항 값으로 나타낸다. 결국 모든 전기 현상은 저항, 축전기, 코일의 세 가지 전기 소자로 제어할 수 있으며 이들은 모두 도체로 만들어진다.

지금은 LED 조명을 사용하지만 옛날에는 백열전구를 사용했다. 백열전구 빛을 내는 필라멘트와 그것을 감싸고 있는 유리구로 구성된다. 전구의 필라멘트는 저항이 큰 도체로 만든다. 저항이 크다는 건 전류가 흐를 때 손실이 크다는 말인데, 전구는 빛의 형태로 에너지를 잃는 전기 소자다. 그래서 전구에 전원을 연결하면 빛이 난다. 발명왕 에디슨은 처음에 전구의 재료로 백금을 생각했다. 저항이 크면 열도 많이 나는데, 백금은 녹는점이 높아서 열에 잘 견딜 수 있기 때문이다. 하지만 백금은 가장 비싼 금속 중 하나다. 백금으로 전구를 만들면 수지타산이 맞지 않는다. 다음 후보는 니켈이었다. 니켈은 원하는 정도의 빛을 냈지만 곧 타버렸다. 물질이 탔다는 것은 연소 반응, 즉 산소와 결합했다는 뜻이다. 그놈의 산소가 또 문제인 것이다. 그래서 에디슨은 니켈을 유리 용기에 넣고 공기를 뺀 다음 밀봉했다. 니켈 주위의 산소를 없애버린 것이다. 그러자 좀 더 오래 버티긴 했지만 여전히 니켈은 상용화하기에 수명이 짧았다. 이후 에디슨의 직원들은 태운 종이, 코르크, 실, 대나무* 등 정말 온갖 종류의 물질을 시험해봤다. 그러다가 결국 텅스텐($_{74}$W)을 찾아낸다. 이렇게 1880년대 탄생한 백열전구는 인

---

* 에디슨의 초기 실험에서 일본산 마다케 대나무가 무려 1400시간이나 안정적으로 빛을 내며 버텼다. 그래서 에디슨은 10년 가까이 대나무 전구를 생산한다. 대나무가 타면 흑연이 되는데 흑연은 탄소 덩어리다. 탄소는 비금속 원자이지만 예외적으로 도체가 된다.

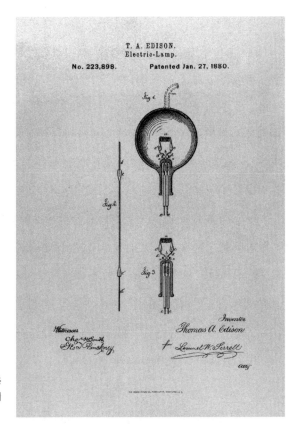

T. A. EDISON.
Electric-Lamp.

No. 223,898.   Patented Jan. 27. 1880.

저항이 큰 도체를 이용
해 빛을 내는 에디슨의
백열전구 도안

류 문명에서 밤의 어둠을 몰아냈다.

축전기는 전기장을 저장한다고 했지만 전하가 전기장을 만드니까
전하를 담아두는 장치나 마찬가지다. 현재 우리가 사용하는 컴퓨터 메
모리에도 축전기가 반드시 필요하다. 메모리는 모든 정보를 1과 0의
두 가지 형태로 저장한다. 축전기에 전하가 있으면 1, 없으면 0으로 데
이터를 저장하는 것이다. 메모리 용량이 1GB라고 하면 메모리가 1G
개 있다는 뜻인데 G는 '기가', 즉 10억을 의미하는 기호다. 결국 1GB

메모리에는 축전기가 10억 개 있다는 말이다.

전류가 흐를 때 그 주위에 자기장을 형성한다. 이렇게 코일은 자기장을 저장한다. 보통 자석 주위에 자기장이 생기니까 코일이 자석이 된 것이라 볼 수 있다. 자석과 자석 사이에 밀고 당기는 힘이 생기듯이 코일과 자석 혹은 코일과 코일 사이에도 힘이 작용한다. N극과 N극 혹은 S극과 S극은 서로 밀어내고 N극과 S극은 서로 당긴다. 따라서 코일과 자석을 적당히 배치하면 코일에 전류를 흘리면서 회전하도록 만드는 것이 가능하다. 이것이 바로 모터다. 전기로 움직이는 대부분의 전기 장치가 이 원리를 이용한다. 전기차도 전기 모터로 움직인다. 모터를 만드는 데 도체만 있으면 충분하다. 전기기기가 복잡해 보이지만 따지고 보면 저항, 축전기, 코일이 거의 전부다.

* * *

원자의 시각으로 본 물질의 세상은 의외로 단순하다. 우주는 대개 텅 비어 있다. 존재하는 물질의 대부분은 수소와 헬륨으로 이루어진 기체 덩어리다.* 태양과 같은 별이나 토성, 목성 같은 거대 행성이 여기에 해당된다. 사실 질량으로 보면 이들이 태양계의 거의 전부라고 해도 무방하다. 지구 같은 암석 행성은 사실상 없는 거나 다름없다. 이 장의 도입부에서 생명이 없는 물질에 대한 이야기를 한다고 했을 때, 많은 사람의 머리에 떠오른 것은 주변 여기저기 보이는 물체였을 수 있

---

* 암흑 물질과 암흑 에너지는 제외했다.

아폴로 8호에서 본 지구

다. 책상, 스마트폰, 아파트, 자동차, 침대, 유리잔, 커피 등등. 하지만
이들은 스스로 만들어진 것이 아니다. 인간이 특별한 목적을 갖고 만
든 것이다. 아마도 태양 주위를 돌고 있는 지구라는 작은 행성의 표면
일부 지역에만 존재하는 너무너무 특별한 물체일 거다. 우주적 규모에
서 물질에 대한 이야기가 인간이 만든 물건이 아니라 지구를 구성하는
물질에 대한 것일 수밖에 없는 이유다. 아무튼 인간이 만들어낸 자연
스럽지 않은 모든 물건과 인간 그 자신을 포함한 생물 전체는 지구를
이루는 원자와 동일한 원자로 되어 있다.

　11~12세기 페르시아에 살았던 오마르 하이얌Omar Khayyam*은 이
슬람의 수학자이자 천문학자, 철학자, 시인이었던 천재였다. 수학에서

•　본명은 '지야드 알 딘 아불 파스 오마르 이븐 이브라힘 알 나사부리 하야미'다.

는 삼차 방정식의 해법을 구하고 이항 전개식을 발견했으며, 천문학에
서는 코페르니쿠스보다 400년이나 앞서 지동설을 주장했고, 시인으로
서는《루바이야트Rubáiyát》라는 유명한 시집을 남겼다. 다음은 오마르
하이얌이 죽기 2년 전 남긴 글의 일부다.

나는 진흙을 빚어 도자기를 만들었다.
흙이 말한다. 왜 당신은 나를 건드리는가?
그대와 나는 둘 다 같은데.
비록 일부가 가라앉고 일부는 떠올라도
우리는 모두 단지 흙일 뿐이다.

우리는 죽으면 흙으로, 즉 지구로 돌아간다. 이것은 시적인 표현이
아니라 과학적 사실이다. 이렇게 만물은 원자로 되어 있다.

5장

핵과 별 그리고 에너지의 근원

지구 에너지의 근원을 찾아서

모든 에너지의 근원은 무엇일까? 뜬금없는 질문 같다. 에너지에는 그냥 여러 종류가 있는 것 아닌가. 태양광, 수력, 풍력, 화석 연료, 원자력 등. 하지만 이 모든 에너지는 단 하나의 근원에서 온 것이다. 그 근원은 바로 별이다.* 태양광의 근원이 별이라고? 그렇다. 태양도 별이기 때문이다. 태양은 지구에 가장 가까이 있는 별이다. 만약 태양이 지구로부터 멀어진다면 점점 작아져서 결국 작은 별처럼 보이게 될 것이다.

태양은 지구에 빛을 보낼 뿐이다. 빛은 에너지를 갖는다. 지구에 도달한 빛은 물을 수증기로 만든다. 수증기는 하늘로 올라가 비가 되어 떨어진다. 이 물이 흘러 바다로 이동하며 강을 이룬다. 강을 막아 떨어지는 물로 터빈을 돌리면 전기가 만들어진다. 수력 발전이다. 빛은 공기의 온도를 높인다. 빛이 닿는 각도나 양에 따라 지역마다 온도가 높아지는 정도에 차이가 생긴다. 온도가 다르면 기압도 다르다. 기압 차가 생기면 바람이 분다. 바람으로 터빈을 돌리면 전기가 만들어진다.

---

* 빅뱅도 답이 된다. 하지만 빅뱅은 우주의 모든 것의 근원이 되니까 좀 허망한 답일 수 있다.

원자의 핵융합을 통해 에너지를 만드는 별

풍력 발전이다. 즉 수력 발전과 풍력 발전의 근원은 별이다.

　식물은 빛을 이용하여 광합성을 한다. 식물은 광합성으로 에너지를 얻고 자신의 몸을 만든다. 동물은 식물이나 다른 동물을 먹이로 삼으니 따지고 보면 그 에너지원은 식물이다. 따라서 지구상 생명의 에너지원은 별이다. 3억 년 전 식물은 죽어도 썩지 않았다. 리그닌이라는 물질로 자신의 몸을 만들기 시작했기 때문이다. 당시에는 이 물질을 분해할 수 있는 미생물이 없었다. 썩어 산산이 분해되지 않은 식물의 몸이 차곡차곡 쌓여 만들어진 것이 석탄이다. 석유는 수생 동식물의 몸이 쌓여 만들어진 것이다. 따라서 석탄과 석유 같은 화석 연료도 별에서 온 것이다.

원자력 발전은 우라늄과 같은 무거운 원자핵의 분열에서 에너지를 얻는다. 원자핵이 분열될 때 막대한 열이 나오는데, 이 열로 물을 끓여 생성된 수증기의 압력으로 터빈을 돌린다. 우라늄이 분열할 때 열이 나오는 이유는 분열 전 우라늄 원자핵의 에너지가 분열한 후 생겨난 결과물의 에너지 총합보다 크기 때문이다. 낙하하는 물이 터빈을 돌려 전기를 만드는 원리와 비슷하다. 물은 높은 곳이 낮은 곳보다 에너지가 크다. 물이 높은 곳에서 낮은 곳으로 떨어질 때 생긴 에너지 차를 전기로 바꾼 것이다. 물이 높은 곳에 있는 이유는 태양 빛 때문이라고 앞서 말했다. 우라늄과 같이 높은 에너지의 원자핵은 누가 만드는 걸까? 이 경우는 태양 빛이 아니라 태양과 같은 별의 죽음, 초신성 폭발이다. 초신성 폭발에 대해서는 뒤에서 살펴보기로 하자.

결국 지구상 모든 에너지의 근원은 별이다. 별이 내는 빛, 별이 만들어낸 무거운 원자들이 우리가 사용할 수 있는 에너지의 전부다.* 그렇다면 남은 질문은 이거다. 별은 어떻게 에너지를 만들어내는가? 태양이라는 별의 부피는 지구의 120만 배에 달한다. 이렇게 거대한 태양의 에너

---

* 사실 지구 내부에서 생성되는 지열도 있다. 지열의 원인에 대해서는 뒤에서 다루고 있으니 읽어 보시라. 지구에 쏟아지는 우주선cosmic ray도 에너지원이 될 수 있으나 아직 실용적으로 쓰지는 못한다. 어쨌든 우주선도 별이 만든 것이다.

지원은 원자핵이다. 지금까지 생물이나 지구를 이야기할 때 주인공은 원자였지만, 여기서 주인공은 원자핵이다. 원자핵은 원자의 중앙에 자리 잡고 있는 정말 작은 것이다. 원자조차 너무 작아서 손톱 위에 일렬로 1억 개를 늘어세울 수 있을 정도인데 원자핵은 원자 부피의 1000조 분의 1에 불과하다. 이렇게 극도로 작은 존재가 태양이 가진 엄청난 에너지를 만들어낸다. 아이러니하게도 거대한 것일수록 보다 더 작은 것의 지배를 받는다. 이제부터 원자핵이 지배하는 별의 세계로 여행을 떠나보자.

힘과 에너지

우주에 존재하는 원자의 75퍼센트는 수소다. 수소는 전기적으로 중성이라 이들 사이에 작용하는 힘은 중력뿐이다.* 중력은 인력이므로 수소 원자들이 서로 당겨 모여들게 만든다. 더구나 중력은 한 점을 중심으로 사방에서 고르게 당기는 힘이라 이렇게 모인 수소 덩어리의 모양은 구형이 된다. 지구나 태양이 구형인 이유다. 수소가 많이 모이면 안쪽 수소는 점점 더 강한 압력을 받게 된다. 태양의 경우 중심 압력은 지구 대기압의 10억 배에 달한다. 이렇게 수소를 강하게 눌러대면 수소의 원자핵들이 서로 융합하기 시작한다.

만물은 원자로 되어 있고, 원자는 원자핵과 전자로 되어 있다. 수

---

* 물론 전자기력이 작용하기는 한다. 중성인 두 원자가 가까워지면 반데르발스 힘이라는 인력이 작용하기도 하고, 수소 원자 2개가 결합하여 수소 분자를 이루기도 한다. 하지만 수소 분자도 중성이다. 결국 이들 사이에는 중력이 작용한다.

소의 원자핵은 양전하를 띤다. 수소 원자핵끼리 서로 가까워지는 것을 싫어한다는 말이다. 하지만 정말 엄청난 압력으로 내리누르면 수소 원자핵은 전기적으로 서로 밀어내는 힘을 이겨내고 다가가서 결국 한 몸이 된다.* 이때 엄청난 에너지가 나온다. '핵융합'이라 불리는 현상이다. 그렇다면 수소 원자핵이 융합할 때, 왜 막대한 에너지가 나오는가?

에너지는 보존된다. 그 형태가 바뀔 수는 있어도 결코 소멸되거나 창조될 수 없다. 에너지 보존 법칙이라 불리는 물리학 최고의 원리다. 다시 수력 발전을 생각해보자. 높은 곳에 있는 물이 낮은 곳으로 낙하할 때 터빈이 돌며 전기 에너지가 만들어진다. 높은 곳에 있는 물은 낮은 곳의 물보다 에너지가 크다. 왜냐하면 중력이 존재하기 때문이다. 지구와 물 사이에 작용하는 중력은 물을 지구 중심 쪽으로 당겨서 낮은 위치로 보낸다. 따라서 물을 높은 (지구 중심에서 먼) 곳으로 보내려면 중력을 이겨내는 추가적인 힘이 필요하다. 쉽게 말해서 당신이 손으로 물을 퍼서 위로 들어 올려야 한다.**

손으로 힘을 가하여 물을 위로 옮기는 것은 에너지를 사용하는 과정이다.*** 이때 손이 사용한 에너지만큼 물의 에너지가 커진다. 에너지 보존 법칙이다. 따라서 높은 곳의 물이 낮은 곳으로 이동하면 역으로 같은 크기의 에너지가 남게 되는데, 이 여분의 에너지는 사라질 수 없고

---

* 여기서 전자는 고려하지 않는다. 나중에 다루겠지만 이런 일이 일어나려면 수천만 도의 온도가 필요한데, 이 정도 온도에서 전자는 이미 원자에서 떨어져 나가고 없기 때문이다.
** 기상 현상에서는 태양 빛에 의해 물이 증발하여 위로 올라간다.
*** 물체가 힘을 받으면서 이동하는 경우, 힘 곱하기 이동한 거리를 '일work'이라고 부른다. 이 용어는 일상적인 의미의 '일'과 다르다. 에너지 보존 법칙에 따라 일의 크기는 물체의 에너지 변화량과 같다.

다른 형태로 바뀌어야 한다. 다시 에너지 보존 법칙이다. 수력 발전의 경우 이 에너지로 터빈을 돌려 전기 에너지를 만든다. 터빈이 없었다면 여분의 에너지는 물의 속도를 크게 만드는 데 사용된다. 즉 물의 운동 에너지가 커진다. 에너지는 변환될 뿐 창조되거나 소멸되지 않는다.

여기서 우리는 에너지에 대해 중요한 것들을 모두 살펴봤다. 우선 에너지는 힘과 관련이 있다. 물의 높이에 따라 에너지가 달라지는 것은 중력이 있기 때문이다. 중력이 없는 빈 공간의 경우, 에너지는 장소와 상관없이 같다. 힘 때문에 위치에 따라 달라지는 에너지를 '퍼텐셜 에너지' 혹은 '위치 에너지'라고 부른다.* 핵융합 과정에서 에너지가 나온다는 말은 중력의 경우와 같이 핵과 관련된 힘이 있다는 뜻이다. 당연하게도 이 힘을 '핵력'이라 부른다. 핵융합 과정에서 나온 에너지는 핵력과 관련한 위치 에너지의 차이에 해당된다.

원자핵을 묶는 힘, 핵력

핵력의 역사는 1896년 앙리 베크렐Henri Becquerel(1903년 노벨물리학상 수상)의 방사선 발견에서 시작된다. 우라늄 원자에서 뭔가 신기한 것이 나오는데 그 정체를 알 수 없었던 것이다. 1년 전 빌헬름 뢴트겐Wilhelm Röntgen(1901년 노벨물리학상 수상)이 발견한 엑스선과는 다른 것임이

---

* 위치 에너지가 퍼텐셜 에너지보다 더 쉬운 느낌이다. 하지만 '위치'라는 말을 쓸 수 없는 경우도 많기 때문에 물리학자는 퍼텐셜 에너지란 표현을 선호한다. 여기서는 비전문가 독자를 위해 위치 에너지라는 표현을 사용한다.

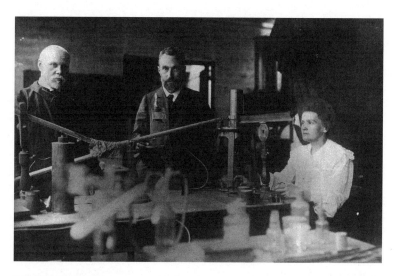

앙리 베크렐과 퀴리 부부

분명했다. 베크렐의 제자 마리 퀴리Marie Curie(1903년 노벨물리학상, 1911년 노벨화학상 수상)는 우라늄 말고도 방사능을 가진 다른 원자들을 발견한다. 방사선의 정체는 헬륨의 원자핵(알파선), 전자(베타선), 전자기파(감마선)라는 것이 밝혀진다. 알파선과 베타선이라는 이름을 지은 어니스트 러더퍼드는 알파선을 이용하여 원자 내부에 원자핵이 존재한다는 사실을 처음으로 발견했다.

원자핵은 양성자와 중성자로 이루어져 있다. 양성자의 개수에 따라 원자 번호를 매기는데 원자 번호가 원자의 이름을 결정한다. 양성자 개수가 1개면 수소($_1$H), 2개면 헬륨($_2$He), 79개면 금($_{79}$Au)이다. 따라서 수소는 1번, 헬륨은 2번, 금은 79번이다. 양성자는 양전하를 띠므로 전기적으로 서로 밀어낸다. 이들을 핵 안에 묶어두기 위해서는 전기력을 이겨낼 추가적인 힘이 필요한데, 이 힘이 핵력이다. 중성자는 전기적으로

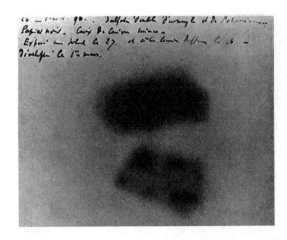

방사능의 흔적을 보여주는
앙리 베크렐의 사진판

중성이라 전기력을 느끼지 못하므로 핵력을 보강하는 역할을 한다.

방사선의 하나인 알파선은 양성자 2개와 중성자 2개로 되어 있다. 양성자가 2개니까 원자 번호 2번인 헬륨이라고 불러도 좋다.* '알파 입자'라고 부르기도 한다. 원자가 알파 입자를 방출하고 나면 원자 번호가 2만큼 줄어든다. 양성자가 2개 빠져나가기 때문이다. 이를 '알파 붕괴'라고도 부른다. 붕괴라고 해서 뭐가 망했거나 무너진 것은 아니다. 베타선을 내놓으면 원자 번호가 오히려 하나 늘어난다. 전자가 하나 빠져나갔기 때문인데, 이 전자는 원자핵 주위를 돌고 있는 전자가 아니라 원자핵 내부에서 나온 것이다. 이를 '베타 붕괴'라고 한다. 81번 탈륨($_{81}$Tl)이 알파 붕괴하면 79번 금($_{79}$Au)이 된다. 연금술의 꿈이 이루어진 것이다! 하지만 탈륨은 대개 베타 붕괴하여 82번 납($_{82}$Pb)이 된다. 금이 탈륨보다 100배 정도 비싸지만 탈륨이 알파 붕괴하여 금이 되길

---

* 정확히는 헬륨의 원자핵이다. 헬륨 원자는 전자도 2개를 가지기 때문이다.

기다리느니 그냥 땅을 파서 금이 나오길 바라는 것이 더 합리적이다.

원자가 방사선이라는 에너지를 자발적으로 내보내는 이유는 그 자체로 불안정하기 때문이다. 외줄 타기를 하는 사람이 실수로 조금만 삐끗하면 추락한다. 이때 중력에 의한 위치 에너지가 줄어들며 속도가 커진다. 땅에 닿을 때 속도에 의한 운동 에너지가 안타깝게도 그 사람의 몸을 망가뜨리는 에너지로 사용된다. 원자핵은 핵력의 위치 에너지가 줄어든 만큼의 에너지를 방사선으로 내놓는다.

애초 원자핵이 불안정한 이유는 누군가 핵력에 대해 높은 에너지 상태에 갖다 놓았기 때문이다. 외줄 타기의 경우로 설명하자면 곡예사가 높은 곳에 올라갔기 때문이다. 즉 곡예사의 위치 에너지는 곡예사의 근육이 운동하여 얻어진 것이다. 원자핵이 불안정하여 방사능을 띠는 원자들은 주로 두 가지 원인으로 만들어진다. 첫째, 별에서 만들어진다. 여기에는 초신성 폭발도 포함된다. 둘째, 우주선cosmic ray과 충돌한 것이다. 우주선이란 우주에서 지구로 끊임없이 들어오는 고에너지 입자를 말한다. 이들도 별이 만든 것이다.

원자에 따라 불안정한 정도는 같지 않다. 가장 안정적인 원자는 26번 철($_{26}$Fe)이다. 철보다 더 가볍거나 무거울수록 원자는 불안정하다. 무거운 원자들은 알파선을 방출하고 더 안정적인 철이 되고자 한다. 이것이 방사능의 존재 이유다. 가장 무거운 원자핵은 92번 우라늄($_{92}$U)이다.* 우라늄은 느긋하게 알파선을 내놓으며 철로 향해 갈 수도

---

* 92번 우라늄은 우주에서 자연스럽게 만들어지는 원자 번호가 가장 큰 원자다. 93번 원자부터는 인간이 핵반응을 통해 인공적으로 만든 것이다. 현재 118번 원자까지 합성에 성공했다.

있지만 급한 나머지 둘로 쪼개지기도 한다. 이를 핵분열이라고 한다. 물론 시도 때도 없이 분열하는 것은 아니고 중성자를 우라늄 핵 안에 넣어줘야 한다.* 우라늄의 분열을 연쇄적으로 일으키면 히로시마에 투하된 원자폭탄이 된다. 반면 가벼운 원자들은 무거워지려고 한다. 그러려면 다른 원자와 합쳐서 몸을 불려야 한다. 수소와 같이 가벼운 원자 두 개를 합치면 무거운 헬륨이 되면서 좀 더 안정된다. 이런 식으로 철이 될 때까지 원자핵을 합치는 것이 가능하다. 바로 별 내부에서 일어나고 있는 일이다.

외줄 타기의 불안정성이 중력에서 오듯이 핵의 불안정성을 일으키는 주체는 핵력이다. 중력이나 전자기력은 일상에서 느낄 수 있지만, 핵력은 그렇지 않다. 핵력은 원자핵 내부에서만 작용하기 때문이다. 핵력 연구의 역사에서 첫 돌파구를 만든 사람은 유카와 히데키湯川秀樹 (1949년 노벨물리학상 수상)로 일본 최초의 노벨상 수상자다. 그의 노벨상은 1945년 제2차 세계대전 패전으로 침체된 분위기의 일본에 희망을 안겨준 선물이었다. 그의 아이디어를 간략히 소개하면 이렇다.

우선 원자핵은 양성자와 중성자로 구성된다. 이들을 '핵자'라고 부른다. 핵력은 핵자들이 핵 안에 머물도록 묶어주는 힘이다. 밧줄 같은 거로 묶는 거라면 이해가 빠르겠으나 핵자들은 입자를 주고받으며 묶여 있다. 농구공을 던져서 주고받는 두 사람을 상상해보자. 농구공을 잃어버리기 싫다면 두 사람은 아주 멀어질 수 없을 거다. 이렇게 두 사

---

* 우라늄 동위 원소 가운데 우라늄235가 핵분열을 할 수 있다. 하지만 자연에 존재하는 우라늄의 99퍼센트 이상은 핵분열을 하지 못하는 우라늄238이다.

람은 묶이게 된다. 유카와는 핵자들이 주고받는 농구공을 '중간자'라고 불렀다. 중간자가 제안된 1936년 즈음부터 핵 안에서 여러 입자가 발견되기 시작한다. 뮤온, 파이온, V입자, K-중간자 등등, 원자핵 안에는 양성자, 중성자 이외에 다른 입자들도 있었던 것이다.

1950년대까지 핵 안에서 수많은 입자가 발견되었다. 가히 입자 동물원이라 할만했다. 원래 원자는 만물의 근원으로 쪼개지지 않는 최소의 단위다. 20세기가 시작될 즈음 원자가 원자핵과 전자로 되어 있다는 사실이 알려졌다. 원자핵조차 양성자와 중성자로 구성된다. 여기까지는 참을만하다. 그런데 이제 핵을 이루는 입자가 수백 가지라는 결과가 나온 것이다. 결국 이 혼란을 해결하기 위해 '쿼크'라는 보다 근본적인 기본 입자가 가정되고 실험적으로 입증된다. 이 이야기는 다음 장으로 미뤄두자.

핵력에는 강한 핵력과 약한 핵력이 있다. 강한 핵력은 앞서 설명한 핵자들을 한데 묶어주는 힘이다. 약한 핵력은 베타 붕괴와 관련된다. 중성자는 전자를 방출하며 양성자로 변환될 수 있는데, 이때 방출된 전자가 베타 입자다. 약한 핵력은 이런 불안정성과 관련한 힘이다. 세기가 강하든 약하든 핵력의 중요한 특징은 작용하는 범위가 좁다는 것이다. 수소 원자핵이 농구공 크기라면, 수소 원자는 서울시 크기다. 또 수소 원자가 동전 크기라면, 동전은 지구 크기다. 원자핵의 세계는 인간의 직관이 통하지 않는 극소極小의 세계다.

핵력이 작용하는 세상은 원자들의 세상과 다르다. 원자핵 내부에서 핵자들이 어떻게 움직이고 있는지는 아직 자세히 알지 못한다. 2012년 실험에 의하면 핵자들의 일부가 빛의 속도의 25퍼센트에 달하는 속도로 움직이고 있다고 한다. 손톱 위에 1억 개를 늘어세울 수 있는 원자의 10만 분의 1밖에 안 되는 작은 공간 내에서 총알보다 수십만 배 빠른 속도로 날아다니는 입자를 상상해보라. 상식이 통하지 않는 상황인 것은 분명하다. 사실 양성자와 중성자가 자신의 모습을 제대로 유지하며 존재하는지도 불확실하다. 아니 양성자나 중성자의 모습이 무엇인지, 모습이라는 단어가 적절한지, 이런 스케일에서 움직인다는 것이 무슨 뜻인지도 명확하지 않다. 오죽하면 초창기에는 원자핵을 설명하기 위해 액체 방울 모형이 제안되기도 했다. 핵자들이 수프같이 걸쭉하게 뒤섞인 상태라는 것이다. 더구나 기이하기 이를 데 없는 양자역학으로 요리된 수프다. 원자핵에 비하면 원자는 전자들이 조직적으로 배열된, 제대로 된 세상이라고 할 수 있을 정도다.*

우리가 사는 세상은 원자들이 지배한다. 지구상 생물은 포도당 분자를 산화시켜 이산화탄소와 물로 바꾸는 과정에서 에너지를 얻는다. 이는 탄소, 산소, 수소 원자가 배열을 바꾸는 것에 불과하다. 사실 우리 주위에서 일어나는 모든 일은 이처럼 원자들이 배열을 바꾸는 사건이다. 이때 원자 그 자체는 변하지 않는다. 더구나 원자핵 내부에서 무슨 일이 일어나고 있는지는 고려할 필요조차 없다. 재료공학자, 화학자, 생물학자가 핵물리를 모르고도 연구하는 데 아무런 지장이 없는 이유다. 아니, 상당수의 물리학자도 핵물리를 잘 알지 못한다. 그렇지만 우주를 이해하려면 핵물리를 알아야 한다. 핵은 우주의 에너지원이기 때문이다.

---

* 원자가 얼마나 이상한 것인지 모르는 사람은 이 문장을 제대로 이해할 수 없다.

1954년 3월 1일에 실시된 미국 최초의 수소 폭탄 실험 캐슬 브라보 폭파 실험

별의 물리학

핵이 우주의 에너지원이라고 했지만, 별에서 원자폭탄*이 터지거나 원자력 발전이 일어나고 있는 것은 아니다. 이들은 핵분열을 이용하는 것인데, 별이 이미 만들어놓은 불안정하고 무거운 원자를 연료로 하는 것이다. 별은 가벼운 원자핵을 합쳐서 무겁고 안정적인 원자핵을 만들 때 나오는 에너지로 불타오른다. 우주에서 가장 흔한 원자는 1번 수소이기 때문에 막 탄생한 별은 수소를 융합시켜 2번 헬륨으로 바꾸

---

* 정확히는 원자 분열 폭탄이다. 수소 폭탄은 핵융합을 이용하니까 별에서 수소 폭탄이 터지고 있다고 봐도 된다.

며 에너지를 얻는다. 수소가 모여 있다고 바로 융합 반응이 일어나는 것은 아니다. 만약 그랬다면 수소 풍선 때문에 지구가 멸망할지도 모른다. 수소 원자핵은 양성자로 양전하를 띤다. 따라서 서로 전기적으로 밀어낸다. 이 반발력을 이겨내고 융합하려면 엄청난 온도가 필요하다. 온도가 높을수록 원자들은 더욱 격렬하고 빠른 속도로 운동하기에 반발력을 이겨내고 충돌할 가능성이 커지기 때문이다.

별에서 일어나는 일을 이해하려면 경쟁하는 두 가지 힘을 알아야 한다. 첫째, 별은 수축하려고 한다. 별을 이루는 입자들 사이에 작용하는 중력 때문이다. 중력은 서로 당기는 힘이므로 한 점으로 모여든다. 둘째, 별은 팽창하려고 한다. 원자핵의 융합으로 방출된 에너지는 막대한 열이 되어 입자들을 격렬하게 운동시켜 바깥쪽으로 밀어낸다. 별은 이 두 힘의 평형으로 존재한다. 균형이 깨지면 수축하거나 팽창하게 된다. 팽창을 막지 못하면 초신성처럼 폭발하게 되고, 수축을 막지 못하면 블랙홀이 될 수 있다.

태양의 사진을 보면서 격렬한 핵융합 반응으로 표면이 폭발하듯 이글거린다고 생각하는 사람이 있을 것이다. 하지만 태양의 표면 온도는 5500도 정도로 핵융합이 일어날 만큼 뜨겁지 않다. 핵융합은 태양 중심에서 일어나는데 온도가 1000만 도에 달한다. 수소가 융합하면 헬륨이 된다. 수소가 무한정 존재하는 것은 아니니까 결국 중심부의 수소가 모두 헬륨으로 바뀌는 날이 올 것이다. 그렇다면 태양은 꺼지는 걸까? 상황은 다소 복잡하다. 이때가 되면 중심 근방에 수소는 없고 헬륨뿐이다. 수소가 융합하여 모두 헬륨이 되었기 때문이다. 하지만 중심에서 조금 벗어나면 여전히 수소가 있다. 그곳은 온도가 중심

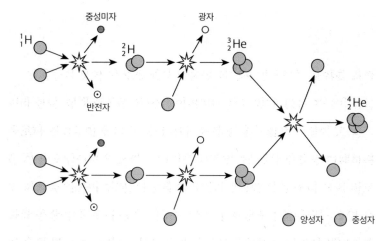

중성미자

광자

$^1_1$H

$^2_2$H

$^3_2$He

반전자

$^4_2$He

양성자　　중성자

별 내부에서 일어나는 헬륨의 합성

보다 낮아 아직 융합 반응이 시작되지 않아서 그렇다. 태양이 복숭아
라면 헬륨은 복숭아씨에 해당하고 복숭아 과육에 수소가 있는 셈이다.
이제 이 부분의 수소가 융합하며 탄다. 중력이 충분히 강하다면 헬륨
도 짓눌려 융합 반응을 일으킬 수 있다. 이제 헬륨도 수소 역할을 하는
것이다.

　중심에서는 헬륨이 융합하고 그 바로 바깥쪽에서는 수소가 융합하
는 것이다. 이제 태양은 부풀기 시작하는데 안타깝게도 결국 엄청나게
커져서 지구를 삼켜버릴 것이다. 50억 년 이상 지나야 올 일이니 너무
걱정하지 마시라. 이때의 태양을 적색거성이라 부른다. 2번 헬륨이 융
합되고 있는 중심에서는 6번 탄소와 8번 산소가 만들어진다. 이 탄소
와 산소는 먼 훗날 우주의 어딘가에서 탄소 기반 유기 생명체의 일부
가 될지도 모른다.

　태양보다 더 무거운 별은 이런 융합으로 모두 철이 될 때까지 반응

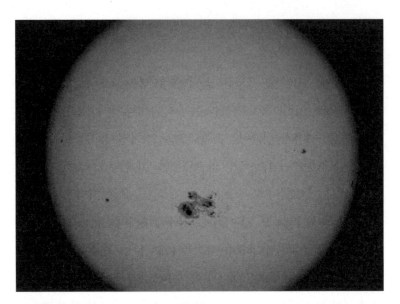

태양의 흑점

이 계속된다. 철보다 무거운 원자핵은 철보다 불안정하므로 이런 방식으로 만들 수 없다. 핵융합으로 철이 만들어지기 시작하면 별의 종말이 온 것이다. 더는 탈 것이 없으므로 밖으로 밀어내는 힘이 사라지고 중력만 남는다. 그러면 별이 급작스럽게 수축하다가 폭발하게 되는데, 바로 초신성이다. 엄청난 폭발 속에서 철보다 불안정한 원자들도 서로 융합할 기회를 얻게 되고, 이때 철보다 무거운 원자들이 만들어진다. 초신성 폭발 이후 남는 물질은 중성자별이나 블랙홀이 된다.

　모든 별은 초기에 수소를 연료로 하고 모양도 구형으로 같다. 이들 사이에 차이가 있다면 수소의 양, 즉 질량뿐이다. 질량이 별의 운명을 결정한다. 무거운 별일수록 수명이 짧다. 비만에 의한 각종 질병 때문은 아니다. 무거우면 중심의 압력도 높으므로 엄청난 속도로 융합 반응을 일으켜 자신을 빠르게 불사르기 때문이다. 태양의 수명은 100억 년 정도인데, 태양보다 10배 큰 별의 수명은 수백만 년 정도에 불과하다. 하지만 태양의 10분의 1에 불과한 별의 수명은 1000억 년에 달한다.

태양은 너무 뜨거워서 원자들이 원자핵과 전자로 분리되어 뒤엉킨 플라스마 상태다. 물론 핵융합 반응이 태양의 에너지원이기는 하지만 태양을 이해하는 데 핵물리의 역할은 여기까지다. 태양 플라스마는 기본적으로 기체에 가깝다. 중요한 점은 이들이 전하를 띠고 있다는 점이다. 양전하를 띤 원자핵과 음전하를 띤 전자가 분리되어 존재하기 때문이다. 머리와 손발이 분리되어 존재하는 사람들이 모인 사회라 할만하다. 여기서 일어나는 일은 우리 주위에서 일어나는 일과 상당히 다르다. 그나마 태양 표면의 상황에 가장 가까운 것을 주위에서 찾자면 '불火'이다. 참고로 촛불의 온도는 1400도 정도이고, 태양 표면의 온도는 5500도 정도다.

태양이 플라스마이기 때문에 나타나는 중요한 현상이 흑점이다. 흑점을 처음 관측한 사람은 갈릴레오였다. 아리스토텔레스 이론에 따르면 천상의 물체인 태양은 티끌 하나 없는 완벽한 구형의 형태를 가져야 했다. 흑점은 그 이론이 틀렸다는 것을 보여주는 중요한 반례였다. 갈릴레오는 흑점이 움직인다는 사실도 발견한다. 이는 태양이 자전하고 있다는 증거였다. 더구나 흑점의 이동 속도는 위도에 따라 다른데, 이는 태양이 고체가 아니라는 사실을 보여준다.

흑점은 그 크기가 수천에서 수만 킬로미터에 달하니까 지구보다 클 때도 있다. 흑점이 검은 것은 온도가 낮기 때문이다. 4500도에 달하기는 하지만 그래도 주변보다 1000도나 낮은 셈이다. 흑체 복사 이론에 따르면 물체가 내는 빛의 세기는 온도의 네 제곱에 비례한다. 따라서 흑점은 주위보다 상대적으로 어두운데, 이 때문에 우리 눈에는 검게 보인다.

태양의 다른 부분에서 온 빛과 흑점에서 온 빛의 스펙트럼을 비교해보면, 흑점에서 온 스펙트럼선들이 몇 개로 갈라져 있는 것을 볼 수 있다. 이는 제만 효과Zeeman effect라 불리는 것으로 자기장 내에서 스펙트럼선이 갈라지는 현상이다. 즉 흑점이 있는 곳에 자기장이 있다는 뜻이다. 자기장이 있을 때 전하는 그 주위를 돌게 된다. 이 때문에 지구로 들어온 하전 입자들이 지구 자기장을 타고 극지방으로 이동하여 오로라를 만든다. 태양 표면의 자기장은 플라스마의 자연스러운 대류 운동을 방해할 것이고, 이 때문에 태양 중심부에 있는 고온의 플라스마가 표면으로 올라오는 것을 막아 온도가 낮아진다.

지구의 에너지

지구에서 태양은 절대적 에너지원이다. 기후 및 기상 현상은 바로 태양 때문에 일어난다. 바람이 불고 비가 내리고 태풍이 몰아치고 암석이 퇴화하거나 퇴적하는 것과 같은, 우리 주변에서 일어나는 무생물들의 변화는 대부분 태양이 일으키는 것이다. 이렇게 우리의 일상은 별과 연결되어 있다. 하지만 지구에는 좀 더 거시적이고 장기적 변화가 일어난다. 화산이 폭발하고 대륙이 움직이는 사건이다. 지구 자체가 살아 있는 듯이 행동하는 것인데, 이것은 태양 때문이 아니라 지구 깊숙한 곳의 열 때문이다. 아이러니지만 우리는 지구 내부보다 '왜소행성 134340 명왕성'에 대해 더 많이 알고 있다. 우주에 있는 것들은 멀리 있어서 그렇지 어쨌든 볼 수 있다. 하지만 땅속은 볼 수 없다. 보는 것은 믿는 것이다.

지구는 지각, 맨틀, 핵으로 구성된다. 핵은 다시 내핵과 외핵으로 나뉘는데, 내핵은 고체, 외핵은 액체다. 핵은 주로 철로 되어 있다. 외핵에서는 액체 상태의 철이 빙글빙글 돌며 지구 자기장을 만든다. 지구 자기장이 없으면 태양에서 오는 온갖 고에너지 입자를 막아낼 수 없어 지구의 생명체는 사라질지도 모른다. 외핵보다 뜨거운 내핵은 온도가 거의 5500도에 달하는데 태양의 표면과 비슷한 온도다. 그렇다면 내핵은 기체 상태, 아니 적어도 액체가 되어야 하지 않을까?

내핵은 압력이 높다. 대기압의 200만 배 정도 된다. 압력이 높아지면 클라우지우스-클라페롱Clausius-Clapeyron 관계라는 법칙에 따라 녹는점도 높아진다. 대기압에서 철의 녹는점은 1538도지만 내핵의 엄청난 압력에서는 녹는점이 6000도 정도로 올라간다. 그래서 철은 이런 온도에서도 고체가 된다. 사실 이런 압력에 수소를 갖다 놓으면 금속이 될 수 있다. 주로 수소로 구성된 목성은 철과 같이 자성을 갖는 금속이 없다. 하지만 지구의 10배에 가까운 자기장을 갖는데, 아마도 중심부에 있는 고압의 수소가 금속이 되어 자기장을 만드는 것으로 추정된다. 우주에 존재하는 물질의 상당 부분이 이런 초고온, 초고압의 극한 조건에 놓여 있다. 우주 물질의 대부분은 별이라 할 수 있는데, 이들은 수천에서 수억 도의 온도를 갖는다. 지구에서도 지하로 200킬로미터만 파고 들어가면 그곳 온도가 보통 1000도 정도 된다. 200킬로미터라고 해봐야 지구 반지름의 3퍼센트에 불과하다. 사실 우리가 사는 지구 표면이야말로 우주 전체를 놓고 봤을 때 정말 희귀한 환경이라 할만하다. 아무리 추워도 영하 100도 이상이고 아무리 더워도 100도 이하라니! 더구나 물이 액체로 존재하다니!

지구 내부가 가진 엄청난 열의 근원에 대해 아직 확실치는 않지만 몇 가지 이론이 있다. 지구가 형성될 때의 에너지가 남아서 여전히 빠져나가는 중이라는 이론, 철과 같이 무거운 물질이 중심부로 낙하하며 생긴 마찰열이라는 이론, 끝으로 방사능 물질에 의한 열이라는 이론인데, 어떤 방사능 물질이 얼마나 있는지 아직 불확실하다.

* * *

우주는 시공간상에서 물질이 운동하며 만들어내는 거대한 연극이다. 물질의 운동은 에너지를 필요로 한다. 지구상 모든 물질이 운동하는 원인, 즉 에너지의 근원을 추적하면 태양에 다다른다. 태양은 원자핵의 융합에서 나오는 열로 불타오른다. 이렇게 우리는 별과 연결되고, 별은 세상에서 가장 작은 원자핵과 연결된다. 우리 몸을 이루는 원자핵은 변하지 않는 물질의 토대가 되지만, 별의 원자핵은 쪼개지고 합쳐지며 우주를 움직이는 에너지를 만들어낸다. 어떤 원자핵의 희생으로 만들어진 에너지는 또 다른 원자핵으로 만들어진 물질들의 움직임을 추동한다. 이렇게 우주는 원자들로 이루어진 하나의 거대한 유기체와 같다.

6장

기본 입자가 빚어내는 우주의 신비

가장 작은 것은 가장 큰 것과 통한다?

"너희는 벌레다." 류츠신劉慈欣의 소설《삼체三體》에 나오는 외계 생명체가 인류에게 보낸 메시지다. 인간이 벌레로 보일 만큼 앞선 문명을 가진 외계 생명체가 존재할까? 우리는 태양계 밖의 세계에 대해 별로 아는 바가 없다. 지구에서 가장 가까운 별은 태양인데 지구로부터 불과(!) 1억 5000만 킬로미터 떨어져 있다. 빛의 속도로 가면 도착하는 데 8분 정도 걸리지만, 자동차를 타고 시속 100킬로미터로 달리면 쉬지 않고 가더라도 170년 정도 걸린다. 그다음으로 가까운 별은 알파 센타우리Alpha Centauri로 지구로부터 거리가 40조 킬로미터인데, 시속 100킬로미터의 자동차로 5000만 년, 빛의 속도로 4년 이상 걸려야 도달할 수 있다. 통신에 사용하는 전파도 빛의 속도로 이동한다. 알파 센타우리에 사는 친구와 전화 통화를 한다면 질문을 하고 답을 듣기 위해 전파가 갔다 와야 하니 최소한 8년 정도 기다려야 한다는 말이다. 열 마디 정도 주고받으면 죽음을 맞이하게 될 거다. 소설《삼체》의 외계 생명체가 바로 이 알파 센타우리에 산다. 그들이 지구를 점령하기 위해 우주 함대를 보내는데, 지구인을 벌레라고 부를 만큼 앞선 문명을 가지고 있지만 우주선이 오는 데 300년의 시간이 걸린다. 이 긴 시간 동안 지구에서 벌어지는 일이 소설의 주된 내용이다. 이처럼 별들 사이의 거리는 빛의 속도로 몇 년씩 걸리는 게 보통이다. 태양은 정말 가까이 있는 별이다.

지구에서 알파 센타우리까지 가기 위해 빛으로 4년을 가야 하는 광활한 공간은 거의 텅 비어 있다. 그나마 여기는 우리은하 내부라 다른 장소에 비해 별이 많이 존재하는 지역인데도 그렇다. 우리은하는 지름이 15만 광년*에 달하는 원반 형태로 그 중심에는 태양 질량의 400만 배 이상 되는 블랙홀이 있다고 추정된다. 이 거대한 블랙홀 주위를 1000억 개의 별들이 회전하고 있다. 이 별들 가운데 하나인 태양은 우리은하 중심에 있는 블랙홀로부터 2만 5000광년 정도 떨어져 있다. 밤하늘에 보이는 우리은하의 별들 가운데 멀리 있는 별은 수만 광년 떨어져 있는 것이니, 그 별빛은 인류의 역사가 구석기 시대였을 때 출발한 셈이다. 우리은하만 해도 그 크기와 별들 사이의 거리는 인간의 시공간 감각을 훌쩍 뛰어넘는다.

우리은하로부터 가장 가까운 다른 은하는 안드로메다은하다. 모임에서 분위기 깨는 이상한 소리를 하면 갈 수 있는 곳이기도 하다. 우리은하로부터 250만 광년 떨어져 있는데 우리은하 지름의 15배 정도 되는 거리다. 우주에는 이런 은하들이 1조 개 정도 있다고 추정된다. 은하가 우주를 구성하는 가장 큰 구조물은 아니다. 수백 개 은하가 중력으로 모여 은하단이란 집단을 이루는데 그 크기가 대략 1500만 광년,

---

* 1광년은 빛의 속도로 1년 걸려 도달할 수 있는 거리다. 10조 킬로미터 정도 된다.

우리은하 원반 주변에 위치한 구상성단 중 하나인 메시에 107

그러니까 우리은하와 안드로메다은하 사이 거리의 5~6배 정도 된다. 우주 안에는 두 은하 사이보다 10배 이상 큰, 크기가 수억 광년에 달하는 은하 필라멘트 구조도 있다. 이 정도 규모에서 우주는 은하 필라멘트로 이루어진 빽빽한 거미줄처럼 보인다.

태양계를 인간 한 명에 비유한다면, 은하는 대한민국 규모의 인구

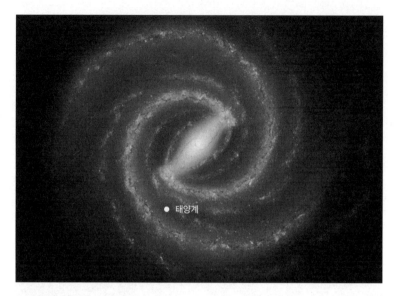

● 태양계

우리은하에서 태양계의 위치

가 모인 국가라 할 수 있고, 은하단은 지구상 국가들의 집단인 UN이라 할 수 있다. 우주는 은하단보다 10배쯤 큰 은하 필라멘트가 엉켜 만들어진 거대한 거미집과 같다. 우주의 지름은 930억 광년으로 추정되는데, 우주를 한반도 정도 크기로 축소하면 한반도는 원자핵 크기*가 된다. 아무리 생각해도 인간이 우주를 이해하기는 쉽지 않을 것 같다.

거대한 우주 대부분은 빈 공간이며 물질이 그 공간의 극히 작은 일부를 점하고 있다. 물질은 표준 모형standard model으로 기술되는 기본 입자들로 구성된다. 아직 정체를 모르는 암흑 물질도 있는데 우주에 존재하는 일반적인 물질 총량의 5배에 달하는 양을 갖는다. 물질에 관

• 원자핵의 지름은 10^{-15}미터 정도 된다. 이는 원자보다 10만 배나 작은 크기다.

한 한 우리는 아는 것보다 모르는 것이 더 많다. 세상에서 가장 큰 것과 가장 작은 것, 즉 우주와 기본 입자가 이번 장의 주제다. 이번 장에서 다루는 대상은 지금까지 다룬 그 어떤 것과도 다르다. 기본 입자와 우주 전체에 대한 이야기로부터 지구상의 물질이나 생명과의 접점을 이끌어내기는 쉽지 않다. 우리가 다루어야 하는 층위의 극단을 보여주는 데 의미가 있다고 하겠다.

시공간을 다루는 이론

코끼리에 대해 이야기한다면 코끼리의 생김새에서부터 시작해야 옳다. 우주도 생김새 이야기로 시작하면 좋겠지만 그게 쉽지 않다. 물리학자에게 우주란 존재하는 모든 것이다. 존재한다는 것이 무엇인지를 두고 여기서 철학적 논쟁을 할 생각은 없다. 적어도 관측된다면 존재하는 것이다. 관측된다는 것의 의미가 무엇인지 논쟁할 생각도 없다. 존재하는 모든 것의 모양이 무엇일까? 답하기 쉽지 않다. 그래서 과학자들은 좀 다른 방법으로 우주를 설명한다.

우주에서 모든 것은 시간과 공간 안에 존재한다. 앞으로 시간과 공간을 합쳐서 시공간이라고 부르겠다. 사실 시공간 바깥에 존재한다는 것이 무슨 뜻인지조차 알 수 없다. 시공간 자체를 설명할 수 있다면 우주를 기술하는 가장 좋은 방법이 될 것이다. 그런데 시공간이 기술 대상이 될 수 있을까? 아니, 시공간이란 무엇일까? 뉴턴은 시간과 공간을 정의하지 않았다. 그냥 자명하게 모든 사람이 알 수 있다고 생각한 것 같다. 철학자 임마누엘 칸트는 시간과 공간이란 모든 인간이 태어날 때부터 내적으로 가지고 태어나는 사고의 틀이라고 생각했다. 즉 시공간은 기술의 대상이 아니라 인간의 경험을 뛰어넘는 대상이라는 뜻이다.

시공간을 기술할 수 있는 방법을 알아낸 사람은 아인슈타인이다. 지금부터 그 유명한 상대성 이론의 기본 개념을 간단히 설명하려고 한다. 만약 조금이라도 어렵다는 느낌이 들면 이 부분을 건너뛰고 바로 팽창하는 우주 이야기로 가도 무방하다.

물리학은 뉴턴의 역학에서 시작되었다. 역학이란 물체의 운동을 기술하는 학문이다. 운동은 위치의 변화다. 뉴턴의 운동 법칙 $F = ma$ 는 시간에 따른 위치의 변화를 기술하는 미분 방정식이다. 시간과 위치는 역학의 가장 중요한 물리량이다. 사실 뉴턴의 운동 법칙은 공간이 아니라 위치만을 필요로 한다. 위치는 숫자다. 공간상에서 위치를 말하기 위해서는 기준을 정해야 한다. 좌표계의 원점을 정하고, 세 개 방향을 축으로 잡고, 길이 '1'의 크기가 얼마나 되는지 정해야 한다. 이 작업이 끝나면 비로소 특정 위치를 세 개의 좌표 (x, y, z)로 표현할 수 있다. 다시 강조하지만 물리에서 공간이 무엇인지는 중요하지 않다. 중요한 것은 위치다.

좌표계라는 것은 내가 임의로 정한 기준이다. 주위를 둘러봐도 공간에 서 있는 좌표계 따위는 보이지 않는다. 원한다면 앞에 있는 책상의 한 귀퉁이를 원점으로 잡을 수도 있고, 집에서 가까운 버스 정류장 표지판 끝을 원점으로 잡을 수도 있다. 마음대로 잡을 수 있는 좌표계 때문에 물리 법칙이 달라지는 건 곤란하다. 설사 좌표계가 움직인다고 해도 마찬가지다. 내가 보기에 내 앞의 책상은 정지해 있다. 사실이다. 하지만 태양에서 보면 책상은 자전하는 지구에 붙어서 원 운동을 하고 있다. 정지와 원 운동, 어느 것이 옳은 걸까? 둘 다 옳다. 운동 법칙은 좌표계에 상관없이 같아야 하기 때문이다. 지구 좌표계에서 볼 때 정지한 물체는 태양 좌표계에서 볼 때 원 운동을 해야 모순이 없다.

20세기 초는 전기의 시대였다. 19세기 중반 완성된 맥스웰 방정식은 알려진 모든 전자기 현상을 완벽하게 설명했다. 맥스웰 방정식이 예측한 전자기파가 실험으로 입증되고 머지않아 전파를 통한 무선 통신의 시대가 개막되었다. 에디슨은 전기 관련 제품의 특허를 찍어내고 있었고, 테슬라는 교류 모터를 발명했다. 세상은 다가올 전기 문명에 대한 기대에 한껏 부풀어 있었다. 하지만 맥스웰 방정식을 공부하던 아인슈타인은 움직이는 좌표계에서 이 방정식을 다룰 때 문제가 있음을 발견한다. 빛의 속도로 움직이는 좌표계에서 빛을 보면 빛은 정지 상태로 보인다. 하지만 맥스웰 방정식에 따르면 빛은 어떤 좌표계에서도 정지 상태로 있을 수 없다.* 맥스웰 방정식이 틀렸거나, 움직이는 좌표계를 구할 때 사용한 뉴턴 역학이 틀린 것이다.

더구나 맥스웰 방정식이 옳다면 모든 좌표계에서 빛의 속도는 같다.** 이것이 얼마나 이상한 상황인지 예를 들어 생각해보자. 무빙워크 위를 걸으면 그냥 걷는 것보다 빠르다. 하지만 내가 빛이라면 무빙워

---

* 빛은 파동이다. 파동은 공간적으로 사인파sine wave 모양을 갖는다. 빛의 속도로 움직이는 좌표계에서 빛을 보면 정지한 사인파로 보일 것이다. 하지만 맥스웰 방정식은 공간적으로 사인파 형태의 파동이 반드시 시간에 따라 변해야 한다고 말해준다. 즉 움직여야 한다는 뜻이다. 결국 맥스웰 방정식은 빛의 속도가 좌표계와 무관하게 일정하다고 말해준다.
** 엄밀하게는 '관성 좌표계'라고 해야 한다. 관성 좌표계란 일정한 속도로 움직이는 좌표계를 말한다.

크 위를 걸으나 그냥 걸으나 속도는 같다. 이런 결과를 보고 대부분 사람은 맥스웰 방정식이 잘못되었다고 생각할 것이다. 하지만 아인슈타인은 빛의 속도가 좌표계와 상관없이 같다면(맥스웰 방정식이 옳다면) 뉴턴의 운동 법칙이 바뀌어야 한다고 생각했다. 그리고 특수 상대성 이론이 탄생했다.

특수 상대성 이론에 따르면 정지 좌표계에서 측정된 시간과 움직이는 좌표계에서 측정된 시간은 같지 않다. 길이도 마찬가지다. 이래야 전자기학의 법칙이 좌표계와 상관없이 성립한다. 일상적인 속도로 움직일 때 시간과 길이는 관측자에 따라 바뀌지 않는다. 당신이 정지 상태에서 잰 피아노의 길이는 걸어가며 잰 길이와 같다. 하지만 걷는 속도가 빛의 속도에 근접하면 시간은 느려지고 길이는 짧아진다. 시간과 거리가 특수 상대성 이론이 말해주는 방식대로 바뀌어야 운동 법칙이 좌표계와 상관없이 성립된다. 사실 측정으로 얻은 시간과 거리가 시공간 그 자체다. 시공간의 본질이 무엇인지 물리학은 답할 수 없다. 물리학이 답할 수 있는 것은 측정된 시간과 측정된 거리뿐이고, 그렇다면 이것이 바로 시공간이다. 이제 우리는 시간과 거리가 변한다는 말 대신 시공간이 변형된다는 표현을 사용할 것이다.

특수 상대성 이론이 일정한 속도로 움직이는 좌표계만을 대상으로 한다면, 일반 상대성 이론은 속도가 변하는 모든 좌표계를 대상으로 한다. 이런 좌표계를 '가속 좌표계'라고 한다. 가속 좌표계에 있는 사람은 '관성력'이라는 힘을 느낀다. 엘리베이터가 올라가기 시작할 때 몸이 아래로 눌리는 느낌이 드는 것은 관성력 때문이다. 관성력은 가상의 힘이다. 아래로 누르는 실제 힘은 지구에 의한 중력뿐이다. 나

아서 에딩턴은 1919년 5월 29일 개기일식을 이용해 상대성 이론의 예측과 같이 태양 주변에서 빛이 휜다는 사실을 보였다.

의 느낌이 환상이 아니라면 중력 말고 나를 내리누르는 추가적인 힘이 존재해야 한다. 대체 이 힘의 정체는 무엇일까? 엘리베이터가 올라가기 시작한다는 말은 엘리베이터의 속도가 커진다는, 즉 변한다는 뜻이다. 속도가 변하는 것을 가속이라 한다. 엘리베이터에 탄 사람은 가속 좌표계에 올라있는 셈이다. 몸을 아래로 내리누르는 외부의 힘은 실제 존재하지 않으므로, 결국 관성력은 엘리베이터 가속의 결과로 생긴 것이다. 다시 말하지만 가속하는 계 내부에서는 관성력이라는 힘을 받게 된다.

만약 엘리베이터에 탄 사람이 엘리베이터 안에 있다는 사실을 자각하지 못한다고 해보자. 엘리베이터가 아니라 사방이 막힌 방에 갇혀 있다고 생각한다는 뜻이다. 자, 이제 엘리베이터 안에서 저울로 자신의 몸무게를 재보자. 그렇다면 그 사람은 순간적으로 몸무게가 늘었다고 착각할 수 있다. 물론 먹은 것도 없는데 갑자기 체중이 늘 수는 없으니 중력 크기가 커졌다고 생각하는 것이 더 그럴듯하다. 가속하는 엘리베이터 안에서는 중력이 커진 것처럼 보인다는 말이다. 여기서 아인슈타인은 '등가 원리principle of equivalence'를 제안한다. 엘리베이터 안에 있는 사람은 관성력과 중력을 구분할 수 없다. 나를 내리누르는 힘이 가속에서 왔다고 한들 갇힌 엘리베이터 안의 사람은 그것이 중력의 증가로 인한 것인지, 가속에 의한 것인지 구분할 수 없다. 구분할 수 없다면 이 둘은 물리적으로 같다. 물리적으로 같다는 말은 실제로 진짜

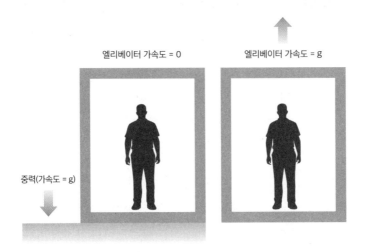

엘리베이터 가속도 = 0   엘리베이터 가속도 = g

중력(가속도 = g)

등가 원리 사고 실험. 추가 정보 없이 엘리베이터 내부에서 두 상황을 구분할 수 있을까?

같다는 말이다. 단순해 보이는 이 생각을 바탕으로 아인슈타인은 일반 상대성 이론이라는 놀라운 결론에 도달한다.

정지한 물체가 있다. 물체는 질량을 가지므로 주위에 중력이 존재한다. 등가 원리에 따라 중력은 관성력과 구분되지 않는다. 물체 주변에 있는 관측자는 자신이 중력이 아니라 관성력을 받는다고 생각해도 좋다. 관성력이 작용한다는 말은 관측자가 가속 좌표계에 있다는 말이다. 가속은 그 자체로 속도가 변한다는 말이다. 이미 이야기한 특수 상대성 이론에 따르면 움직이는 대상의 시공간에 변형이 생긴다. 즉 관측자는 자신의 속도가 변함에 따라 (특수 상대성 이론이 말해주듯이) 시공간이 점차 변형되는 것을 볼 수 있다. 이렇게 질량을 가진 물체는 주변의 시공간을 변형시킨다. 시공간의 변형은 아인슈타인 방정식으로 표현된다. 이 방정식이 어떻게 생겼는지 한번 보는 것도 나쁘지 않을 것이다.

$$G_{\mu\nu} = (8\pi G/c^4)T_{\mu\nu}$$

이 식의 왼쪽은 시공간의 변형을, 오른쪽은 물질을 기술한다.* 이처럼 물질과 시공간은 서로 긴밀히 연결되어 있다. 우주는 시공간과 물질로 구성된다. 일반 상대성 이론은 이 모두를 한꺼번에 기술하는 방법을 제공한다. 물리학이 우주 전체에 대해 말할 수 있는 준비가 된 것이다.

---

* 정확히 말하면 왼쪽의 $G_{\mu\nu}$는 아인슈타인 텐서Einstein tensor로 시공간의 곡률을 나타내며, 오른쪽의 $T_{\mu\nu}$는 스트레스-에너지 텐서stress-energy tensor로 물질의 에너지와 운동량을 나타낸다. G는 중력 상수, c는 빛의 속력이다.

팽창하는 우주

대부분의 고대 인류 문명은 우주에 대해 자신만의 이야기를 가지고 있었다. 육지가 거북의 등 위에 얹혀 있다거나, 여신의 몸뚱이가 하늘을 감싸고 있다거나, 온 세상이 물속에 잠겨 있다고도 했다. 현대 과학은 지구가 구형의 암석 덩어리에 불과하고 텅 빈 우주 공간에 떠서 비행기보다 빠른 속도로 자전하며 소리보다 빠른 속도로 태양 주위를 공전한다고 설명하지만, 솔직히 이것도 고대 우주론만큼이나 이상한 이야기다. 신화 속에서 우주는 지구의 육지와 바다를 의미했다. 고대인에게 우주는 빈 공간이라기보다 물질로 가득했던 모양이다. 더구나 시간은 그 개념이 지금과는 상당히 달랐다고 한다. 미르치아 엘리아데의 《영원회귀의 신화》에 따르면 고대인은 매년 시간이 다시 시작된다고 생각했다. 달과 태양도 주기적으로 탄생과 소멸을 반복하지 않는가. 따라서 매년 농사를 시작하거나 추수와 관련된 행사는 단순한 의식 이상의 의미가 있었다. 이는 시간을 재창조하는 행위였다.

시공간에 대해 완전히 새로운 개념을 만든 사람은 뉴턴이었다. 뉴턴 이전 과학을 대표하는 아리스토텔레스의 이론에서 시공간은 독립된 실재가 아니었다. 시간은 물질의 변화가 있을 때, 공간은 물질의 배치와 관련 있을 때만 그 의미가 있었다. 하지만 뉴턴은 물질의 변화나 배치와 상관없이 존재하는 절대적인 시간과 공간을 발명했다. 시간은 이 세상 그 무엇의 영향도 받지 않는 숫자에 불과하고, 공간은 좌표라는 무늬가 새겨진 격자다. 즉 시공간은 물질과 상관없이 존재하는 불변의 구조물이다. 뉴턴의 우주는 끝도 없이 펼쳐진 불변의 시공간 속에서 움직이는 물질 입자들로 구성된다.

일반 상대성 이론에서는 시공간의 변화가 물질과 긴밀히 얽혀 있다. 우주 전체에 적용된 일반 상대성 이론은 우주 그 자체가 팽창하고 있다고 말해준다. 이는 멀리 있는 은하들이 지구로부터 모두 멀어지고 있으며, 멀어지는 속도가 그 은하까지의 거리에 비례한다는 관측 결과로 뒷받침되었다. 이를 허블-르메트르 법칙Hubble-Lemaitre Law이라고 부른다. 그렇다면 나와 내 친구 사이의 거리도 멀어지는 걸까? 허블-르메트르 법칙을 그대로 적용해보면 내 옆 사람은 나로부터 초속 0.00000000000000001미터의 속도로 멀어진다.* 이런 속도로 1년 동안 움직여봐야 원자 하나 크기만큼 멀어진다. 30만 년 지나봐야 머리카락 굵기 정도 멀어진다는 말이다. 좀 더 큰 규모로 가더라도 물질은 중력으로 서로를 당겨서 구조를 유지한다. 우주 팽창 효과는 일상은 물론 태양계 규모의 크기에서도 무시할 수 있다. 은하 이상의 규모가 되어야 팽창의 효과가 나타난다.

사실 우리 주위의 자연 현상을 이해하는 데 일반 상대성 이론은 거의 필요 없다.** 많은 물리학자가 자신의 연구에 일반 상대성 이론을 고려하지 않는 이유다. 태양계 규모의 운동을 이해할 때에도 뉴턴의 중력이면 충분하다. 하지만 우주적 규모의 일, 즉 은하의 중심에 있는 블랙홀이라든가, 거대한 질량 때문에 빛이 휘는 중력 렌즈 등, 우주적 규모의 자연 현상을 설명하려면 일반 상대성 이론이 중요해진다. 일반

---

* 은하 후퇴 속도와 은하까지 거리는 비례한다. 그 비례 상수를 허블 상수라 하는데 대략 68km·s⁻¹·Mpc⁻¹ 정도 된다.

** GPS에 상대성 이론이 쓰이고 있다는 것은 유명한 이야기다. 하지만 솔직히 이야기해서 이것은 예외에 가깝다. 일상의 경험에서 상대성 이론이 필요한 경우는 별로 없다.

관측을 통해 우주가 팽창하
고 있음을 보인 에드윈 허블

상대성 이론은 무겁고 거대한 세계를 지배한다.

현재 우주가 팽창하고 있다는 증거는 여러 가지 추가적인 의문을 제기한다. 팽창이 계속되어 온 거라면 과거에는 우주가 한 점에 모여 있었다는 뜻이 된다. 빅뱅이다. 물론 과거에 우주가 팽창과 수축을 반복하며 복잡하게 진화했을 가능성도 있다. 우주적 규모에서 작용하는 힘은 우리가 아는 한 중력뿐이다. 중력은 물체들 사이에 서로 잡아당기는 힘이다. 이유는 알 수 없지만 빅뱅의 순간 우주는 팽창을 시작했다. 이것은 주어진 초기 조건이다. 공을 위로 던져 올린 것과 비슷하다. 처음에는 공이 위로 올라가지만 지구 중력에 의해 속도가 점점 느려져서 결국에는 낙하하기 시작한다. 어떤 이유로 우주도 팽창을 시작했다면 팽창이 점점 느려져서 결국 다시 수축하는 단순한 운동만 가능하다. 팽창과 수축을 반복하는 복잡한 변화는 그리 쉽지 않다.

던져 올린 공의 속도가 충분히 크다면 화성 탐사선처럼 지구의 중력을 벗어날 수도 있다. 우주도 빅뱅의 초기 팽창이 우주 전체 물질들 사이의 중력보다 크다면 끝없이 팽창할 수 있다. 우주의 운명을 결정하는 것은 우주에 존재하는 물질의 총질량이다. 물질의 총질량이 우주 팽창을 저지할 만큼 크다면, 우주는 미래에 결국 팽창을 멈추고 수축을 시작할 것이다. 우주의 운명은 여전히 논란거리다. 우선 우주에 존재하는 물질의 상당 부분이 우리가 무엇인지 모르는 것들로 채워져 있다. 중력을 만들어내지만 관측되지 않는 물질을 '암흑 물질'이라 한다. 보이지를 않으니 그 정체는 오리무중이다.

더 큰 문제는 우주의 팽창 속도가 점점 더 빨라지고 있다는 관측 증거다. 이에 대해서는 2011년 노벨물리학상이 주어졌으므로 적어도 사실 자체는 학계의 인정을 받았다고 볼 수 있다. 하지만 중력으로 서로 당기는 물질로 구성된 우주의 팽창 속도가 줄어들 수는 있어도 늘어날 수는 없다. 하늘로 곧장 던져 올린 물체는 점점 느려지다가 정지한 후 다시 낙하해야 한다. 던진 물체가 저절로 점점 빨라져서 지구 밖으로 쏜살같이 날아가는 일은 상상하기 힘들다. 적어도 현재의 물리학으로는 그렇다. 결국 우주가 가속 팽창하는 원인으로 가상의 존재를 가정해야 한다. 학자들은 '암흑 에너지'라고 이름 붙인 가상의 존재를 찾고 있다. 우주의 미래는 여전히 암흑이다.

우주의 팽창이 점차 느려진다면 언젠가 팽창을 멈추고 수축할 수

도 있다. 그렇다면 우주 전체가 다시 한 점으로 쪼그라들어 새로운 빅
뱅을 시작할 것이다. 이렇게 우주가 시작도 끝도 없는 팽창과 수축을
반복하는 것은 나 같은 물리학자에게 오히려 받아들이기 편한 이야기
다. 내가 자전과 공전을 반복하는 지구라는 행성에 사는 생명체라 반
복되는 우주의 역사가 편하게 다가오는 건지도 모르겠다. 하지만 우주
가 끝없이 팽창하기만 한다면, 왜 특정 순간부터 팽창을 시작했는지
설명이 필요하다. 무한히 열린 시공간이 무엇을 의미하는지 이해하기
어렵다. 이런 우주에서 존재와 인생의 의미는 무엇일까? 다음은 밀란
쿤데라의《참을 수 없는 존재의 가벼움》에 나오는 문장이다.

> 인생의 첫 번째 리허설이 인생 그 자체라면 인생에는 과연 무슨 의미가
> 있을까? … 한 번은 중요치 않다. 한 번뿐인 것은 전혀 없었던 것과 같다.
> 한 번만 산다는 것은 전혀 살지 않는다는 것과 마찬가지다.

반복된다고 의미가 생기는 것은 아니겠지만, 현재의 우주론은 우
주가 단 한 번의 빅뱅으로 생겨나 끝없이 팽창하는 단 한 번의 삶을 살
아간다고 말해준다.

빅뱅에서 기본 입자로

빅뱅의 순간, 우주 전체는 한 점에 모여 있었다. 역사상 모든 문명
을 통틀어 가장 기괴한 창조 신화일지도 모르겠다. 우주 전체를 한 점

으로 축소시키면 어마어마한 압력과 온도를 가질 거다. 지구의 내핵만 봐도 200만 기압, 5500도다. 빅뱅으로 거슬러 올라갈수록 우주의 온도는 점점 올라간다. 온도가 올라가면 무슨 일이 벌어지는가? 물의 온도가 높아지면 수증기가 된다. 온도가 더 높아지면 수증기를 이루는 물 분자가 수소와 산소 원자로 분해된다. 온도를 계속 높이면 수소 원자도 원자핵과 전자로 분해되고, 결국 원자핵도 양성자, 중성자로 분해된다. 이처럼 빅뱅의 순간으로 다가감에 따라 우리는 물질을 이루는 기본 입자를 만나게 된다.

만물은 원자로 되어 있다. 우리 주변의 모든 것 역시 원자로 되어 있다. 물질세계를 이해하려면 원자를 알아야 한다. 물론 탄소와 산소 원자를 안다고 인간을 이해할 순 없다. 원자와 인간 사이에는 거대한 간격이 있기 때문이다. 인간을 이해한다고 지구를 이해할 수 없고 지구를 이해한다고 우주를 이해할 수 없다. 세상은 규모에 따라 저마다의 규칙을 따른다. 만물의 근원인 원자는 원자핵과 전자로 되어 있다. 원자핵에 대해서는 이미 5장에서 다룬 바 있다. 원자핵은 양성자와 중성자로 되어 있고, 이들은 쿼크quarks로 구성되어 있다. 쿼크야말로 물질을 이루는 궁극의 기본 입자다.

기본 입자는 표준 모형으로 일목요연하게 정리된다. 이 이론의 놀라운 점은 지독하게 수학적이라는 점이다(대부분의 물리 이론이 수학적이다). 표준 모형을 통해 물리학자는 우주가 얼마나 수학적인지 다시 한번 깨닫는다. 표준 모형을 넘어설 이론의 후보 가운데 하나인 초끈 이론은 오직 수학에 의지하여 앞으로 나아가는 중이다. 표준 모형이 만들어지는 과정은 20세기 후반 노벨물리학상의 역사이자, 현재 살아 있

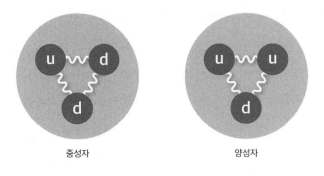

중성자　　　　　　　　　양성자

글루온이 전달하는 강한 핵력을 통해 세 개의 쿼크가 결합하여 만들어지는 핵자

는 물리학 스타들의 전설 같은 이야기다. 그래서 초끈 이론을 다루는 대부분 교양 과학책은 표준 모형을 설명할 때 역사 소개에 중점을 둔다. 여기서는 역사 없이 그 물리적 결과만 음미해보도록 하자.

우선 기본 입자는 크게 페르미온fermions과 보손bosons으로 구성된다. 페르미온은 물질을 이루고, 보손은 그들 사이의 상호 작용을 매개한다. 비유하자면 지구와 태양이 페르미온이고, 이 둘 사이에 작용하는 중력이 보손이다. 페르미온은 다시 쿼크와 렙톤leptons으로 나뉜다. 이들은 수학적인 이유로 각각 두 종류로 다시 나뉜다. 즉 쿼크의 경우 업(u)과 다운(d), 렙톤의 경우 전자(e)와 중성미자(v_e)다. 이렇게 4개의 입자가 한 세트를 이루는데 이 한 세트를 '세대generation'라고 부른다. 모두 몇 개의 세대가 있어야 하는지는 수학적으로 정해진 바가 없다. 그동안 실험적으로 3개의 세대가 발견되었다. 4개의 입자가 3세대 있으니 모두 12개의 입자다. 12개 입자의 리스트는 오른쪽의 그림을 참조하기 바란다.

보손은 4종류가 있는데, 이는 자연에 존재하는 4개의 힘 가운데

	페르미온 물질 입자			보손 힘을 전달하는 입자	
	1세대	2세대	3세대	게이지 보손	스칼라 보손
쿼크	업 쿼크 u	참 쿼크 c	톱 쿼크 t	글루온 g	힉스 입자 H
	다운 쿼크 d	스트레인지 쿼크 s	보텀 쿼크 b	광자 γ	
렙톤	전자 e	뮤온 μ	타우 τ	Z 보손 Z	
	전자 중성미자 Ve	뮤온 중성미자 Vμ	타우 중성미자 Vτ	W 보손 W	

우주를 구성하는 기본 입자들에 대한 표준 모형

3개에 대응된다. 여기서 빠진 힘 하나는 중력이다. 중력은 표준 모형으로 설명할 수 없다. 표준 모형을 넘어서는 이론이 필요한 이유다. 광자 photon(γ)는 전자기력, 글루온gluon(g)은 강한 핵력, Z보손(Z^0)과 W보손($W^\pm$)은 약한 핵력을 매개하는 입자들이다. 보손은 원래 질량이 없어야 하는데, 약한 핵력의 보손들은 질량이 있다. 이를 설명하기 위해서 도입된 또 다른 기본 입자가 힉스 입자Higgs boson다. 2012년 힉스 입자가 발견됨으로써 표준 모형이 예측하는 모든 입자의 존재가 실험적으로 입증되었다. 중력은 표준 모형으로 설명할 수 없지만 중력을 매개하는 중력자graviton라는 입자가 있을 것으로 예상하고 있다.

우주의 존재하는 모든 '것'은 표준 모형의 17개 입자와 중력자로 이루어져 있다. 예를 들어 양성자는 업 쿼크 2개와 다운 쿼크 1개, 중성자는 업 쿼크 1개와 다운 쿼크 2개로 구성되었다. 쿼크는 독립적으로 관측되지 않는다. 쿼크들은 멀어질수록 서로를 더 강하게 당기기 때문이다. 중력이나 전자기력은 거리가 멀수록 약해지는데, 강한 핵력은 그렇지 않다. 양성자는 쿼크들로 이루어져 있지만 개별 쿼크를 따로 보는 것은 불가능하다. 바나나는 과육과 껍질로 되어 있지만 상점에서 과육만 살 수 없는 거랑 비슷하다. 물리학자는 수많은 간접 증거로 쿼크의 존재를 증명했다. 예를 들어 1960년대 양성자 산란 실험에서는 양성자 내부에 점과 같은 입자들이 있어야 설명할 수 있는 결과가 나왔다. 비유로 설명하자면 칼로 케이크를 자르는데 한두 군데에서 쨍그랑 소리가 나며 칼이 들어가지 않았다면 그 내부에 단단한 것이 있다고 볼 수 있다.

표준 모형에 중력이 포함되어 있지 않다는 사실은 물리학자의 입장에서 비극이다. 중력은 역사적으로 가장 먼저 발견된 힘이다. 물리학은 뉴턴이 중력을 설명하며 탄생했다. 그 이후 발견된 모든 힘과 입자는 하나의 통합된 시각으로 이해하는 것이 가능한데 중력만 예외다. 거의 모든 중국요리를 할 줄 아는 인공지능 로봇이 짜장면을 만들 줄 모르는 것과 비슷하다고 할까. 중력은 시공간과 관련한 힘이며 우주의 거대한 규모에서만 중요성을 갖는다. 원자 규모에서 중력 효과는 무시할만한 수준이다. 표준 모형의 힘은 물질을 설명하며 원자 규모에서 중요성을 갖는다. 하지만 시공간에 대해서는 많은 설명을 해주지 못한다. 표준 모형이 중력을 포함하도록 확장되는 날, 우주의 모든 것을 명징하게 이해할 수 있으리라 기대한다.

기본 입자에서 우주까지

　우리는 지금까지 우주에 존재하는 가장 큰 규모와 가장 작은 규모의 세계를 살펴봤다. 이런 규모의 세계는 우리의 경험이 닿지 않는 영역이라 추상적인 설명 이상을 제공하기 힘들다. 가장 큰 규모의 세계를 지배하는 힘은 중력이다. 일반 상대성 이론은 중력이 시공간을 변형시킨다고 말해준다. 중력에는 시공간의 비밀이 들어 있다. 이로부터 우주의 탄생과 종말이 모습을 드러낸다. 인류가 지구를 벗어나 전 우주를 무대로 살아갈 때 이 이론이 그 진가를 발휘할 것이다. 류츠신의 소설 《삼체》에는 블랙홀이나 시공간의 곡률을 자유자재로 변형하여 이용하는 문명이 등장한다. 이렇게 하지 못하는 문명은 소설 속 우주에서 생존이 불가능하다.

　표준 모형의 내용이 인간에게 어떤 의미를 갖는지는 물리학자인 나도 답하기 어렵다. 양자역학이 탄생했을 때, 인류는 비로소 원자를 이해할 수 있게 되었다. 인간은 원자의 집합체이며 그 자신의 존재가 원자, 분자 들의 생화학 과정에 의존한다. 우리 주변에 있는 대부분의 자연 현상도 분자들 사이의 화학 반응으로 일어난다. 지구 표면에서 흙, 암석, 생명체 등을 이루는 분자들은 안정된 원자 구조를 이룬다. 이들의 결합을 깨뜨릴 수 있는 능력을 가진 것은 태양에서 온 빛 에너지다. 다행히 태양에서 온 빛의 에너지는 원자 구조를 깰 정도로 크지 않다. 우주선이라 불리는 높은 에너지 입자가 지구로 쏟아지고 있지만 지구 자기장이 이를 막아준다. 따라서 지구 표면에서 원자는 쪼개지지 않는 물질의 최소 단위로 보아도 큰 무리는 없다. 우리 주변에서 일어나는 일의 대부분은 전자가 이동하거나 원자들이 뭉쳤다가 흩어지는 것이다. 원자를 이해하면 지구에서 일어나는 세상만사를 이해하는 것이 어느 정도 가능하다는 이야기다. 따라서 원자를 이해하자 인류 문명의 모습 자체가 바뀌게 된다. 19세기에는 존재하지 않았던 컴퓨터, TV, 플라스틱, 스마트폰, 인터넷, 형광등, 합성 섬유, 항생제, 인공위성, 생명 공학 기술 등이 20세기에 나타난 것은 20세기 초 인간이 원자를 이해했기 때문이다.

표준 모형은 원자의 깊은 곳에 숨어 있는 원자핵의 세부 사항을 설명하는 이론이다. 핵에서 일어나는 일을 완전히 이해하기 위해서는 표준 모형이 반드시 필요하다. 하지만 표준 모형의 이해 자체가 인류 문명의 기술적 진보에 직접적으로 큰 영향을 준 사례는 아직 없는 듯하다. 우리 주변에서 원자력 발전을 제외하고 원자핵을 깨뜨릴만한 에너지를 쉽게 얻기는 힘들기 때문이다. 물론 표준 모형을 알아가는 과정에서 인터넷의 기원이라 할 수 있는 HTTP 통신 규약이 발명되었고, 거대 가속기를 건설하는 동안 부산물로 수많은 기술적 진보가 있었다. 하지만 쿼크나 글루온을 이용한 새로운 통신이나 에너지원이 만들어진 것은 아니다. 적어도 인류 문명이 태양계 내에 머무는 한 이런 지식이 직접적으로 인류의 편의를 위해 사용될 날이 올지는 불확실하다.

* * *

이 세상은 표준 모형으로 설명되는 기본 입자로 구성되어 있다. 쿼크들이 모여 원자핵을 만든다. 여기는 강한 핵력과 약한 핵력이 지배하는 세상이다. 원자핵이 융합하며 나오는 에너지가 별을 밝힌다. 원자핵과 전자가 전자기력으로 결합하면 원자가 된다. 원자는 전자기력의 지배를 받는 세상이다. 원자가 모여 지구와 생명체를 만든다. 이들은 별에서 빛으로 제공되는 에너지의 지배를 받는다. 별은 엄청난 질량을 가지며 수많은 별이 중력의 지배를 받는다. 우리은하는 중심에 거대한 블랙홀을 가지고 있다. 블랙홀은 일반 상대성 이론이 예견하는 기이한 물체다. 중력이 강해지면 시공간이 변형되는데, 이로부터 우주 전체의 모습을 기술하는 것이 가능하다. 우주는 빅뱅으로 시작되어 줄곧 팽창해왔다. 이처럼 물리학은 표준 모형으로부터 우주 전체까지 세상 모든 것을 정합적으로 이해하려는 인류의 거대한 노력이다.

물리학자에게 죽음이란

우주는 죽음으로 충만하고 우리는 원자로 영생한다

지금까지 다룬 물질은 모두 죽어 있는 것이다. 죽어 있다는 것을 굳이 강조하지 않았지만 죽음이라는 상태에 대해 한번 짚어보고 생명에 대한 이야기로 넘어가는 것이 좋을 것 같다. 물리학자의 눈으로 본 죽음에 대해 이야기하려면 먼저 물리학자의 눈에 비친 생명이란 무엇인가에 대해 이해해야 한다. 양자물리학을 탄생시킨 위대한 물리학자 슈뢰딩거는 1944년 생명의 신비에 관한 책《생명이란 무엇인가》를 썼다. 나와 같은 물리학자가 생명에 대한 이야기를 조심스럽게라도 할 수 있는 무대를 만들어준 책이기도 하다. 세상에 존재하는 모든 것은 원자로 이루어져 있다. 우리의 몸 또한 원자로 되어 있다. 주기율표의 상단에 자리하는 수소, 탄소, 질소, 산소는 인체를 구성하는 원소의 97퍼센트를 차지한다. 같은 종류의 원자끼리는 서로 구분할 수 없을 만큼 완전히 똑같다. 성인 한 명의 몸에는 대략 1.6×10^{26}개의 산소 원자가 있는데, 내 몸을 이루는 산소 원자와 책상, 자동차, 고양이, 강물을 이루는 산소 원자는 완전히 똑같다. 결국 같은 원자들이 모여 배열하는 방식에 따라 세상의 온갖 다양한 존재가 만들어지는 것이다.

생명을 이루는 원자는 특별하지 않다. 산소와 수소는 물을 이루는 원자고, 질소는 공기의 70퍼센트를 이루는 원자다. 사실 태양계를 구성하는 원자 중 많이 존재하는 순으로 다섯 개를 고른다면, 이 네 원자가 모두 포함된다. 즉 생명의 원자는 태양계 내에서 가장 흔한 원자들인 것이다. 남은 하나는 헬륨이다. 원래 헬륨은 생명체는커녕 주변의 물질을 이루는 데 참여하지 않으려 한다.

그렇다면 똑같이 특별할 것 없는 원자들로 이루어진 생명체는 책상이나 자동차와 어떤 점이 다른 것일까? 생명이 무엇인지 정의하는 것은 여전히 어려운 일이다. 아직까지 모든 과학자가 동의하는 정의는 없다. 다만 많은 이가 동의하는 생명의 속성은 '자기 자신을 유지하는 메커니즘'이 있어야 하며 번식을 통해 '복제'할 수 있어야 한다는 것이다. 여기에 진화를 포함하는 입장도 있으나 물리학자의 관점에서 보면 진화는 복제 과정에서 자신을 유지하는 메커니즘이 불완전하기 때문에 생기는 자연스런 귀결이기에 따로 언급할 필요는 없을 것 같다.

자신을 유지하려는 경향은 죽어 있다고 생각되는 자연에서도 발견된다. 태풍은 나선형의 형태로 며칠 동안 자신을 유지하며 바다를 가로질러 진행한다. 태풍이 형태를 유지하기 위해서는 주변에서 에너지가 공급되어야 하는데, 에너지의 공급과 소산이 균형을 이루는 상태에서 안정된 형태로 존재할 수 있다. 이는 비평형 물리학으로 설명 가능하다. 어찌 보면 생명체 같기도 하다. 하지만 태풍은 자신을 복제하지 않는다. 결정 구조를 갖는 고체는 자신을 복제하듯이 성장해간다. 작은 핵에서 시작하여 거대한 결정이 되는 과정은 복제의 전형적인 예다. 하지만 이 구조물은 자신을 유지하려는 경향이 없다. 물리학자가 보기에 유지와 복제, 이 둘의 결합이 생명이다.

그렇다면 죽음은 어떨까? 죽음은 정의할 필요 없다. 원자의 집단이 갖는 자연스런 상태가 죽음이기 때문이다. 흙, 돌, 바다, 공기, 지구, 달, 행성, 태양, 은하 등은 모두 죽어 있다. 아니, 살아 있는 특별한 상태에 있지 않다. 즉 유지와 복제의 특성을 갖지 않는다. 물질이 존재하는 자연스런 모습 그 자체를 우리가 죽어 있다는 특별한 용어로 부르는 것이다. 죽음은 생명의 반대말로 정의되지 않는다. 생명이야말로 그 자체로 특별한 상태다.

사실 광활한 우주는 먼지 하나 없는 빈 공간으로 가득하다. 태양계에서 가장 가까운 별은 '프록시마 센타우리Proxima Centauri'다. 초속 15킬로미터로 날아가는 총알보다 10배 빠른 속도의 보이저 2호가 프록시마 센타우리에 도착하는 데 2만 년이 걸린다(보이저 2호가 태양계의 마지막 행성인 해왕성까지 가는 데에는 고작 12년이 걸렸다). 태양계와 프록시마 센타우리계 사이의 광활한 공간에는 아무것도 없다. 생명은커녕 물질 자체가 거의 없는 텅 빈 공간이다. 그나마 여기는 은하에 속하는 영역이라 물질이 조금이나마 있는 지역이다.

생명은 우주에서 가장 흔한 원자로 되어 있지만, 우주는 죽음으로 충만하다. 생명은 지구에만 존재하는 특별한 것이니(지금까지는 지구 밖에서 생명이 발견되지 않았다) 우주 전체를 통해 보면 죽음이 자연스러운 것이고 생명이야말로 부자연스러운 것인지도 모른다. 죽음으로 충만한 우주에 홀연히 출현한 생명이라는 특별한 상태. 어쩌면 우리는 죽음이라는 자연스러운 상태에서 잠시 생명이라는 불안정한 상태에 머무는 것인지도 모른다. 그렇다면 죽음은 이상한 사건이 아니라 생명의 자연스

자크루이 다비드의 〈마라의 죽음〉(1793)

러운 귀결이다. 생명이 부자연스러운 상태이기 때문에 우리의 삶이 고
통으로 가득한 것은 아닐까? 물리학자의 눈으로 죽음을 바라보면 생명
은 더없이 경이롭고 삶은 더욱 소중하다. 이 기적 같은 찰나의 시간을

원하지 않는 일을 하며 낭비하거나 남을 미워하며 보내고 싶지 않다.

죽음이 우주에서 자연스러운 상태라는 이야기는 막상 사랑하는 이의 죽음을 마주한 사람에게 큰 도움이 되지 못한다. 생명이 없는 우주에서는 생명이 놀라운 일일지라도, 이미 생명을 가진 존재에게 생명은 당연한 것이라 죽음은 인간에게 속수무책의 재앙일 뿐이다. 하지만 누군가는 물리학적인 죽음에서 소소한 위로를 얻을 수도 있지 않을까? 죽음은 피할 수 없지만, 죽음으로 모든 것이 소멸된다는 생각에서 벗어날 수는 있다. 죽음 이후에도 우리는 무언가를 남기고 또 무엇이 된다.

먼저 우리에게는 남길 수 있는 것들이 있다. 자녀를 낳는 것은 적어도 나의 유전자 절반을 남기는 일이다. 기록이나 이름을 남길 수도 있다. 고대 로마에서 엘리트가 받을 수 있는 최악의 형벌은 '기록 말살형'이었다. 죄인이 남긴 모든 흔적을 말살하는 것인데 사형보다 심한 형벌로 간주되었다. 또한 죽음 이후에도 원자는 남는다. 죽음이란 원자의 소멸이 아니라 원자의 재배열이다. 내가 죽어도 내 몸을 이루는 원자들은 흩어져 다른 것의 일부가 된다. "인간은 흙에서 와서 흙으로 돌아간다"라는 말은 아름다운 은유가 아니라 과학적 사실이다. 이렇게 우리는 원자를 통해 영원히 존재한다.

최초의 원자는 빅뱅으로 탄생했다. 원자가 모여 핵융합을 일으키면 별이 되어 산소와 같은 무거운 원자들이 생성된다. 수십억 년이 지나 수명이 다한 별은 폭발로 생을 마감하고 우주 공간에 산소를 흩뿌린다. 우주 공간을 방황하던 산소는 태양이 탄생할 때 주위를 떠돌다 지구라는 행성의 일부가 된다. 산화철에서 물로, 물에서 이산화탄소로 옮겨 다니던 산소는 공룡이라는 생물이 된다. 공룡이 죽자 땅으로 돌아간 산소는 나무가 되고 토끼가 되고 강물이 되었다가 건물이 되기도 하고, 지금의 내가 되기도 한다. 나 역시 죽으면 흙이 되고 나무가 되어 어떤 책의 일부가 될 수도 있다. 죽음 이후에도 우리는 무엇인가가 된다.

3

생명,
우주에서 피어난
경이로운 우연

7장

생물은 화학 기계다

물리학자의 눈으로 본 생명의 화학

세상에는 두 종류의 물질이 있다. 생물과 무생물이다. 무생물에 대해서는 지금까지 자세히 살펴봤다. 우주에서 가장 많고 중요한 무생물은 별이다. 별은 주로 수소와 헬륨으로 되어 있다. 지구와 같은 무생물은 산화규소와 금속 산화물로 되어 있다. 별과 행성은 겉보기에 거대하지만 의외로 단순하다. 우주를 가득 채우고 있는 무생물에 비하면 생물은 그 양에 있어 보잘것없다. 우리가 아는 한 생물은 지구에만 존재한다. 우주 전체로 보면 무시할만한 존재다. 하지만 생물은 그 복잡함에 있어서 상상을 초월한다. 이 글을 쓰는 것도 지구상 생물의 하나인 호모 사피엔스다. 따라서 우주의 시각에서 별로 중요하지 않은 생물에 대해 앞으로 네 장에 걸쳐 자세히 이야기해보려고 한다.

생물도 원자로 되어 있다. 생물을 이루는 원자라고 해서 뭔가 특별한 생명의 기운 따위를 가진 것은 아니다. 우리 몸을 이루는 탄소와 지구 온난화를 일으키는 이산화탄소의 탄소는 완벽하게 똑같다. 헤모글로빈의 산소와 우리 주위를 날아다니는 산소도 완벽하게 똑같다. 헤모글로빈은 적혈구를 이루는 단백질이다. 헤모글로빈의 철 원자가 산소와 결합하여 붉은색을 띠기 때문에 피가 붉다. 철이 녹슨 거라 보면 된다. 생물과 무생물을 이루는 원자가 똑같다는 사실은 대단히 중요하다. 아니, 반드시 그래야 한다. 적혈구의 산소는 주위 공기에서 호흡을 통해 몸 안으로 들어온 것이기 때문이다. 마찬가지로 우리가 내뱉는 이산화탄소는 몸속에서 일어나는 각종 화학 반응의 부산물이다.

우리 몸을 구성하는 원자와 공기 중을 떠도는 원자가 같은 것이라면, 대체 우리 몸의 원자는 왜 공기 중의 원자와 달리 이상하게 행동하는 걸까? '이상하게'라고 썼지만 정확히 설명하기는 힘들다. 죽은 물질을 이루던 원자들이 어떻게 생명의 물질로 바뀌는 걸까? 결국 '생명이란 무엇인가'라는 질문이다. 물리학자인 내가 이 질문에 답하기는 쉽지 않다. 하지만 생명도 원자의 모임이니 할 말이 있기는 할 거다. 자, 물리학자의 시각으로 원자에서 생명으로 가는 길을 탐색해보기로 하자.

생명의 에너지

모든 생명이 갖는 명백한 특성이 하나 있다. 바로 자신의 형태를 유지한다는 것이다. 물리적으로 이것은 놀라운 일이다. 열역학 제2법칙에 따르면 엔트로피는 증가한다. 점점 무질서해진다는 말이다. 이것은 유지에 역행하는 경향이다. 엔트로피 증가를 거슬러 형태를 유지하려면 에너지가 필요하다. 집이 엉망진창이 되는 걸 막기 위해 매일같이 (에너지를 써가며) 정리하고 청소해야 하는 이유다. 생명을 볼 때 물리학자의 첫 번째 관심사는 바로 자신을 유지하고 보존하는 데 필요한 '에너지'다.

자크 모노Jacques Monod(1965년 노벨생리의학상 수상)는 그의 책《우연과 필연Chance and Necessity》에서 이렇게 말한 바 있다.

진화는 결코 생명체의 고유한 속성이 아니다. 오히려 보존의 메커니즘이 야말로 생명체만이 특권적으로 유일하게 가진 독특한 본성이며, 진화란 이러한 보존 메커니즘의 불완전성으로 인해 일어나는 것이기 때문이다.

진화를 하려고 해도 우선 자기를 유지하는 능력이 필요하다. 유지는 어려운 일이다. 생명체의 몸을 이루고 있는 수많은 분자는 열역학 제2법칙에 따라 뒤죽박죽으로 흩어지려 하기 때문이다. 결국 영원불멸의 유지는 불가능하다. 생명이 죽고 멸종하는 이유다. 그렇다면 다른 전략을 세워야 한다. 바로 복제본을 만들어두는 것이다. 자기 보존의 목표가 한 단계 업그레이드 된 것이 복제다. 복제 과정에서 생기는 오류와 자연선택은 필연적으로 진화라는 다음 단계의 결과물을 낳는다. 따라서 나 역시 진화보다 보존이, 유전자보다 에너지가 더 중요하다고 생각한다.

지구상의 생명체는 크게 두 가지 방법으로 에너지를 얻는다. 광합성과 호흡이다. 식물은 광합성을 하고 동물은 호흡을 한다. 호흡이라고 하면 숨 쉬는 것을 생각하기 쉬운데, 여기서 말하는 호흡은 '세포 호흡'이다. 세포 하나하나가 하는 호흡이라는 말이다. 참고로 사람 몸에는 수십조 개의 세포가 있다. 세포 호흡이 일어나는 정확한 장소는 세포 내 소기관의 하나인 '미토콘드리아'다. 광합성은 식물 세포의 '엽록체'에서 일어난다. 예상할 수 있겠지만 이 두 소기관에서 일어나는 화학 반응은 유사하다. 교양 과학책에 수식을 하나씩 쓸 때마다 판매량이 20퍼센트씩 떨어진다는 이야기가 있는데 화학식도 별반 다르지 않을 거란 생각이다. 하지만 생명이 살아가는 데 필요한 에너지를 얻는 화학식이니 판매량 20퍼센트 감소를 감수하고라도 써보겠다.

$$C_6H_{12}O_6 + 6O_2 \longleftrightarrow 6CO_2 + 6H_2O + 에너지$$

$C_6H_{12}O_6$은 포도당의 화학식이다. 포도당이 산소(O_2)와 결합하여 이산화탄소(CO_2)와 물(H_2O)이 되며 에너지를 내놓는다는 뜻이다. 이 반응이 오른쪽으로 진행되면 호흡이고 왼쪽으로 진행되면 광합성이다. 동물은 음식에서 얻어진 포도당과 산소를 결합시켜 에너지를 얻고 부산물로 이산화탄소와 물을 내놓는다. 그래서 우리는 산소를 들이마시고 이산화탄소를 내뱉는다. 식물은 공기 중의 이산화탄소로부터 포도당을 만들고 부산물로 산소를 내놓는다. 이때 빛 에너지를 이용한다. 그래서 '광光'합성이다.

지금으로부터 약 35억 년 전, 그러니까 지구상 생명이 탄생한 지 몇억 년 지나지 않아 시아노박테리아가 광합성을 시작했다. 산소는 광합성의 쓰레기다. 시아노박테리아는 수십억 년 동안 정말 열심히 일을 했고, 그 결과 지구는 산소로 가득한 행성이 되었다. 산소 호흡하는 생물들에게는 천국이 구현된 것이지만 산소를 이용하지 못하는 생물에게는 재앙이었을 것이다. 산소는 반응성이 강한 원자다. 만약 외계인이 지구를 방문한다면 유독 가스로 가득한 위험하기 그지없는 행성이라 생각할지 모른다. 물리학자의 눈에 광합성이란 물을 분해시키는 것

포도당
+
산소

엽록체　　　　　　미토콘드리아

ATP
+
열 에너지

빛 에너지　　　광합성　　　　　호흡

이산화탄소
+
물

광합성과 세포 호흡의 관계

이다. 반응성 강한 산소에 찰떡같이 들러붙은 수소를 떼어내는 것이다. 여기에는 빛이라는 에너지가 필요하다.

> 호흡은 탄소와 수소가 천천히 연소되는 현상으로 등불이나 촛불이 타는 것과 모든 면에서 흡사하다. 이와 같은 관점에서 숨을 쉬고 있는 동물은 살아 있는 연소체다.

1790년 앙투안 라부아지에가 프랑스 왕립 아카데미에 보낸 논문에 나오는 글이다. 숨을 쉰다는 것은 살아 있다는 증거다. 성경에도 신이 아담에게 숨을 불어넣었다고 하지 않았는가. 호흡은 신성한 것이다. 호흡은 생명 그 자체다. 그런데 호흡이 연소 현상에 불과하다고? 당시 시인들이 라부아지에의 이론에 크게 반발한 것은 이해할만하다. 라부아지에가 이야기한 연소 현상이 허파가 아니라 모든 세포에서 일어난다는 사실은 1870년이 되어서야 밝혀진다. 그렇다면 세포 내부 정확히 어디에서 호흡이 일어날까? 이 질문에 대한 답은 1949년에야 얻어진다. 바로 미토콘드리아다.

산화-환원의 물리

　나 같은 물리학자가 호흡에서 가장 궁금한 것은 이런 질문이다. 포도당과 산소가 결합하면 왜 에너지가 나올까? 화학 교과서를 보면 간단한 답이 나온다. 산화-환원 반응이자 발열 반응이라서 그렇다. 산화-환원이란 한 원자에서 다른 원자로 전자가 이동하는 현상을 말한다. 호흡의 경우 포도당의 탄소는 산소와 결합하여 이산화탄소가 될 때 전자를 잃는다. 전자라면 환장하는 산소가 탄소의 전자를 가져가기 때문인데, 이렇게 탄소는 산화된다. 산소는 수소와 결합하여 물이 되며 전자를 끌어간다. 이렇게 산소는 환원된다. 그렇다면 전자가 이동하면 왜 에너지가 나올까?

　포도당은 탄소가 육각형의 고리 모양을 이루고 있다. 복잡해 보이지만 기본적으로 각 탄소(C) 하나에 수소(H)와 수산기(-OH)가 하나씩 달려 있는 구조다. 결국 탄소와 수소(C-H), 탄소와 산소(C-O) 사이의 결합이 핵심 구조다. 이들은 모두 공유결합이다. 우선 포도당의 탄소와 수소를 생각해보자. 이들이 공유결합 할 때, 전자가 탄소와 수소 양쪽에 동시에 존재하게 된다(이를 양자 중첩superposition이라 부른다). 전자가 두 장소에 동시에 존재한다는 것은 두 장소가 하나처럼 되었다는 뜻이다. 이렇게 탄소와 수소는 하나가 된다. 보다 정확히 이야기하면 전자 하나가 아니라 전자 두 개가 이렇게 행동하는데, 이를 전자쌍이라 부른다.[*] 이 두 개의 전자는 각각 탄소와 수소에서 온 것이다. 이산화탄소

---

[*]　전자쌍을 이루는 두 전자의 스핀은 각각 업up(↑)과 다운down(↓)이다.

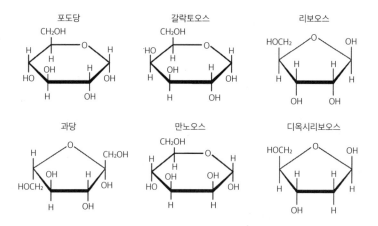

포도당을 포함한 대표적인 단당류의 구조

의 경우는 탄소와 산소 사이의 공유결합이다. 포도당이 이산화탄소가
될 때 탄소와 수소 사이의 결합이 모두 사라지고 탄소와 산소의 결합
만 남는다. 이제 질문은 이거다. C-H가 C-O로 바뀌면 왜 에너지가 나
올까?* 산소라는 반응성 강한 원자에 단서가 있다.

양자역학에 따르면 산소는 전자를 좋아한다(사실 지구상에서 일어나는
많은 중요한 일의 원인을 추적해보면 대개 산소가 범인이다). 다른 원자에 비해 전
자를 강하게 당겨서 전자가 원자핵에 가까이 있게 된다. 전자기학에
따르면 양전하(원자핵)와 음전하(전자)는 가까이 있을수록 에너지가 낮
다. 서로 당기기 때문인데 중력을 생각하면 이해하기 쉽다. 하늘에 떠
있는 인공위성보다 지면에 있는 인간의 에너지가 낮다. 인간이 인공위

---

* 논의를 단순화하기 위해 산소와 물은 고려하지 않았다. 하지만 산소와 산소 사이의 결합이 산소
와 수소의 결합으로 바뀌는 것을 빼고는 이하의 동일한 설명으로 이해된다.

성보다 지구 중심에 더 가깝기 때문이다. 당신이 인공위성의 위치에 도달하려면 에너지가 필요하다. 인공위성을 그 위치에 올려놓기 위해 로켓에 실어 엄청난 에너지를 소모하며 날려 보내는 이유다.

호흡에서 일어나는 일은 간단하다. 탄소 주위에 있던 수소를 싹 걷어내서 (전자라면 환장하는) 산소 원자에게 던져주는 것이다. 수소의 전자를 산소가 차지하면 전기력에 의해 에너지가 낮아진다. 산소가 전자를 가까이 끌어당겼기 때문이다. 또 탄소 주위에 산소가 하나(포도당)에서 둘(이산화탄소)로 늘어나는데, 역시나 산소가 탄소의 전자쌍을 빼앗아 에너지가 낮아진다. 결국 산소가 전보다 전자를 더 가까이 가져가서, 즉 전자가 원자핵에 더 가까이 낙하하면서 에너지가 낮아진 것이다. 에너지 보존 법칙에 따르면 에너지는 사라지지 않고 형태만 바뀔 뿐이다. 포도당과 산소가 반응하여 물과 이산화탄소가 되면서 처음보다 에너지가 낮아졌으니 처음과 나중의 차이에 해당하는 남는 에너지가 존재한다. 바로 이 남는 에너지를 이용하여 동물은 생존한다.

당이 당겨!

포도당은 생명의 에너지원이다. 그래서 단맛이 난다. 달고 맛있어야 우리가 먹으려고 환장할 테니까. 아니, 진실은 그 반대일 거다. 포도당을 많이 먹어야 생존에 유리하니까 포도당을 먹으면 행복하도록 미각이 진화한 것이다. 포도당은 탄소 뼈대에 수소(H)와 수산기(-OH)가 붙은 것에 불과하다. 포도당은 '당糖'의 일종이다. 뼈대를 이루는 탄소가

5개면 오탄당, 6개면 육탄당이라 한다. 오탄당으로 리보오스가 있는데 RNA의 구성 요소다. 유전 물질이라는 뜻이다. 앞에서 줄곧 이야기한 포도당이 육탄당의 예다. 오탄당은 오각형, 육탄당은 육각형 구조를 이룬다. 육각형의 포도당 2개가 결합하면 엿당이 되고, 육각형 포도당과 오각형 과당이 결합하면 설탕이 된다. 당은 대개 단맛을 낸다.

당이 워낙 중요하다 보니 생물은 당을 저장해두고 필요할 때 꺼내어 쓴다. 식물은 녹말, 동물은 글리코겐으로 당을 저장한다. 녹말은 육각형의 포도당이 목걸이처럼 줄줄이 연결된 아밀로오스라는 분자들의 모임이다. 녹말을 먹으면 단맛이 나는데, 입에서 나오는 침 속의 효소가 아밀로오스 분자를 포도당으로 분해하기 때문이다. 아밀로오스를 분해하는 이 효소를 아밀레이스라고 부른다. 참으로 적절한 이름이다. 인간과 같은 척추동물은 여분의 포도당을 간과 근육 세포에 글리코겐의 형태로 저장한다. 연료가 없으면 자동차는 움직이지 못한다. 우리 몸의 세포들이 동작하는 데 필요한 연료는 포도당이므로, 혈액에는 항상 일정량의 포도당이 유지되어야 한다. 포도당이 많으면 글리코겐으

단당류가 합쳐져 형성된 이당류

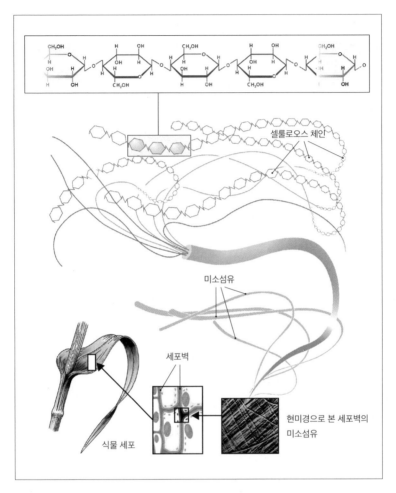

셀룰로오스의 구조

로 저장하고 적으면 글리코겐을 분해한다. 혈액의 당이 너무 많거나(고혈당) 너무 적으면(저혈당) 위험하다. 고혈당의 경우 오줌에도 포도당이 섞여 나오게 되는데 이를 당뇨병이라 한다. 포도당을 글리코겐으로 변화시키는 인슐린이라는 호르몬이 부족해서 생기는 병이다.

식물은 당을 다른 용도로도 사용한다. 포도당을 일렬로 연결할 때 두 가지 방법이 가능하다. 예를 들어 설명하자면 사람을 일렬횡대로 세울 때 모두 한 방향을 볼 수도 있지만 번갈아가며 앞뒤를 보게 할 수도 있다. 녹말은 포도당이 모두 한 방향을 보며 연결된 것과 비슷하다. 포도당이 앞뒤로 번갈아 연결되면 '셀룰로오스'라는 물질이 된다. 셀룰로오스는 마치 마트에서 파는 빽빽한 국수 다발처럼 뭉쳐서 미세한 실 같은 섬유가 된다. 식물 세포는 세포벽이라는 단단한 껍질이 있는데 바로 이것이 셀룰로오스다. 의외로 질기고 단단하기 때문에 인간은 오래전부터 이것을 종이나 면섬유를 만드는 데 이용해왔다. 잠깐만! 셀룰로오스도 포도당의 집합체라면 음식으로 써도 되지 않을까? 우리 모두 알고 있지만 인간은 종이를 소화시킬 수 없다. 아니, 아무리 배가 고파도 길가의 풀을 뜯어먹으면 안 된다. 왜냐하면 아밀레이스는 녹말은 분해시킬 수 있어도 셀룰로오스는 분해시킬 수 없기 때문이다. 셀룰로오스 분해 효소를 가진 동물로 흰개미와 소 등이 있다. 인간은 셀룰로오스를 분해시킬 수 없기 때문에 소화관을 지나 그냥 변으로 나온다. 이 과정에서 셀룰로오스가 소화관 벽을 자극, 점액 분비를 촉진시키고 이 때문에 변이 잘 나오도록 돕는다. 하지만 분자 수준에서 녹말이나 셀룰로오스는 모두 포도당의 집합체이며, 원자 수준에서 탄소, 산소, 수소의 모임일 뿐이다.

에너지 장벽을 넘는 법

호흡에서 얻는 에너지만 알고 싶다면 반응물(포도당과 산소)의 에너지 총합과 생성물(물과 이산화탄소)의 에너지 총합만 알면 충분하다. 2억 원짜리 집을 팔고 1억 8000만 원짜리 집을 샀다면 내 주머니에는 2000만 원이 있어야 할 것이다. 하지만 2억 짜리 집과 1억 8천만 원짜리 집이 존재한다고 해서 바로 내 주머니에 2000만 원이 생기는 것은 아니다. 집을 부동산에 내놓고 집을 보러 다니고 계약을 하는 등의 일을 해야 돈을 받을 수 있다. 운이 좋으면 며칠 만에 거래가 이루어지겠지만 몇 년을 기다려야 할 수도 있다. 화학 반응도 마찬가지다. 에너지가 낮아진다고 바로 반응이 일어나는 것은 아니다. 어려운 말로 '에너지 장벽'이 있기 때문이다.

포도당 주위의 수소를 싹 걷어내고 산소로 바꾸면 에너지가 낮아진다. 이것이 호흡의 핵심이라고 했다. 하지만 이는 에너지를 따져봤을 때 결과적으로 그렇다는 것이다. 포도당에서 당장 수소를 하나 떼어내려 해도 에너지가 필요(!)하다. 그렇지 않다면 포도당은 그냥 놔둬도 스스로 부서질 것이다. 다시 말해 분자들이 스스로 알아서 낮은 에너지 상태로 갈 수 있다면, 당신은 지금 바로 산산이 부서질 것이다. 당연히 이런 일은 일어나지 않는다. 더 낮은 에너지 상태가 되기 위해서는 일시적으로 높은 에너지 상태가 되어야 한다. 야구 관중석에서 운동장으로 내려가려면 펜스를 넘어야 하는 것과 비슷하다. '펜스'가 바로 에너지 장벽이다. 함부로 펜스를 넘으면 경찰이 출동할 수 있으니 주의를 요한다.

에너지 장벽 넘기를 도와주는 물질이 있는데 이들을 '촉매'라고 부른다. 촉매는 화학 반응식에 나타나지 않는다. 왜냐하면 이들은 장벽 넘기만 도와줄 뿐 자신에게는 아무런 변화가 일어나지 않기 때문이다.

생명체 내에 있는 촉매를 '효소'라 부르는데, 대개 단백질로 되어 있다. 포도당이 이산화탄소와 물로 되기까지 수많은 효소가 필요하다. 사실 이 과정은 너무 복잡하여 처음 봤을 때 대체 왜 이따위로 되어 있는지 의아했던 기억이 난다. 뭐 진화의 산물이라고 하면 그만이기는 하다. 이 과정이 유일한 방법은 아니겠지만 진화의 산물이라면 최적일 가능성이 크다.[*]

호흡의 과정이 복잡한 것은 에너지 효율을 최대로 높이기 위해서일 거다. 에너지가 낮아질 때 그 에너지 차를 모두 이용하는 것은 쉬운 일이 아니다. 자동차 같은 내연 기관의 경우 휘발유를 연소시켜 에너지를 만든다. 휘발유의 성분은 다소 복잡하지만 포도당과 마찬가지로 결국 탄소와 수소의 화합물이다. 자동차가 굴러가는 것은 이들이 산소와 결합하여 물과 이산화탄소가 되면서 만들어지는 에너지 차를 이용하는 거다. 세포 호흡이나 내연 기관 모두 동일한 원리로 작동한다. 자동차의 에너지 효율은 25~30퍼센트 정도지만[**] 세포 호흡은 40퍼센트 정도 된다.

열역학에 따르면 효율을 높이려면 비가역 반응[***] 구간을 줄여야 한다. 비가역 반응은 대개 급작스런 변화가 있을 때 생긴다. 열역학에서 최대 효율을 가진 열기관을 '카르노 기관Carnot engine'이라고 하는

---

[*] 호흡이 갖는 특별한 화학 반응 과정으로부터 최초의 생명에 대한 단서를 찾을 수도 있다. 이런 이야기에 흥미가 있는 사람은 닉 레인의 《바이털 퀘스천》을 보시라.
[**] 디젤 엔진의 경우 40퍼센트 정도까지 나오기도 한다.
[***] 어떤 화학 반응을 시간 역방향으로 진행했을 때 원래 상태로 돌아오지 않는 반응을 말한다. 이 경우 대개 역방향 진행은 불가능하다. 나무를 태워 재가 되는 연소 반응이 그 예다. 재로부터 나무를 만들어내는 역반응은 불가능하다.

데, 이것은 무한히 천천히 움직인다. 그래서 모든 과정이 가역적으로 일어난다. 이런 기관이 무슨 쓸모냐고? 이것은 쓸모보다 자연 법칙이 허용하는 최대 효율을 알려준다는 데 의미가 있다. 자연 법칙은 100퍼센트 효율의 에너지 이용을 허용하지 않는다.* 아무튼 호흡의 과정은 엄청나게 세분화된 자잘한 (그래서 복잡한) 연쇄 반응을 통해 포도당에 들어 있는 에너지를 높은 효율로 뽑아낸다.

당을 해체하라

생물학 교과서를 보면 호흡의 화학 반응을 일일이 구체적으로 설명하는 데에 엄청난 분량을 할애한다. 호흡의 도입부라 할 수 있는 해당解糖, glycolysis 과정만 봐도 10단계**의 반응을 거쳐야 한다. 수험생이라면 모든 과정을 속속들이 외워야 할 거다. 하지만 나 같은 물리학자는 그럴 마음이 추호도 없다. 솔직히 그럴 능력이 없다. 호흡은 크게 해당 과정, 시트르산 회로, 산화적 인산화의 세 부분으로 되어 있다. 호흡을 통해 포도당 분자 1개에서 얻는 에너지는 다음과 같다. 해당 과정에서 ATP*** 2개, 시트르산 회로에서 2개, 산화적 인산화에서 26개 또는 28개. 에너지의 대부분이 마지막 단계에서 얻어진다는 것을 알 수 있다.

---

* 내연 기관의 이론적 최대 효율이 얼마인지는 정확히 알 수 없지만, 많은 이들이 60퍼센트를 넘지 않을 것이라 생각한다.
** 캠벨의 《생명 과학》에서는 10단계로 되어 있지만 관여하는 효소가 12종류라 책에 따라 12단계라고도 한다.
*** 아데노신 삼인산adenosine triphosphate의 약자로 생명체의 에너지원이 되는 분자다.

생명의 에너지원 ATP와 ADP의 순환

    ATP는 생명 에너지의 화폐다. ATP가 ADP로 변환되며 에너지가 방출되는데 이것으로 생명이 필요로 하는 대부분의 에너지를 제공한다. ATP의 T는 tri, 즉 3을 의미하고, ADP의 D는 di, 즉 2를 의미한다. ATP가 ADP가 될 때 3개의 P가 2개의 P가 된다는 뜻이다. P는 '인산'을 나타내는데, 인산은 음전하를 띠고 있다. ATP에는 서로 밀어내는 음전하를 띤 인산기가 줄줄이 달려 있는 셈이라 에너지가 높은 상태다. 인산 하나가 떨어져 나가면 에너지가 낮아지므로 그 차이를 필요한 곳에 에너지로 사용하는 것이다. 광합성과 호흡은 낮은 에너지 상태의 ADP에 인산을 억지로 붙여서 높은 에너지 상태의 ATP로 바꾼다. ATP라는 화폐가 충분해야 생명의 화학 반응을 맘껏 수행할 수 있기 때문이다.

    우선 해당 과정부터 살펴보자. 말 그대로 당을 분해하는 과정이다. 하나의 포도당이 10단계의 기나긴 화학 반응을 거쳐 2개의 피루브산

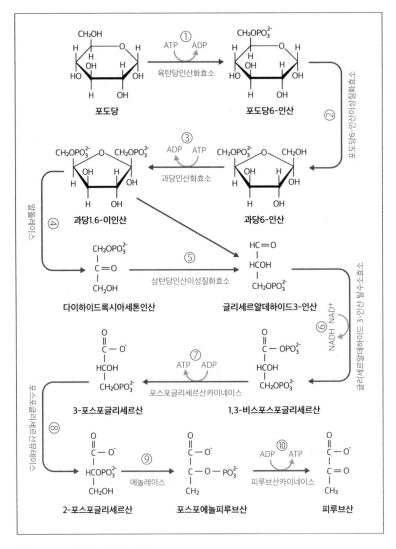

CH₂OH 포도당에서 시작하여 ...

CH_2OH — ① ATP ADP — $CH_2OPO_3^{2-}$

육탄당인산화효소

포도당 → 포도당6-인산

② 포도당6-인산이성질화효소

$CH_2OPO_3^{2-}$ O $CH_2OPO_3^{2-}$ — ③ ADP ATP — $CH_2OPO_3^{2-}$ O CH_2OH

과당인산화효소

과당1.6-이인산 ← 과당6-인산

④ 알돌라아제

$CH_2OPO_3^{2-}$
$C=O$
CH_2OH

⑤ 삼탄당인산이성질화효소 →

$HC=O$
$HCOH$
$CH_2OPO_3^{2-}$

다이하이드록시아세톤인산 / 글리세르알데하이드3-인산

⑥ NADH NAD⁺ 글리세르알데하이드 3-인산 탈수소효소

$C-O^-$
$HCOH$
$CH_2OPO_3^{2-}$

⑦ ATP ADP
포스포글리세르산카이네이스

$C-OPO_3$
$HCOH$
$CH_2OPO_3^{2-}$

3-포스포글리세르산 / 1,3-비스포스포글리세르산

⑧ 포스포글리세르산뮤테이스

$C-O^-$
$HCOPO_3^{2-}$
CH_2OH

⑨ 에놀레이스 →

$C-O^-$
$C-O-PO_3^{2-}$
CH_2

⑩ ADP ATP
피루브산카이네이스

$C-O^-$
$C=O$
CH_3

2-포스포글리세르산 / 포스포에놀피루브산 / 피루브산

세포 내부에서 진행되는 해당 과정

으로 나뉜다. 포도당에 탄소가 6개 있었으니 피루브산에는 탄소가 그 절반에 해당하는 3개 있다(그래서 포도당은 육탄당, 피루브산은 삼탄당이라 한

다). 해당은 생명의 에너지를 만드는 중요한 과정이라 그냥 지나치기 아쉬우니 조금만 자세히 들여다보자. 포도당에 육탄당인산화효소가 작용하면 포도당6-인산으로 변한다. 여기에 포도당6-인산이성질화효소가 작용하면 포도당6-인산이 과당6-인산으로 바뀐다. 여기에 과당인산화효소가 작용하면…. 이쯤에서 끝내도 별로 아쉽지 않을 거라고 생각한다. 꼬리에 꼬리를 물고 복잡하게 이어지는 화학 반응을 보며 물리학자가 생각하는 질문은 이거다. 이런 연쇄적인 화학 반응은 어떻게 제어되는 걸까? 누군가 "자, 이제 포도당6-인산이성질화효소를 넣어라"라고 지시하고 있을 리는 없지 않은가?

세포 안에는 해당 과정에서 사용되는 효소들이 이미 모두 존재한다. 물론 이들은 공간적으로 여기저기 분포하고 있다. 공간이라고 해봐야 0.01~0.1밀리미터 정도의 크기다. 효소가 축구공이라면, 세포는 지름 2킬로미터 정도 되는 구형의 공간에 해당된다(참고로 2킬로미터는 광화문에서 서울역까지의 거리다). 포도당이 세포 내부 공간을 떠다니다가 육탄당인산화효소를 만나면 포도당6-인산으로 변한다. 포도당6-인산도 세포 내부를 떠다니다가 적절한 효소를 만나야 다음 단계로 진행할 수 있다. 얼마나 빨리 적절한 효소를 만날 수 있을지는 이들 분자들이 얼마나 많은지와 이들이 얼마나 빨리 움직이는지에 달려 있다. 어려운 표현을 쓰자면 농도와 온도에 달려 있다는 말이다.

세포 내 연쇄 화학 반응은 컨베이어벨트로 정교하게 제어되는 기계 생산 공정과는 다르다. 분자들이 그냥 무작위로 움직이다가 서로 우연히 만나면 일어나는 화학 반응의 집합이다. 예를 들어 나무에 못을 박는 작업을 한다면 주위에 수천 개의 못과 망치가 날아다닌다고 보면 된다.

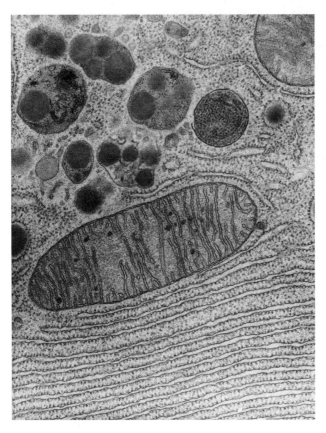

전자 현미경을 통해 본 미토콘드리아

당신이 할 일은 팔을 펴고 손에 망치가 잡힐 때까지 기다리는 것이다. 망치가 잡히면 이제 못을 기다려야 한다. 세포 내부의 화학 반응은 이런 식으로 일어난다. 화학 반응을 일으키는 그 많은 효소들은 어디서 왔을까? 효소는 단백질이다. 단백질을 만드는 정보는 유전자에 들어 있다. 유전자는 DNA이고, DNA로부터 단백질을 만드는 과정이야말로 생명의 '중심 원리'라 불리는 생화학 과정이다. 해당 과정 같은 화학 반응이 일어나는 데 필요한 효소들에 대한 정보가 바로 당신이 부모로부터 물려받은 DNA에 담겨 있는 것이다. 결국 생명은 "효소의, 효소에 의한, 효소를 위한" 원자들의 집단이다.

해당 과정의 최종 산물인 피루브산은 미토콘드리아 내부로 들어가 아세틸 CoA라는 화합물로 전환된다. 아세틸 CoA라… 이렇게 끝없이 나오는 생소한 용어들이야말로 나 같은 물리학자가 생명 현상을 이해할 때 부딪히는 최대의 어려움이다. 여기서 한 가지 짚고 지나가자. 해당 과정에서 만들어진 피루브산이 미토콘드리아 내부로 들어간다는 말은 해당 과정이 미토콘드리아 밖에서 일어났다는 뜻이다. 따라서 미토콘드리아가 없는 세균도 해당 과정을 수행할 수 있다. 미토콘드리아는 세포 내의 작은 소기관으로 앞에서 화학식까지 보여주며 소개한 호흡 반응이 일어나는 장소다. 화학식은 편의상 포도당과 산소가 결합하는 것으로 기술했으나 실제로는 포도당이 일단 피루브산으로 바뀌고 미토콘드리아로 들어가서 복잡한 화학 반응을 거치며 산소와 결합하게 된다. 화학 반응식은 가장 중요한 것만 뽑아서 쓴 것이다.

미토콘드리아 밖에서 일어나는 해당 과정은 산소가 필요 없기 때문에 산소를 사용하지 않는 혐기성嫌氣性 세균이 에너지를 얻는 방법이 된다. 대표적인 예가 '효모'에 의한 알코올 발효다. 당신이 좋아하는 와인(또는 막걸리)은 해당 과정의 산물이다. 사람의 경우 격렬한 운동을 하면 산소가 많이 필요해진다. 그래서 숨을 헐떡이게 된다. 하지만 아무리 숨을 몰아쉬어도 산소 공급이 불충분하면 세포들은 피루브산을 미토콘드리아에 주지 않고 젖산으로 바꾼다. 어차피 숨을 몰아쉬는 판이라 산소가 부족하니 미토콘드리아에 피루브산을 줘봐야 에너지를 뽑아낼 수 없기 때문이다. 하지만 포도당 분자 하나를 이용하여 해당 과정에서 만들어지는 ATP는 2개뿐이다. 피루브산이 미토콘드리아에 들어가서 만들어내는 이후의 과정에서 28~30개의 ATP가 만들어진다.

에너지 공장 미토콘드리아

나 같은 물리학자는 상황이 눈앞에 그려져야 이해가 시작된다. 미토콘드리아는 대략 2마이크로미터, 즉 1000분의 2밀리미터 정도의 크기다. 다시 비유를 들어보자. 효소가 축구공 크기라면 세포는 대략 지름 2킬로미터의 구球가 되고, 미토콘드리아는 100미터 정도의 크기를 갖는다고 보면 된다. 사람의 경우 각 세포에 수천 개의 미토콘드리아가 존재한다.* 여의도만 한 세포에 고등학교 운동장만 한 미토콘드리아 수천 개가 날아다니는 모습을 상상하면 된다. 세포 속에 들어가 사방을 둘러본다면 눈앞에 엄청난 장관이 펼쳐질 것이다. 장관을 구경하고만 있을 수는 없다. 이제 미토콘드리아에서 일어나는 일을 살펴볼 때다.

미토콘드리아 내부에서 아세틸 CoA는 시트르산 회로라고 불리는 연쇄 화학 반응을 점화시킨다. 옥살로아세트산이 아세트산으로 변하면서 시작되는 이 반응은 7단계를 거쳐 다시 옥살로아세트산으로 돌아온다. 세포 호흡의 과정에서 최종 산물의 하나인 이산화탄소가 생성

---

* 포유동물은 세포 하나에 수천 개의 미토콘드리아가 있지만, 효모는 수십 개에 불과하다. 미토콘드리아의 개수는 생물에 따라 다르다.

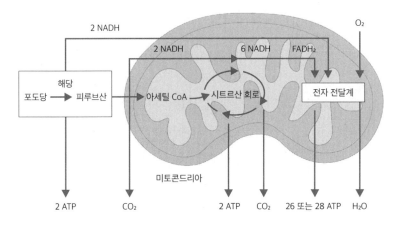

미토콘드리아에서 일어나는 시트르산 과정

된다. 아세틸 CoA가 공급되는 동안 이 연쇄 반응은 지속된다. 마치 물 (아세틸 CoA)이 쏟아지는 동안 물레방아(시트르산 회로)가 도는 것과 비슷하다. 물레방아는 피스톤을 움직여 밀을 빻아주지만 시트르산 회로는 ATP 2개와 두 종류*의 분자를 만든다. 이 두 종류의 분자야말로 호흡에서 최대의 부가 가치를 갖는 물질이다.

우선 두 종류의 분자는 전자를 내놓고 양이온으로 변한다. 분자에서 나온 전자는 전자 전달계라 불리는 단백질 집단을 거치며 엄청난 양의 에너지를 만들어낸다. 전자 전달계는 말 그대로 전자를 전달하는 장치다. 전자 전달계를 지난 전자는 최종적으로 물을 만드는 데 쓰인다. 전자가 전자 전달계를 지나는 동안 어떻게 에너지를 만들어낼까?

• 　여기서 말하는 두 분자는 NADH와 FADH₂다. NADH는 NAD⁺(니코틴아마이드 아데닌 다이뉴클레오타이드nicotinamide adenine dinucleotide)의 산화된 상태이고, FADH₂는 FAD⁺(플라빈 아데닌 다이뉴클레오타이드flavine adenine dinucleotide)의 산화된 상태다.

이 문제는 생물학의 오랜 난제였다. 이 과정에서 생산되는 ATP의 개수는 일정하지 않다. 세베로 오초아Severo Ochoa(1959년 노벨생리의학상 수상)가 38개라는 숫자를 처음 알아냈지만 이후 실험마다 28~38개까지 다른 숫자들이 나왔다. 숫자가 일정하지 않다는 것이 골칫거리였다. 이게 뭐 대수냐 할 사람도 있겠지만, 화학을 배운 사람은 이것이 재앙이라는 것을 안다. 중고등학교 화학 시간에 하는 일은 대부분 화학 반응의 반응물과 생성물의 양을 계산하는 것이다. 회계 장부에서 수입과 지출이 딱 맞아야 하듯이 화학 반응의 반응물과 생성물의 양도 정확히 일치해야 한다.

1961년 피터 미첼Peter Mitchell(1978년 노벨화학상 수상)은 놀라운 제안을 한다. 사람들이 10년 가까이 그의 이론을 철저히 무시한 것만 봐도 그의 이론이 정말 놀라웠다는 것을 알 수 있다. 미첼은 노벨상 수상 연설에서 막스 플랑크Max Planck의 말을 인용했다. "새로운 과학 개념은 반대자들이 설득되어서가 아니라 그들이 죽기 때문에 정착된다." 10년 동안 겪었을 내면의 고통이 느껴진다.

이제 미첼의 아이디어를 살펴보자. 미토콘드리아는 이중의 세포막을 가지고 있다. 내막內膜과 외막外膜이라 불리는 두 개의 막 사이 공간에 비밀이 숨어 있다. 전자 전달계는 사이토크롬이라 불리는 단백질들의 집단으로 내막에 박혀 있다. 전자가 전달되는 동안 사이토크롬들이 순차적으로 산화-환원 반응을 거듭하게 된다. 산화-환원 반응이 전자를 잃거나 얻는 것이니 전자가 이동할 때 산화-환원 반응이 연쇄적으로 일어나는 것은 당연하다. 흥미롭게도 이때 나오는 에너지로 곧장 ATP를 만들지 않고 세포 내부의 양성자를 막 사이의 공간으로 이동시

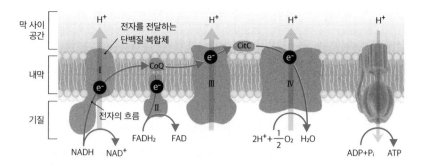

막 사이 공간

H⁺

전자를 전달하는
단백질 복합체

H⁺

H⁺

CitC

H⁺

e⁻

e⁻

내막

I

CoQ

e⁻

III

IV

기질

e⁻

전자의 흐름

II

e⁻

FADH₂   FAD

$2H^+ + \frac{1}{2}O_2$ H₂O

NADH   NAD⁺

ADP+Pᵢ   ATP

미토콘드리아 내막의 전자 전달계

키는 데 사용한다. 이것이 바로 미첼의 핵심 아이디어다. 결국 전자 전
달계는 막 사이 공간으로 양성자를 펌프질하여 농축시킨다. 물건을 팔
고 돈(ATP)이 아니라 쿠폰(양성자)을 받는 셈이다. 왜 이러는 걸까?

우리 주변의 공기 밀도는 균일하다. 안방이 거실보다 공기가 희박
하거나 하지 않다는 말이다. 열역학 제2법칙 때문이다. 풍선 내부의 공
기 밀도를 주위보다 높게 하려면 뭔가 일을 해줘야 한다. 입으로 불거
나 공기 주입기로 공기를 주입해야 한다. 아무튼 그렇게 하면 주위보
다 풍선 내부 공기의 압력이 커진다. 이제 풍선을 열면 공기가 뿜어져
나온다. 여기에 바람개비를 놓으면 회전할 것이다. 전자 전달계에 의
해 농축된 양성자가 정확히 이렇게 사용된다. 막 사이 공간에 농축된
양성자는 내막에 구멍이 생기면 풍선 내부의 공기가 뿜어져 나오듯 세
포 내부로 쏟아져 들어올 것이다. 실제로 'ATP합성효소'라는 단백질
은 원통 모양의 구멍을 가지고 있어 양성자가 구멍으로 통과한다. 양
성자가 이동할 때 바람개비처럼 생긴 회전자 단백질이 돌아가며 ATP
가 만들어진다. 바람개비가 돌아간다는 것은 비유가 아니라 실제 벌

어지는 일이다. 양성자가 이동할 때마다 회전자는 120도씩 회전한다. 처음 120도를 돌 때 ADP가 효소에 결합한다. 다음 120도 도는 동안 ADP에 인산이 붙어 ATP가 만들어진다. 마지막 120도 회전할 때 ATP가 떨어져 나온다.

전자 전달계는 전자가 지나가는 동안 ATP를 만들지 않고 양성자 저수지에 에너지를 저장했다가 필요할 때 꺼내 쓴다. 더구나 저장된 양성자는 ATP 생성만이 아니라 다른 용도로도 사용된다. 그래서 산화적 인산화 과정에서 생성되는 ATP의 개수가 들쭉날쭉했던 것이다. 정리해보자. 포도당은 해당 과정을 통해 피루브산으로 바뀐다. 피루브산은 미토콘드리아 내부로 들어가 시트르산 회로를 점화시킨다. 여기서 만들어진 물질이 전자 전달계에 전자를 준다. 전자 전달계는 미토콘드리아 내막과 외막 사이에 양성자를 농축시킨다. 농축된 양성자가 내막을 가로질러 이동할 때 ATP가 만들어진다.

원자로 만들어진 화학 기계

생명은 복잡한 화학 반응으로 작동된다. 여의도만 한 크기의 세포 내부에는 고등학교 운동장만 한 소기관들 수천수만 개가 유유히 날아다니고 있고 축구공만 한 효소가 메뚜기 떼같이 사방을 뒤덮은 채 주위를 날아다닌다. 이들의 움직임을 지휘하는 지도자가 있는 것은 아니다. 이들은 그냥 마구잡이로 날아다닌다. 그러다가 서로 부딪히면 화학 반응이 일어난다. 사실 화학 반응이라는 것도 물리적으로 보면 분자들이 만나서 원자의 위치를 바꾸는 것에 불과하다. 이것은 수많은 사람이 무질서하게 북적거리는 거대한 시장과 비슷하다. 개별 상점에서는 상인과 손님이 우연히 만나 정해진 규칙에 따라 물건을 고르고 돈을 지불하며 거래한다. 마치 효소와 분자 들이 만나 양자역학적 규칙에 따라 전자를 교환하고 위치를 바꾸는 것과 비슷하다. 얼핏 보면 모든 게 엉망진창인 것 같지만 시장은 그렇게 살아 숨 쉰다. 생물의 세포도 마찬가지다.

생명은 원자 수준에서 존재한다. 원자들이 모여 생물이 된다는 뜻이다. 우리가 아는 한 원자보다 작은 스케일에서 존재하는 생명은 없다. 원자가 아주 많이 모인 지구 크기의 스케일에서 존재하는 생명도 없다. 원자보다 작은 스케일에서는 핵력이 중요하고, 지구 스케일에서는 중력이 중요하다. 생명이 동작하는 원자 스케일에서 중요한 힘은 전자기력이다. 물리적으로 봤을 때 생명과 관련한 대부분의 현상은 전자기력과 관련된다. 전자기력이란 전하 사이에 작용하는 힘이다. 전하에는 양전하와 음전하가 있는데, 양전하 가운데 가장 작은 것은 양성자이고, 음전하 가운데 가장 작은 것은 전자다. 이 둘의 전하량은 똑같지만 질량은 엄청나게 다르다. 양성자가 전자보다 2000배쯤 무겁다. 원자들이 충돌하여 화학 반응이 일어나거나 광합성과 호흡에서 에너지를 얻을 때 주로 이동하는 것이 전자인 이유다. 원자를 건드리면 전자의 배치에 변화가 생긴다. 모든 화학 반응의 주역은 전자다. 전자는 가벼워서 움직이기 쉽지만 정확히 그 이유 때문에 저장하기 힘들다. 너무 작고 가벼워서 금방 달아나 버리기 때문이다. 그래서 생명은 전자로 에너지를 생산(전자 전달계)하고 양성자로 저장(미토콘드리아)한다.

하지만 양성자 농도 차를 생명의 화폐로 쓰기는 불편하다. 농도 차는 미토콘드리아의 이중막 사이에만 존재하기 때문이다. 에너지를 운반할 수 있는 특별한 분자가 필요하다. 바로 ATP가 그 분자다. ATP의 질량은 양성자보다 500배 정도 크다. 전자 전달계, 양성자 저장, 양성자로부터 ATP 생산이라는 모든 과정이 일어나는 장소가 미토콘드리아다. 우리는 미토콘드리아 없이 한순간도 생존할 수 없다.

* * *

생명의 핵심은 스스로를 보존하는 것이다. 복제, 번식, 진화도 일단 생존해야 할 수 있다. 엔트로피가 증가하는 우주에서 자신을 보존하려면 에너지가 필요하다. 지구상의 동물은 호흡으로 에너지를 얻는다. 우리는 에너지를 이용하여 걷고 숨 쉬고 생각하고 번식한다. 한때 이 에너지를 신비한 생명의 기운 같은 것으로 생각한 적이 있었다. 하지만 지금까지 살펴봤듯이 호흡으로 에너지를 만드는 과정은 연쇄 화학 반응에 불과하다. 우리는 화학 반응이 이렇게 순차적으로 일어나는 것을 살아 있다고 말한다. 생명에 쓰이는 원자는 무생물에 쓰이는 원자와 동일하다.

생명은 원자로 만들어진 화학 기계다.

8장

생물은 정보 처리 기계인가

사람은 사람을 낳고, 고양이는 고양이를 낳는 이유

고양이와 바위는 다르다. 고양이는 살기 위해 먹이를 찾아다니지만, 바위는 서서히 풍화되어 사라진다. 자신의 형태를 지키려는 항상성 유지야말로 생명의 본질이다. 항상성 유지에는 에너지가 필요하다. 생물은 광합성이나 호흡을 통해 에너지를 얻는다. 이는 생명체라면 박테리아 같은 미생물조차 쉽게 할 수 있는 일이지만, 물리적으로는 정말 기적 같은 일이다. 그래서 물리학자의 첫 번째 관심사는 생명체의 에너지 운용이다. 하지만 항상성 유지가 생명 궁극의 목표라면 결국 실패할 수밖에 없다.

생물은 정교한 생화학 기계다. 이 기계는 수많은 원자로 되어 있고 물리 법칙에 따라 작동된다. 수많은 원자가 관여하는 이상 실수는 반드시 일어난다. 예측 불가의 불확실성은 원자 세계를 기술하는 양자역학에 내재된 본질적 특징이다. 제법 큰 규모의 원자 기계에서는 열역학적 요동이 실수의 이유다. 시간이 지남에 따라 오류가 누적되고 고장이 잦아지다가 생화학 기계는 결국 작동을 멈춘다. 우리는 이것을 '죽음'이라 부른다.

죽음을 피하는 방법은 없다. 오류가 누적되는 것은 엔트로피가 늘어나는 현상이고, 엔트로피는 결코 줄어들 수 없다. 열역학 제2법칙 때문이다. 스스로 오류를 고쳐가며 버티는 것도 가능하지만 돌에 깔리거나 추락하는 등의 사고까지 막는 것은 불가능하다. 더구나 기후 변화 같은 장기적 환경 변화나 화산 폭발 같은 급격한 사건에 대처하는 것도 힘들다. 항상성 유지가 어떤 대가를 치러서라도 쟁취해야 하는 생명의 지고지순한 목표라면 한 가지 꼼수가 있다. 축적된 엔트로피로 너덜거리는 개체를 유지하는 데 안간힘을 쓰지 말고 자신을 하나 더 만드는 거다. 바로 복제다. 물론 자신은 죽고 복제품만 남는 것이니 개체 입장에서는 목표를 이룬 것인지 확실치 않다. 메피스토와의 거래 같기도 하다.

현재 지구에는 수많은 생명체가 존재하지만, 이들 대부분이 자신을 복제하는 방식은 거의 동일하다. 이는 복제 방법이 생명의 탄생 아주 초기에 결정되었다는 의미다. 지구상 생명체는 크게 고세균, 세균(박테리아), 진핵생물로 나뉜다.* 진핵생물은 진핵세포들의 집합으로 되어 있는데 인간과 같은 다세포 생물이 여기에 포함된다. 물론 단세포 진핵생물도 있다. 다세포 생물에게 복제는 몸을 이루는 특정 세포의 수를 늘리는 행위다. 하지만 그 특정 세포가 생식세포인 경우, 복제는 번식과 관련된다. 세균이나 고세균은 단세포 생물이다. 이들 단세포 생물에게 복제는 다세포 생물과 달리 그 자체로 번식이다. 물론 단세

---

* 생명의 분류 방법에 대해서는 여러 의견이 있다. 고세균, 세균, 진핵생물로 나누는 방법은 주로 리보솜의 RNA 부분을 암호화하는 rRNA 유전자 서열 비교에 근거한다.

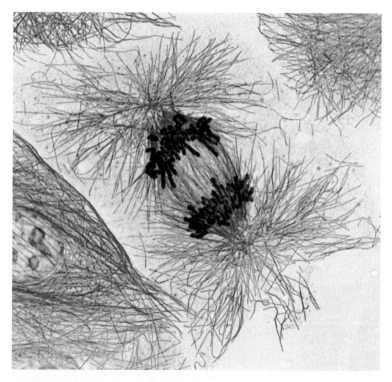

전자 현미경으로 본 세포 복제 과정 중 감수 분열 장면

포 생물도 유성생식을 하는 경우가 있다.

지구상 생명체는 자기 자신을 만드는 데 필요한 모든 정보를 유전자의 형태로 가지고 있다. 인간의 경우, 몸을 이루는 수십조 개의 세포 모두가 유전자 복사본을 한 부씩 가지고 있다. 이건 놀라운 일이다. 당신 집에는 수많은 물건이 있을 거다. 책상, 의자, 냉장고, 피아노, 소파 등등. 당신이 이들 모두를 만드는 조립 설명서 따위를 가지고 있을 리 없다. 하지만 우리 몸을 이루는 개별 세포는 자신을 이루는 모든 부품의 설계 도면을 가지고 있다. 대한민국을 유지하는 데 필요한 모든 것

생명의 암호 DNA의 구조를 발견한 왓슨과 크릭

들, 예를 들어 군대, 법률, 정부 조직, 모든 건물의 도면, 모든 도로의 지도, 자동차 설계도 같은 것을 모든 가정이 하나씩 가지고 있는 셈이다. 이 완전한 생명의 도면을 유전자라 부른다. 이제는 놀랍지 않겠지만 유전자도 원자로 되어 있다. 이번 장에서는 물리학자의 눈으로 본 유전의 세계에 대해 이야기해보자.

복제하라, 복제하라

　인간은 다세포 생물이다. 다세포 생물은 진핵세포로 이루어져 있다. 진핵세포는 핵을 가진 세포다. 모든 원자는 핵을 갖지만, 모든 세포가 핵을 갖는 것은 아니다. 핵이 없는 세포를 원핵세포라고 한다. 생물학에서 '모든'이라는 단어를 사용하면 위험하다. 핵 안에는 유전 물질인 DNA(디옥시리보핵산Deoxyribo Nucleic Acid)가 들어 있다. 우리 몸이 자동차라면 DNA는 자동차 설계 도면이다. 필멸의 생명이 준비한 영생 프로젝트의 핵심 아이디어는 세포 복제이고, DNA는 복제해야 할 가장 중요한 대상이다. 세포 복제의 기본 과정은 이렇다. 우선 DNA의 복사본을 만든다. 세포를 반으로 쪼개어 둘로 만든다. 이때 원본과 복사본 DNA를 각각 하나씩 나누어 갖는다. 세포를 이루는 부품을 만드는 데 필요한 모든 정보는 DNA에 있으니 이제 분리된 세포 각자가 자신의 삶을 살아가면 된다. 결국 중요한 것은 DNA다.

　이제 말하기도 지겹지만 DNA는 원자로 되어 있다. 원자 수준에서 일어나는 일은 전자기력의 지배를 받는다. 전자기력의 세기는 전하량에 비례하고 거리 제곱에 반비례한다. 거리를 알려면 위치를 알아야 한다. 즉 전자기력을 알려면 전하가 공간상에 어떤 방식으로 분포되어 있는지 알아야 한다는 말이다. 결국 전하의 공간적 배치가 전자기 현상의 모든 것을 결정한다. 다시 말해서 원자로 된 구조물(모든 것은 원자로 되어 있으니 사실상 모든 것)의 기능을 알려면 원자들이 공간적으로 어떻게 배치되어 있는지 알아야 한다. 1953년 제임스 왓슨James Watson과 프랜시스 크릭Francis Crick이 노벨상을 받은 이유는 DNA의 구조, 즉

DNA를 이루는 원자들의 공간 배치를 알아냈기 때문이다.

왓슨과 크릭의 기념비적인 DNA 논문은 1953년 4월 25일 출판되었다. 같은 해 8월 12일, 크릭은 물리학자 슈뢰딩거에게 편지를 한 통 보낸다. 편지에서 두 사람이 분자생물학에 관심을 가지게 된 것은 슈뢰딩거가 쓴《생명이란 무엇인가》를 읽었기 때문이라고 밝힌다. 원래 크릭은 물리학 전공이었으니 그에게 슈뢰딩거는 살아 있는 신이나 다름없었으리라.《생명이란 무엇인가》는 물리학자가 생명을 주제로 쓴 글이다. 슈뢰딩거는 자신이 생물학에 비전문가라 걱정이 되었는지 책에서 이렇게 말한다. "(생명의 비밀을 알아내기 위해서는 한 분야에서만 전문가인) 우리 중 누군가가 사실과 이론의 종합을 시도하는 수밖에 없다. 물론 그렇게 하는 과정에서 불완전하거나 이류에 불과한 지식을 사용하게 될 수도 있고, 스스로를 조롱거리로 만들 수도 있다." 분야의 선을 넘는 것은 때로 위험할 수 있다. 하지만 선 너머에서만 보이는 것이 있다. 자신이 잘못할 수 있다는 것을 알고 조심스런 태도로 선을 넘는 것은 때로 아주 의미 있는 결과를 가져올 수 있다. 지금 이 글을 쓰는 필자에게 위안이 되는 이야기다.

DNA 구조를 모르는 사람은 없을 거다. DNA는 두 가닥의 뼈대가 서로 마주 보며 이중으로 꼬인 구조를 갖는데, 두 뼈대는 '염기'라는 분자들로 서로 연결되어 있다. 뼈대는 인산과 당으로 되어 있다. 철도에 비유하자면 뼈대가 철로이고 염기는 부목이라고 할 수 있다. 다만 DNA 철도는 꽈배기처럼 꼬여 있다는 점이 철도와 다르다. 인산과 당은 앞 장에서 여러 차례 등장했던 물질이다. 생명은 기본적으로 탄소(C), 수소(H), 질소(N), 산소(O)로 구성된다. DNA의 뼈대로 쓰이는 당은 탄소와 산소로 만들어진 오각형 구조물이다. 참고로 육각형이 되면 에너지로 사용되는 포도당이다. 인산은 인(P)과 산소 4개로 된 구조물인데, 산소 가운데 한 녀석이 음전하를 띠고 있다. 이것은 대단히 중요한 사실이다. DNA 이중 나선의 바깥쪽으로 음전하가 쫙 깔려 있다는 말이다. 음전하 끼리는 서로 밀어낸다. 더구나 DNA들의 음전하는 원자 몇 개 크기 정도로 가까운 거리에 놓여 있다. 이들이 모두 서로 다 밀어낼 테니 물리학자가 보기에 DNA는 막대기같이 일직선으로 꼿꼿이 설 수밖에 없다.

인간 염색체를 쫙 폈을 때 길이는 대략 4센티미터 정도 된다. 세포핵의 크기가 1마이크로미터 정도밖에 안 되므로 DNA 길이가 핵보다 4만 배 크다. DNA의 길이가 광화문에서 서울역까지 거리라면 핵은 골프공만 하다는 뜻이다. DNA는 핵 안에 들어 있어야 하니까 이건 말도 안 된다. 더구나 DNA는 음전하 때문에 구부릴 수 없다. 이에 대한 해답은 히스톤 단백질 histone protein이다. 단백질은 아미노산이 모인 것이다. 히스톤 단백질을 이루는 아미노산의 20퍼센트 가량이 양전하를 가진 라이신이나 아르기닌 같은 것이다. 음의 DNA와 양의 히스톤이 만나 중성이 되는 것이다. 음양의 조화랄까. 결국 DNA는 히스톤 단백질 주위에 둘둘 감겨 빽빽한 염색체 구조를 만들어 세포핵에 들어간다. 사실 염색체는 질량으로 봤을 때 DNA 반, 히스톤 반으로 구성된다.

그냥 처음부터 DNA가 중성이었으면 더 좋지 않았을까? 아니다. DNA를 풀어낼 때 문제가 생긴다. 엉망으로 뒤엉킨 실타래를 풀어본 적 있는 사람이라면 무슨 말인지 알 거다. DNA의 폭이 우리가 보통 사용하는 실의 굵기, 즉 0.3밀리미터 정도라면, 그 길이가 6킬로미터쯤 된다. 홍대입구에서 을지로 3가까지 이어진 실이라 보면 된다. 이렇게

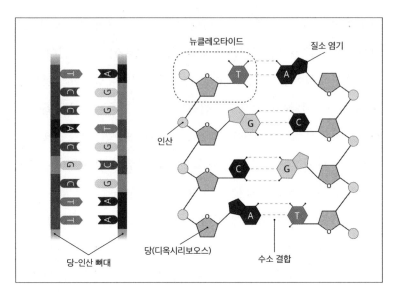

뉴클레오타이드

질소 염기

인산

당(디옥시리보오스)

수소 결합

당-인산 뼈대

당과 인산 그리고 염기로 이뤄진 DNA의 구조

기다란 실이 뒤엉키면 어떻게 풀 수 있을까? DNA에 음전하가 쫙 깔려서 항상 펴지려고 한다면 원할 때 쉽게 풀 수 있으리라. 생명은 양의 히스톤 주위에 음의 DNA를 감아 깔끔하게 정리하는 묘수를 발견한 것이다. 음양의 조화를 넘어 음양의 시너지라 할만하다.

DNA는 두 가닥으로 되어 있다. 두 가닥은 염기*로 연결되어 있다. 염기는 각 가닥에서 하나씩 언제나 쌍으로 만난다. 둘은 상보적이다. 이는 하나를 알면 다른 하나를 자동으로 알 수 있다는 말이다. 4종류의 염기 아데닌adenine(A), 사이토신cytosine(C), 구아닌guanine(G), 티민thymine(T) 중 아데닌은 티민(A-T), 사이토신은 구아닌(C-G)하고만 결합

---

* 정확히는 질소 염기 혹은 핵 염기지만, 여기서는 염기로 표기한다.

하기 때문이다. 한쪽의 염기 배열이 'ATCG'라면 다른 쪽은 자동으로 'TAGC'다. DNA가 문법을 따르는 것은 아니고 각 염기를 이루는 원자들의 공간적 형태가 이런 결합만 허용한다. A와 T가 팔이 두 개씩이고 C와 G가 팔이 3개씩이라면 A-T, C-G 이렇게 결합해야 구조가 안정하게 유지될 거다. 사실 팔이라고 한 것은 비유가 아니라 수소 결합의 개수다. 결국 DNA 복제는 DNA를 반으로 나누고 반쪽짜리 DNA의 나머지 부분을 상보적으로 채워주는 것이다.

복제의 첫 단계는 DNA 이중 나선을 벌리는 것이다. 닫힌 지퍼를 중간에서 벌리는 것과 비슷하다. 이제부터 낯선 이름의 효소들이 쏟아져 나올 테니 마음의 준비를 하시라.* '헬리케이스'는 DNA 이중 나선 지퍼를 벌린다. DNA가 벌어지며 풀리면 근방의 DNA 이중 나선이 과도하게 꼬일 수 있다. 원래 꼬여 있던 것의 일부를 펴면 꼬임이 이웃으로 전파되기 때문이다. 이를 막기 위해 벌린 부분 앞쪽에 'DNA회전효소'가 결합하여 뒤틀림을 막는다. 벌려서 풀려나온 단일 가닥 DNA도 구조적으로 불안정하여 조치가 필요하다. '단일 가닥 결합 단백질'이 그 문제를 해결한다. 풀린 DNA의 단일 나선 위를 움직이며 나머지 절반을 상보적으로, 즉 A-T, C-G 결합으로 마주 보는 이중 나선을 만들어내는 임무는 'DNA중합효소'의 몫이다. 이 단계에서 염기 10만 개당 하나꼴로 실수가 일어난다. 10만 개당 하나의 실수라면 적은 것 같지만 이 정도면 복제가 곧 죽음이다. 오류를 더 줄여야 한다. 이 일은 누가 할까?

---

* 생명에서 일어나는 모든 작업은 효소가 수행한다. 효소는 단백질이다. DNA에 들어 있는 정보는 세포가 필요로 하는 모든 단백질을 만드는 도면이다.

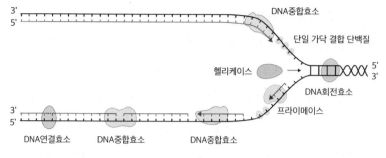

다양한 효소들을 통해 정교하게 진행되는 DNA 복제 과정

이제 여러분도 답을 할 수 있을 거다. 그렇다. 효소다. 복제 중에 일어난 오류를 수선하는 효소가 있는데 인간의 경우 지금까지 130가지가 발견되었다. 수선을 마친 후 오류는 염기 10억 개당 1개로 줄어든다.

복제의 물리학

염기 10억 개당 하나의 실수라는 것은 물리학자가 보기에 기적이다. 복제란 염기 1개에 상보적인 염기 1개를 붙이는 과정이다. 염기는 원자 20개 남짓으로 되어 있다. 즉 원자 몇 개의 수준에서 일어나는 일을 엄청난 정확도로 제어해야 한다. 나노 과학이 원자 스케일의 제어를 한다지만 최첨단 실험실에서조차 이런 정도의 제어는 아직 상상도할 수 없다. 예를 들어 분자 트랜지스터*를 만들 때 정확한 위치에 분자

---

* 분자 하나로 구성된 트랜지스터로 소스와 드레인 사이에 분자 하나를 올려놓고 게이트 전압을 걸어 제어한다.

를 위치시키는 일은 대개 운에 맡긴다. 그렇다면 생명체는 마술을 부리고 있는 걸까? 염기가 레고 블록이라면 10억 개의 염기는 10억 개의 레고 블록에 해당되는데, 그렇다면 이 레고 블록 더미는 1만 톤의 무게를 갖는다. 코끼리 2000마리의 무게이기도 하다. 레고 블록 하나의 크기가 1센티미터라면 일렬로 늘어세웠을 때 1만 킬로미터, 즉 서울에서 뉴욕까지의 직선거리가 된다. 결국 DNA의 복제란 이렇게 엄청난 양의 레고 블록 각각에 상보적 블록을 찾아 일일이 하나씩 연결하는 것이다. 서울에서 뉴욕까지 레고 블록을 규칙에 따라 하나씩 늘어놓았는데, 그 가운데 실수가 단 한 개뿐이라는 뜻이다. 더구나 전체 DNA를 복제하는 데 불과 몇 시간밖에 걸리지 않는다.

슈뢰딩거가 이미 그의 저서 《생명이란 무엇인가》에서 지적했듯이 레고 블록 같은 거시 세계에서 이 정도로 정확한 제어를 하는 일은 거의 불가능하다. 이런 정확도는 원자 세계에서만 가능하다. 질산은($AgNO_3$) 수용액에 소금($NaCl$)을 넣으면 흰색의 염화은($AgCl$) 고체가 생성된다. 이 반응을 일으키기 위해서 우리가 일일이 은(Ag) 원자와 염소(Cl) 원자를 하나씩 찾아서 붙여주어야 하는 것은 아니다. 이 반응은 자발적으로 일어나며 $NaAgClNO_3$ 같은 괴상한 물질은 거의 생성되지 않는다. 왜냐하면 이런 괴상한 구조는 양자역학적으로 불안정하기 때문이다.

이미 수없이 이야기했지만 원자 세계에서 중요한 힘은 전자기력이다. 전자기력은 거리가 가까워지면 거리의 제곱으로 커진다. 원자들 사이의 거리는 10억 분의 1미터에 불과하니까 그 힘은 막대하다. 당신의 손가락이 손에 단단히 붙어 있는 것은 바로 원자들 사이에 작용하는 강력한 전자기력 때문이다. 전자기력은 원자들이 있어야 할 위치에 놓이도록 강제한다. 상보적 염기는 전자기력과 양자역학의 지시에 따라 제대로 된 짝들하고만 결합한다. 따라서 DNA에서 일어나는 대규모 복제 과정이 차질 없이 일어나는 것은 그것이 원자 수준에서 일어나는 일이기 때문에 가능하다.

물론 이것은 생명이 없는 물질도 할 수 있다. 나트륨과 염소를 섞으면 소금이 만들어지는데, 누가 지시하지 않아도 나트륨과 염소는 알아서 번갈아 규칙적으로 배열된다. 물론 이 과정에서도 오류가 일어난다. 생명체의 진정한 특성은 오류를 수정하는 능력이다. 만약 유전자 하나를 복제할 때 단 하나의 오류만으로도 생존이 위협을 받는다면, 유전자의 염기 개수는 10만 개를 넘을 수 없을 거다. 복제 10만 개당 하나 꼴로 오류가 일어나기 때문이다. 하지만 앞서 이야기한 대로 '오류 보정 단백질'이 있어 더 많은 염기를 오류 없이 복제할 수 있다. 더구나 생물은 염기 한두 개의 복제 오류로 생존의 위협을 받지는 않는다. 이 때문에 인간 같은 복잡한 생명체가 존재할 수 있다.

오류 보정 과정도 원자 수준의 작업이다. 복제에서 일어나는 모든 작업을 제어하는 것은 효소다. 여러 번 이야기했지만 효소는 단백질이다. 단백질은 DNA의 적절한 부위에 들러붙어서 DNA를 자르거나 연결한다. 단백질에 눈이 있어 적절한 부위를 찾을 수 있는 건 아니다. 단백질은 DNA의 적절한 부위에 정확히 들어맞는 구조를 가지고 있을 뿐이다. 단백질이 적절한 부위에 결합하는 것은 그냥 무수히 들이대서 일어나는 일이다. 상자 안에 열쇠 수십 개와 자물쇠 하나가 있다고 하자. 열쇠 가운데 단 하나만 자물쇠와 일치한다. 이제 상자 안의 열쇠, 자물쇠가 미친 듯이 날아다니는 상황을 상상해보라. 운이 정말 좋다면 적절한 열쇠가 자물쇠에 꽂힐 것이다. DNA 오류 보정 단백질이 DNA에 결합하는 방법이 이런 식이다. 그래서 단백질이 효소로서 무슨 일을 할 수 있는지는 단백질이 갖는 삼차원 구조에 의존한다. 형태는 기능을 결정한다.

단백질은 아미노산이라 불리는 분자들이 구슬처럼 줄줄이 연결되어 있다. 단백질 아미노산은 모두 20종류가 존재하니까, 단백질은 20개의 알파벳으로 쓰인 문장이라고 볼 수도 있다. 단백질이 보통의 문장과 다른 것은 이것이 삼차원의 구조를 갖는다는 것이다. 즉 구슬처럼 늘어선 단백질이 실처럼 늘어져 있는 것이 아니라 꺾이고 접혀서 독특한 삼차원 형태를 만들어낸다. 아미노산으로 쓰인 단백질을 문자로 쓰인 문장에 비유할 수 있다. 그렇다면 '달팽이'에 대한 글자들을 하늘에 집어던지면 '달팽이'가 되고, '책상'에 대한 글자들을 던지면 '책상'이 된다고 보면 된다. 단백질이 효소로서 무슨 역할을 할지는 바로 이 삼차원 구조에 달려 있다. 뒤에서 다루겠지만 단백질을 이루는 아미노산의 배열은 알 수 있다. 따라서 주어진 아미노산의 배열에서 그것으로부터 만들어지는 단백질의 삼차원 구조를 알 수 있는지가 중요한 문제가 된다. 이를 '단백질 접힘 문제'라고 한다.

지금까지 단백질 접힘 문제는 특정 아미노산 배열이 주어지면 삼차원 구조를 예측해내는 컴퓨터 프로그램을 개발하는 데 집중되어왔다. 주어진 문장을 읽고 그 문장이 설명하는 것을 알아내는 문제와 비슷하다. '달팽이'라는 글자들을 읽고 달팽이 사진을 찾는 게임이랄까. 과학자들은 1994년부터 아예 단백질 구조 예측 대회를 만들고 2년에 한 번 모여서 예측을 가장 잘하는 프로그램에 상을 수여했다. 2018년 단백질 구조 예측 대회에서 구글 딥마인드DeepMind가 개발한 인공지

글라이신   알라닌   발린   라이신   아이소류신

페닐알라닌   타이로신   트립토판   류신   아르기닌

히스티딘   아스파라긴산   글루탐산   아스파라긴   글루타민

시스테인   메티오닌   세린   트레오닌   프롤린

단백질을 구성하는 20종의 아미노산

능 프로그램 '알파폴드AlphaFold*'는 수십 년간 이 분야를 연구해온 인

---

* '알파폴드'라는 이름은 알파고의 '알파Alpha'에 '접힘Fold'을 붙인 것이다. 아미노산 체인이 접혀

간 연구자를 따돌리고 압도적인 점수 차로 우승했다. 알파폴드가 획득한 점수는 약 60점이었는데, 그 이전까지 인간 우승자의 최고점은 40점에 불과했다. 2020년 알파폴드2는 대략 90점에 가까운 점수를 얻으며 다시 우승했다. 이쯤 되면 실제 실험을 통해 구조를 확인할 필요가 없는 정도의 신뢰도라 할 수 있다. 2021년 7월 구글 딥마인드는 알파 폴드로 알아낸 35만 개 단백질 구조가 담긴 데이터베이스와 소스 코드를 공개했다. 인공지능이 조만간 단백질 연구의 패러다임을 바꿀지도 모르겠다.

복제 과정에 대한 글을 읽다 보면 이런 착각에 빠질 수 있다. 생명체에서 일어나는 화학 과정이 마치 공장에서 기계가 부품을 하나씩 조립하여 차체를 만들어가는 것과 같다. 누가 이런 복잡한 작업을 지휘하고 있는 걸까? 당연하게도 지휘 본부 따위는 없다. 모든 것이 그냥 자발적으로 일어난다. 마술처럼 보일지 모르겠다. 하지만 물리 법칙을 믿으시라. 모든 것은 원자로 되어 있다. 그리고 결과에는 원인이 있다. 대개의 과정은 화학 신호로 시작된다. 예를 들어 당신이 술을 많이 마시면 알코올 분해 효소를 많이 만들어서 체내 알코올을 빨리 분해해야 한다. 그렇다면 누가 우리 몸의 세포에게 알코올 분해 효소를 많이 만들라고 지시하는 걸까? 이 경우 알코올 자체가 신호가 된다. 알코올도 원자로 되어 있다.

그러면 화학 과정을 위한 각종 재료를 정확한 위치에 갖다 놓는 것은 누구의 몫일까? DNA를 복제할 때 염기 아데닌에 상보적인 염기인

서fold 단백질이 되기 때문이다.

티민을 정확히 아데닌 옆으로 가져오는 것은 누구일까? 이것은 생명의 화학 과정에서 언제나 나오는 질문이다. 답은 허탈하다. 그냥 우연으로 거기에 있는 거다. 염기에는 네 종류가 있다. DNA중합효소가 아데닌의 상보적 염기인 티민을 구하는 방법은 그것이 우연히 다가오는 수밖에 없다. 이게 말이 되냐고? 사실 DNA중합효소에는 네 종류의 염기만이 아니라 수많은 분자가 쉴 새 없이 날아와 부딪힌다.

왜 분자들은 쉴 새 없이 날아다닐까? 물론 날아다닌다는 것은 비유다. 물속을 움직이는 거다. 이들이 움직이는 이유는 열운동 때문이다. 상온에서 원자, 분자 들은 쉼 없이 요동치며 움직인다. 물에 의한 마찰 때문에 크기가 클수록 속도는 느려진다. 포도당같이 작은 분자의 이동 속도는 대략 시속 400킬로미터로 KTX보다 빠르다. 거대한 단백질 분자도 속도가 시속 30킬로미터 정도다. 세포가 마이크로미터의 크기니까 이런 속도라면 1초에 세포를 여러 번 왕복할 수 있다. 바로 이 때문에 각종 분자가 적시 적소에 존재하게 된다. 다시 말하지만 망치가 필요해서 망치를 찾으러 가는 것이 아니라 주위에 항상 망치가 날아다니는 셈이다. 결국 생명의 화학 반응들이 제대로 작동하려면 세포 안에는 재료가 될 물질이 충분히 존재해야 한다. 당신이 날마다 음식을 먹어야 하는 이유는 이런 재료를 부족함 없이 보급하기 위해서다.

이제 세포 안에서 벌어지는 일들이 눈앞에 그려지는가? 온갖 종류의 단백질, 고분자, 이온, 원자가 서로 마구 부딪치며 끊임없이 움직이는 아비규환의 지옥이다. 그 와중에 적절한 조합으로 분자들이 만나면 그 틈을 놓칠세라 분자들 사이에 결합이 만들어진다. 이렇게 DNA가 풀리고 중합효소가 결합하고 상보적 염기가 붙어 복제가 진행된다.

DNA는 굉장히 길기 때문에 실제로는 DNA의 여러 곳에서 동시다발적으로 앞서 이야기한 복제 과정이 진행된다. 그래서 30억 개의 염기를 전부 복제하는 데 몇 시간이면 충분하다.

중심 원리

복제는 생명의 정보 이야기에서 일부분일 뿐이다. DNA가 생명의 모든 정보를 담은 데이터베이스라고 했는데, 여기에 들어 있는 정보는 구체적으로 무엇일까? 이미 이야기했지만 DNA는 단백질을 만드는 정보를 담고 있다. 효소도 단백질이다. 효소는 화학 반응을 일으키는 스위치다. 결국 효소야말로 우리 몸에서 일어나는 모든 작업을 제어하는 전자 장치다. 복제에서도 우리는 이미 수많은 효소를 만났다. 그렇다면 어떻게 DNA의 정보가 단백질을 만드는 걸까?

사실 이 과정을 밝힌 것은 20세기 생명 과학이 이룩한 가장 위대한 업적 중 하나다. 물론 아직 모든 것을 알지는 못하지만 큰 틀은 파악되었다. 이것이야말로 생명의 중심이 되는 원리다. 그래서 '중심 원리'라고 부른다. 내가 생물학자라면 다시 한번 엄청나게 많은 효소의 이름을 열거하며 그 세세한 과정을 설명해야 할 것이다. 하지만 나는 물리학자다. 이 과정을 들여다볼 때 물리학자가 던질만한 의문에 대한 답을 하나씩 찾아가는 방식으로 이야기를 진행해보자.

DNA 정보는 염기로 되어 있고, 단백질은 아미노산으로 되어 있다. 어떻게 DNA의 정보를 단백질로 바꿀 수 있을까? 일단 이 둘 사이에 중요한 유사성이 있다. DNA는 네 종류의 염기가 일렬로 늘어선 문자열이다. 4개의 알파벳 문자만으로 쓰인 문장이라 할 수 있다. 단백질은 복잡한 삼차원 구조로 되어 있지만, 놀랍게도 이것은 일차원 구조물이 접히고 엉켜서 만들어진다. 실 뭉치를 생각하면 된다. 물론 단백질의 형태는 실 뭉치보다 훨씬 복잡하다. 중요한 것은 단백질을 쫙 펴면 실처럼 된다는 사실이다. 이 실은 DNA와 유사한 점이 있다. 단백질은 20종류의 아미노산이 일렬로 늘어선 문자열, 즉 알파벳이 20개인 언어로 쓰인 문장인 셈이다. 즉 DNA에서 단백질을 만드는 것은 DNA의 언어를 단백질의 언어로 번역하는 것과 같다. DNA의 문자는 염기이고, 단백질의 문자는 아미노산이다.

DNA를 이루는 염기도 아미노산과 마찬가지로 20종류였다면 각 염기 하나가 아미노산 하나에 대응되었을 거다. 하지만 4개의 염기로 20종류의 아미노산을 나타내야 한다. 이제는 간단한 수학이 필요하다. 염기 하나만을 사용한다면 4개의 염기 A, T, C, G 각각에 아미노산이 하나씩 대응되므로 4개의 아미노산을 지정할 수 있다. 염기 2개를 이용하면 AA, AT, AC, AD… 등과 같이 모두 16개(4×4)의 아미노산을 지정할 수 있다. 아미노산은 모두 20개이므로 16개도 부족하다. 최소한 3개의 염기 서열로 하나의 아미노산을 지정해야 아미노산 20개를 모두 지정할 수 있다. 예를 들어 AAA는 라이신, CCC는 프롤린, GGG는 글라이신, ACC는 트레오닌, CAG는 글루타민을 지정한다. 아름답지 않은가. 물론 4종류의 염기 3개를 차례로 나열하여 표현할 수 있는 염기 서열은 64가지(4×4×4)이므로 아미노산의 개수 20개보다 훨씬 많다. 중복이 많다는 뜻이다. 예를 들어 AAA만 아니라 AAG도 라이신을 지정한다.

	T	C	A	G	
T	TTT TTC 페닐알라닌 TTA TTG 류신	TCT TCC TCA TCG 세린	TAT TAC 타이로신 TAA 종결 코돈 TAG 종결 코돈	TGT TGC 시스테인 TGA 종결 코돈 TGG 트립토판	T C A G
C	CTT CTC CTA CTG 류신	CCT CCC CCA CCG 프롤린	CAT CAC 히스티딘 CAA CAG 글루타민	CGT CGC CGA CGG 아르기닌	T C A G
A	ATT ATC ATA 아이소류신 ATG 메티오닌	ACT ACC ACA ACG 트레오닌	AAT AAC 아스파라긴 AAA AAG 라이신	AGT AGC 세린 AGA AGG 아르기닌	T C A G
G	GTT GTC GTA GTG 발린	GCT GCC GCA GCG 알라닌	GAT GAC 아스파라긴산 GAA GAG 글루탐산	GGT GGC GGA GGG 글라이신	T C A G

DNA 코돈과 아미노산의 대응

　흥미롭게도 아미노산을 지정하는 3개의 염기 중 세 번째 염기는 대개 중요하지 않다. 예를 들어 'GC'로 시작하는 염기 서열 GCA, GCC, GCT, GCG는 모두 아미노산 알라닌을 지정한다. 세 번째 염기가 무엇인지 상관없다는 뜻이다. 모든 것이 이런 식은 아니지만 대체로 이런 경향을 보인다. 그래서 일부 과학자들은 생명 탄생의 초기에 염기 2개가 아미노산 15개*를 지정하던 체계가 먼저 존재하다가 나중에 염기 3개, 아미노산 20개로 진화한 것일 수 있다고 주장한다. 하지만 이런

---

* 16개가 아닌 이유는 종결을 나타내는 염기 서열이 필요하기 때문이다. 여기서 RNA 전사 과정이 중단된다. 현재 생명체에서 종결을 지시하는 염기 서열은 TAA, TGA, TAG 세 가지다. 시작은 ATG에서 하는데 아미노산 메티오닌을 지정하기도 한다. 그래서 단백질 합성은 항상 메티오닌으로 시작한다.

일이 일어났다면 그것은 아주 먼 옛날이어야 한다. 지구상에 존재하는 모든 생명체에서 염기 서열 3개가 아미노산 1개를 지정하며 그 대응 규칙 또한 동일하기 때문이다.

이제 중심 원리의 과정을 하나씩 추적해보자. 진핵세포의 경우 DNA는 핵 안에 소중히 저장해두고 RNA 사본을 만들어 핵 밖으로 정보를 끄집어낸다. 원본(DNA)은 금고(핵)에 넣어두고 사본(RNA)을 꺼내는 것이라 볼 수 있다. 핵 밖으로 나온 RNA는 단백질을 만드는 공장과 결합하여 단백질을 만들게 된다. 이 공장을 '리보솜'이라고 부르는데 말할 것도 없이 이것도 단백질이다.* 우선 DNA에서 RNA를 만들어야 한다. 이제는 예상할 수 있겠지만 'RNA중합효소'가 그 일을 한다(RNA를 만드는 효소란 뜻으로 이런 일을 하는 것이 효소다). 이 녀석은 DNA를 살짝 벌려서 DNA와 상보적으로 RNA를 만든다. 여기서 '상보적'이란 A에 T를, C에 G를 대응시키는 것을 말한다. DNA 전체를 RNA로 바꾸는 것은 아니고 필요한 부분만 RNA로 바꾼다. RNA는 DNA와 분자 구조가 거의 같은데 오각형 모양인 당의 한 꼭짓점에 수소가 아니라 수산기(-OH)가 달렸다는 점만 다르다. 이 때문에 염기 가운데 티민(T)이 우라실uracil(U)로 바뀐다. 이름은 완전히 다르지만 분자 구조를 보면 육각형 꼭짓점에 수소 대신 메틸기(CH_3)가 달렸을 뿐이다. 원자 한두 개의 차이지만, 이 때문에 RNA는 이중 나선이 되지 못하고 단일 나선으로 존재한다. 만물이 원자로 되어 있다는, 그래서 원자 하나가 중요할 수도 있다는 사실을 실감케 하는 장면이다.

---

* 정확히 말하면 리보솜은 단백질과 RNA의 결합물이다.

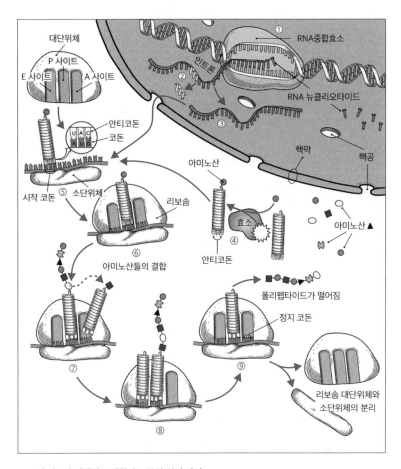

대단위체

P 사이트

E 사이트   A 사이트

① RNA중합효소

인트론

② RNA 뉴클레오타이드

③

안티코돈

코돈

핵막

핵공

아미노산

효소

④

안티코돈

아미노산 ▲

시작 코돈   ⑤ 소단위체

리보솜

⑥

아미노산들의 결합

⑦

⑧

폴리펩타이드가 떨어짐

정지 코돈

⑨

리보솜 대단위체와
소단위체의 분리

DNA의 정보가 단백질로 변환되는 중심 원리 과정

흥미롭게도 이렇게 만들어진 RNA를 그냥 핵 밖으로 내보내지 않
고 한 번 가공하는 과정을 거친다. 어느 집이나 필요한 것과 불필요한
것이 공존한다. 이사 갈 때가 되면 얼마나 불필요한 것이 많았는지 깨
닫게 된다. RNA도 마찬가지다. RNA의 정보에도 필요한 것과 불필요
한 것이 섞여 있다. 정확히 말해서 RNA의 정보 가운데 일부만 단백질

을 만드는 정보를 담고 있다. 이 부분을 '엑손exon'이라 부른다. 유전 정보는 단백질을 만드는 정보라고 했으니 엑손이야말로 필요하고도 중요한 부분이다. 엑손과 엑손 사이의 쓸모없는(?) 부분을 '인트론intron'이라 부른다. 어차피 인트론은 사용하지 않으니 미리 없애버리면 좋을 것이다. 인트론 제거 과정을 RNA 스플라이싱splicing이라 한다. 사과를 먹기 전에 씨와 껍질을 제거하는 거랑 비슷하다. 그런데 RNA에 인트론이라는 쓸데없는 정보가 있는 이유가 뭘까? RNA는 DNA의 사본이니까 애초 DNA에 왜 쓸데없는 정보가 있었는지 묻는 것이 옳다.

쓸모 있는 정보들 사이사이에 쓸모없는 것들을 넣었다는 이야기인데, 달리 보면 쓸모 있는 정보들을 (쓸모없는 부분으로 간격을 두어) 패키지로 묶어놓았다고 볼 수도 있다. 쓸모 있는 패키지가 엑손이다. 유전 정보가 엑손으로 묶여 있는 이유는 뭘까? 하나의 단백질은 종종 여러 부분으로 나눌 수 있다. 마치 우리 몸이 손, 발, 머리, 가슴 등으로 되어 있는 것처럼 말이다. 엑손은 단백질에서 이렇게 기능적으로 하나의 단위가 되는 영역에 해당한다. 각 엑손에 대응되는 부분을 모아서 하나의 단백질이 만들어지는 것이다. 그렇다면 DNA의 정보가 모듈로 나뉘어 저장되어 있으면 어떤 이득이 있을까?

온전한 단백질 하나를 만드는 염기 서열이 있는데 그걸 임의로 잘라서 순서를 바꾸면 대개 좋지 않은 결과가 나올 것이다. 단어 단위가 아니라 글자 단위로 아무렇게나 마구 순서를 바꾸면 전혀 말이 안 되는 글이 나올 것이기 때문이다. '만물은 원자로 되어 있다'를 '만있은 원로되 어자 물다'로 배열을 바꾸면 뭔지 알 수가 없다. 하지만 단어 단위로 바꾼다면 '원자로 되어 있다 만물은'같이 되어 여전히 그럴듯하다. DNA가 복제될 때 필연적으로 오류가 일어난다. 오류가 일어나도 큰 문제가 일어나지 않는 방법은 무엇일까. 만약 정보가 모듈로 되어 있고 이들 사이에 쓸모없는 부분이 충분히 들어 있다면 오류가 일으킬 재앙을 줄일 수 있을 거다. DNA를 임의로 잘라 재배치할 때 대개 단백질 정보를 담지 않은 인트론 부분이 잘릴 것이기 때문이다. 실제 DNA에서 정보를 담은 부분보다 정보가 없는 부분이 훨씬 많다.

많은 사람이 잉여를 좋지 않은 것이라 생각한다. 잉여란 뭔가 남는 거다. 효율적인 방법을 사용했다면 딱 맞게 했을 테니 잉여가 생기지 않았으리라. '잉여 인간'이라고 하면 필요 없는 혹은 쓸모없는 인간이란 느낌을 준다. 하지만 잉여는 중요하다. 잉여 시간이 없는 사람은 스케줄에 작은 문제가 생겨도 재앙이 일어난다. 서울에서 아침 일정을 소화하고 곧바로 제주도에 가서 중요한 오후 회의에 참석해야 한다고 해 보자. 만약 교통 체증으로 비행기를 놓치면 낭패가 아닐 수 없다. 하지만 하루 전 날 여유를 가지고 제주도에 가는 사람은 비행기를 놓쳐도 다음 비행기를 타면 된다. 잉여는 뜻하지 않은 일이 벌어졌을 때 대응할 여유를 준다. DNA는 생명의 핵심 정보를 담고 있다. 이 정보를 오류 없이 전달하는 것이야말로 생명의 가장 중요한 임무 중 하나다. 그래서 진화가 만들어낸 DNA의 전략은 잉여를 잔뜩 만드는 것이다. 엑손과 인트론은 이런 전략의 산물이다. 하지만 단백질을 만드는 데 쓸모없는 인트론 정보를 단백질 만드는 과정에 보낼 필요는 없다. 그래서 핵 안에서 인트론을 제거하고 엑손만 추려서 핵 밖으로 내보내는 것이다.

엑기스 정보만 추려낸 RNA는 핵 밖으로 나와 단백질 제조 공장 리보솜과 결합한다. 리보솜은 RNA 염기 3개에 대응하는 하나의 아미노산을 하나씩 연결하여 단백질을 조립해나간다. 리보솜이 동작하는 모습을 보면 정말 기계 그 자체라는 생각이 든다. 리보솜은 RNA와 아미노산을 연결시켜야 한다. 염기 서열 AAA는 아미노산 라이신에 대응된다. 따라서 RNA에 AAA라는 정보가 있다면 아미노산 라이신을 가져와서 붙여야 한다. AAA에 상보적인 염기는 UUU다. 그렇다면 UUU에 라이신이 꼬리표처럼 붙어 있는 분자가 있다면 좋을 것 같다. 꿈이 너무 큰 걸까? 놀랍게도 이런 분자가 존재한다. 상보적 염기와 그에 대응하는 아미노산이 꼬리표로 달린 분자를 tRNA라 하는데, 한쪽에는 세 개의 염기, 다른 쪽에는 그것에 대응되는 아미노산을 달고 있다. 여기서 't'는 운반transfer을 뜻한다. 아미노산을 운반하는 RNA란 말이다. 이런 단백질 제작 맞춤형 구조물이 세포 안에서 만들어진다는 것이 신기할 따름이다. '아미노아실 tRNA 합성 효소'가 그 일을 한다.

단백질 제조 공장 리보솜에는 방처럼 생긴 공간이 세 개 있다. 운반자인 tRNA가 세 공간을 차례로 지나가는 동안 제작 중인 단백질의 일부인 늘어선 아미노산의 끝에 자신이 운반하는 아미노산을 추가로 이어 붙인다. 이렇게 아미노산이 이어져가며 단백질이 만들어진다. 이미 이야기했듯이 리보솜 근처에는 각종 아미노산을 달고 있는 tRNA들이 득실거리며 끊임없이 리보솜과 부딪히고 있어야 이런 과정이 지속적으로 일어나게 된다.

마지막 질문은 이거다. 대체 누가 언제, 어떤 단백질을 얼마만큼 만들라고 지시하는 걸까? DNA에 있는 모든 정보가 쉴 새 없이 단백질로 모두 바뀌고 있는 것은 아니다. 각 세포는 그때그때 필요한 단백질을 선택적으로 필요한 만큼만 만든다. 더구나 세포에 따라서는 DNA에 있는 특정 정보 이외에는 전혀 사용하지 않는 경우도 많다. 예를 들어 간세포는 '알부민'이라는 혈액 단백질을 만들고, 렌즈 세포는 '크리스탈린 단백질'을 만든다. 크리스탈은 우리말로 수정이다. 렌즈 세포는 말 그대로 눈에 있는 렌즈, 수정체다. 간으로 풍경을 볼 사람은 없으니 크리스탈린 단백질을 만드는 정보가 간세포에서 발현될 일은 없다. 마찬가지로 렌즈 세포에서는 알부민이 발현되지 않는다. 이렇게 모든 세포가 동일한 DNA를 가지고 있음에도 어떻게 특정한 단백질만 발현시킬 수 있을까?

아직 완전히 이해된 것은 아니지만 DNA 내에 단백질 정보가 담겨 있지 않아 쓸모없어 보이는 부분에 그 열쇠가 있는 것 같다. DNA의 거의 90퍼센트 가까이는 단백질 만드는 것과 상관없는 염기 서열이다. 중심 원리의 관점에서 보면, 이 서열은 있으나 마나 한 부분이다. 앞에서 이야기한 잉여의 부분이다. 아마 오류가 생겨도 실제 문제가 일어나는 것을 막는 쓸모 있는(?) 쓰레기장 같은 거다. 그래서 정크junk DNA라 부른다. 하지만 놀랍게도 이 부분이 DNA에서 발현의 결정에 관여한다.

수천 권의 책을 보유한 도서관을 상상해보자. 지금은 모든 정보를 온라인으로 얻을 수 있지만 옛날에는 도서관에 직접 가서 적당한 책을 찾아 필요한 부분만 복사해야 했다. 우리의 이야기에서 도서관이 보유한 책은 DNA, 사본은 RNA다. 알부민에 대한 정보만 얻고 싶다면 어떻게 해야 할까? 도서관 사서에게 알부민 부분만 복사해달라고 해야 할 거다. 인간 사서라면 알아서 책을 찾아 사본을 준비해주겠지만 DNA가 그런 요청을 이해할 리 없다. DNA에서 알부민 단백질의 정보가 담긴 부분의 시작점에 RNA 합성 기계를 갖다 놓을 수 있으면 된다. 그다음은 효소가 자동으로 RNA를 만들 것이다. 어떻게 하면 RNA 합성 기계, 즉 중합효소를 DNA상에서 원하는 위치에 갖다 놓을 수 있을까? 알부민을 만들라고 지시하는 사람은 없지만 알부민을 만들게 하는 활성자 단백질이 있다. RNA중합효소가 작업을 시작하려면 이 활성자가 정크DNA의 특정 부위에 붙어야 한다. 활성자가 사본을 요청하는 사람이고 정크DNA가 사서라고 볼 수 있다. 크리스탈린의 경우도 알부민과 마찬가지다. 즉 세포가 어떤 활성자를 가지고 있느냐가 발현될 DNA 정보를 결정할 수 있다는 것이다. 이것 말고도 유전자 발현에 관여하는 방법은 히스톤 아세틸화, DNA 메틸화, 대체 RNA 스플라이싱 등 여러 가지가 있지만, 자세한 설명은 생략한다.

RNA 타이 클럽 *

생물학의 중심 원리를 알아내는 데에 물리학자들이 지대한 공헌을 했다는 사실은 널리 알려져 있지 않다. 1953년 4월 25일 DNA 구조에 대한 논문이《네이처Nature》에 발표되었다. 같은 해 7월 왓슨과 크릭은 조지 가모프George Gamow라는 물리학자의 편지를 받는다. 가모프는 DNA를 구성하는 4개의 염기를 4비트의 문자열로 볼 수 있으며 정수론이나 조합론 같은 수학을 이용하면 생명의 암호를 알아낼 수 있을 것이라 제안했다. 아미노산은 20개, 염기는 4개이므로 3개의 염기가

---

* 이 부분은 김봉국의 〈RNA 타이 클럽의 유전암호 해독 연구: 다학제 협동연구와 공동의 연구의 제에 관한 고찰〉을 참조했다.

1개의 아미노산을 지정해야 한다는 것을 처음 이야기한 것도 가모프였다. 지금은 당연한 이야기지만 당시에는 유전을 단순한 수학적 원리로 이해하려는 시도 자체가 완전히 새로운 발상이었다.

사실 아미노산은 20개 이상 존재한다. 왓슨과 크릭은 가모프가 아미노산이 20종뿐이라고 이야기하는 것을 듣고 이상하다고 생각했다. 모든 아미노산이 생명의 단백질에 사용되는 것은 아니지만, 당시 어떤 아미노산이 생명을 이루는, 즉 '표준 아미노산'인지 알려져 있지 않았던 것이다. 결국 표준 아미노산은 20종뿐이라는 것이 확인된다. 유전을 정보 전달의 문제로 보는 시각 자체가 생물학계에 없었기에 이런 단순한 사실조차 불확실했던 것이다.

DNA가 아니라 RNA로부터 단백질이 만들어진다는 사실이 막 밝혀졌기 때문에 RNA의 염기 서열과 그에 대응되는 아미노산을 알아내는 것이 목표가 되었다. 가모프는 물리학자답게 RNA 염기 서열과 그에 대응되는 아미노산의 분자 구조가 형태상으로 서로 관련이 있을 것이라 추측한다. 이들이 열쇠와 자물쇠의 관계라는 뜻이다. 하지만 아미노산의 분자 구조에 대해서는 아직 알려진 것이 없었다. 가모프는 사람들을 모아 일명 'RNA 타이 클럽tie club'을 결성한다. 클럽에 가입한 사람은 아미노산을 하나 맡아서 그것에 대응되는 염기 서열이 무엇인지 알아내야 한다. 그래서 멤버의 수는 20명이었다. 가모프는 아미노산의 이름이 새겨진 넥타이핀 20개를 제작하여 각 멤버에게 보내주었다고 한다. 예를 들어 아미노산 '아르기닌'을 맡은 사람은 'ARG'가 새겨진 핀을 받게 된다. 이들의 모토는 "do or die; or don't try"였다. 답을 찾아내지 못하면 죽으라는 말이다. 아예 시작도 하지 말거나.

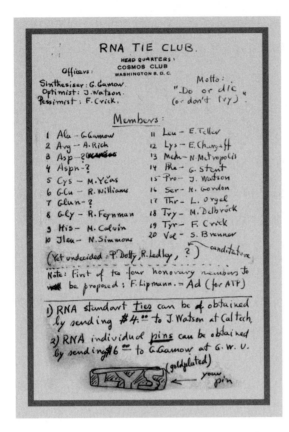

20개의 아미노산에 할
당된 RNA 타이 클럽의
멤버들

RNA 타이 클럽 멤버를 보면 어떻게 이런 사람들을 한데 모았는
지 깜짝 놀라게 된다. 리처드 파인만(1965년 노벨물리학상 수상), 멜빈 캘
빈Melvin Calvin(1961년 노벨화학상 수상), 막스 델브뤼크Max Delbrück(1969년
노벨생리의학상 수상), 시드니 브레너Sydney Brenner(2002년 노벨생리의학상 수
상), 수소 폭탄의 아버지 에드워드 텔러Edward Teller, 몬테카를로 방법의
선구자 니컬러스 메트로폴리스Nicholas Metropolis 등등. 물론 DNA의 아
버지 왓슨과 크릭도 포함된다.

4개 염기 가운데 3개를 골라 만들 수 있는 경우의 수는 64개인데, 아미노산은 20개뿐이라는 사실이야말로 가장 중요한 단서다. 64개에서 20개를 뽑아내는 아름다운 수학 규칙이 있을 거라는 믿음이 이들에게 있었다. 가모프는 '삼각형 코드'를 제안한다. 삼각형 꼭짓점에 4개의 염기를 늘어놓는 경우의 수가 20개라는 것에서 착안한 것이다. 크릭은 '콤마 없는 코드'를 고안한다. RNA는 염기가 일렬로 나열된 것이고, 이 가운데 연속된 3개가 하나의 아미노산을 정한다고 했다. 그렇다면 3개의 시작과 끝을 어떻게 알 수 있을까? 예를 들어 다음과 같은 RNA의 일부가 있다고 하자.

…ACGUUAGC…

여기서 염기를 3개씩 묶는 방법은 3가지가 있다.

…ACG-UUA-GC…

…A-CGU-UAG-C…

…AC-GUU-AGC…

이 가운데 무엇이 옳은 것인지 생명체는 어떻게 아는 것일까? 크릭의 생각은 이렇다. 이 가운데 한 가지만 의미가 있도록 코드 암호가 정해진다면 염기 서열 64개 가운데 20개만 가능하다. 예를 들어 AAAAAAAA 같은 서열은 어디를 끊어야 하는지 알 수 없기 때문에 'AAA'는 염기 서열로 쓰지 않는다는 것이다. 참으로 아름답고 우아한 이론이 아닐 수 없다. 이게 사실이라면 유전의 암호를 만든 신은 수학 자임에 틀림없다. 물리학자도 울고 갈 멋진 결론이 아닐 수 없다.

하지만 이런 모든 시도는 실패로 끝난다. 생명은 물리학자가 보기에 우아하지 않은 방식을 사용하고 있었다. 가모프나 크릭이 주장하는 이론이 옳다면 RNA에 등장하는 염기 서열은 완전히 무작위적이지 않다는 뜻이 된다. 예를 들어 염기를 무작위로 배열하면 AAA가 나올 확률은 64분의 1이 되어야 하지만, 크릭의 이론이 옳다면 확률이 0이 된다. 즉 A가 두 번 연이어 나오면 그다음 염기는 무작위로 결정할 수 없다는 뜻이다. 따라서 이렇게 만들어진 아미노산도 무작위로 배열될 수 없다. 하지만 단백질의 아미노산 서열에 대해 통계 조사를 해본 결과 아미노산은 거의 무작위로 등장하고 있었다.

훗날 RNA와 아미노산은 바로 연결되는 것이 아니라 tRNA라는 운반자를 매개로 결합된다는 것이 밝혀진다. 즉 염기라는 열쇠를 아미노산이라는 자물쇠에 바로 꽂는 것이 아니라, 열쇠를 프런트 직원에게 보여주면 직원이 아미노산을 찾아준다는 것이다. 물리학자가 보기에 우아함과는 거리가 먼 방법이다. 여기서 우리는 중요한 교훈을 얻는다. 자연은 인간이 보기에 우아한 방식으로 작동하지 않는다. 하지만 RNA 타이 클럽은 올바른 답을 얻기 위해 반드시 거쳐야 할 단계를 최단 시간에 지나는 공헌을 했다. 과학에 왕도는 없다. 모든 길을 탐색해야만 올바른 길을 찾을 수 있다. 문제는 시간과 끈기다. 또한 이 작업에 참여한 사람들은 물리, 컴퓨터, 생명 과학 같은 다양한 학문적 배경을 가지고 있었다. 이것은 학제 간 협업의 소중한 사례로 역사에 길이 남을 것이다.

* * *

생물은 원자로 만들어진 화학 기계다. DNA, RNA, 단백질 모두 원자로 되어 있고, 이들 사이의 화학 반응은 양자역학에 따라 작동한다. 화학 반응을 지시하는 존재는 따로 없다. 충분히 많은 분자가 빠른 속도를 갖고 무작위로 움직이기 때문에 일어나는 일일 뿐이다. 원자 수준에서 이것을 위한 어떤 의도나 목적은 없는듯하다. 하지만 수많은 원자들이 모여 생명의 몸체를 이루는 순간, 외부 변화에 저항하며 자신을 유지하고, 나아가 자신의 복제품을 만드는 '것'이 탄생한다. 적어도 현재의 물리학으로 원자 수준에서 생명이 있어야 할 필연성을 끌어낼 수는 없다. 물리학은 이미 존재하는 생명을 설명할 수 있을 뿐이다. 생명도 물리 법칙에 따라 작동된다. 하지만 생명을 설명하려면 우리는 원자의 층위에서 한 단계 올라가야 한다. 생명을 원자의 집단이라고 말하기는 쉬워도 생명을 단순히 원자의 집단으로 환원하기는 힘들다. DNA는 유전 정보를 저장할 수 있는 유일한 원자 구조인가? 아미노산 가운데 생명의 단백질로 20개만 사용하는 이유는 무엇인가? 생명의 에너지 대사에 사용되는 화학 반응 이외에 다른 가능성은 없었나? 우리는 이런 질문에 제대로 대답하기 힘들다. 따라서 지구 밖 우주의 어딘가에 생명이 있다면 그것을 이루는 분자가 지구의 생명과 얼마나 다를지 예상할 수 없다.

생명은 자신을 복제한다. 자신에 대한 모든 정보를 DNA에 저장하고 이것을 복제한다. 복제의 전 과정은 물리적이다. DNA로부터 자신을 만드는 과정 또한 물리적이다. 과정에 참여하는 개별 원자와 분자들은 열운동을 할 뿐이다. 모든 과정은 양자역학에 따라 진행된다. 하지만 생명이 왜 자신을 복제하려고 하는지 우리는 아직 알지 못한다. 복제하려는 어떤 의도나 목적이 이런 원자 구조물을 만들었을까? 아니면 우연히 만들어진 원자 구조물이 복제의 특성을 얻어 아무런 이유 없이 그냥 끝없이 복제하고 있는 것일까? 물리학은 우주에 의도나 목적이 없다고 말해준다. 그렇다면 생명은 우연히 생겨난 자기 복제 기계에 불과한 것일 수 있다. 지구 밖에서 다른 생명체를 발견하는 날 이 문제에 대한 중요한 단서가 나올 것이라 생각한다. 만약 외계 생명체의 화학 체계가 지구의 생명과 유사하다면 생명의 보편 원리가 존재할 가능성이 크다는 뜻이다. 그렇다면 우리는 보편 생명에 대한 이론을 구축해야 한다. 지구 밖에 생명체가 없다는 것은 우주 전체를 샅샅이 확인할 때까지는 확신할 수 없다. 하지만 외계에 생명체가 없다고 가정하면 우리는 그냥 엄청난 우연의 산물일 뿐이라는 결론에 도달한다. 우연으로 생긴 자기 복제를 하는 화학 기계가 얼마나 놀라운 일을 할 수 있는지 다음 장에서 살펴보자.

9장

최초의 생명체와 진화

변화의 누적이 만든 기적

생물이 무생물과 다른 점은 자신을 보존하려는 경향이 있다는 것이다. 여기서 사용한 '경향'이라는 단어는 현상에 대한 묘사일 뿐 이를 통해 어떤 의도나 목적이 있다고 말하려는 것은 아니다. 물체는 낮은 곳으로 향하는 경향이 있다. 여기서 경향은 객관적으로 상황을 기술하는 용어다. 하지만 물체가 중력 때문에 낮은 곳으로 향하는 것과 자신을 보존하려는 것이 같은 종류의 현상일까? 질서를 가진 구조물이 자신을 보존한다면 그 구조물만 볼 때 열역학 제2법칙에 위배되는 듯 보이기도 한다. 열역학 제2법칙은 엔트로피가 증가하고 질서가 무질서로 나아간다고 이야기해주기 때문이다.

생물의 존재가 열역학 제2법칙을 위배하는 것은 아니다. 생물은 자신의 구조를 보존하기 위해 주변에서 에너지를 끌어와 사용하고 엔트로피가 높은 부산물을 내놓는데, 그 결과 주변의 엔트로피를 증가시킨다. 결국 엔트로피는 생물과 그 주변을 전부 포함하여 고려했을 때 증가한다. 원래 열역학 제2법칙은 우주 전체의 엔트로피가 줄어들지 않는다는 것이다. 우주의 일부만 고려하면 엔트로피가 줄어들 수도 있다. 실험실에서 엔트로피가 줄어드는 것을 보기 힘든 것은 실험 장치가 외부와 격리되어 있기 때문이다. 외부와 완전히 격리된 장치 내부에서 보면 내부가 우주 전체나 다름없다. 외부의 존재가 내부에 전혀 영향을 주지 못하기 때문이다. 그래서 실험 장치 내부의 엔트로피는 줄어들지 않는다. 생물은 실험 장치가 아니다. 외부와 상호 작용하기 때문이다. 만약 외부와 완전 격리된 생물이 있다면 엔트로피는 증가하기만 할 것이다. 물론 그 생물은 곧 죽겠지만. 아무튼 생물의 존재가 열역학 제2법칙을 위배하는 것은 아니다.

생명체는 자신을 유지하려고 한다. 이런 경향이 어떻게 시작되었는지는 여전히 풀리지 않은 수수께끼다. 바로 최초의 생명체 문제다. 적어도 원자나 분자 몇 개의 수준에서 자기 보존의 경향이 존재한다는 증거는 없다. 원자 생물이라는 말을 들어본 적 없는 이유다. 그렇다면 이것은 원자, 분자 이상의 수준에서 창발한 특성이다. 엄청나게 많은 수의 원자가 모였을 때 나타나는 현상이란 말이다. 세균만 해도 수백억 개의 원자로 구성된다. 생물과 무생물의 중간에 해당한다는 바이러스조차 수백만 개의 원자가 필요하다. 생명 현상을 원자 수준에서 모두 이해하는 것은 불가능할 것이다. 생명을 이해하기 위해서는 양자역학으로 환원되지 않는 새로운 법칙이 있어야 한다.

자신을 유지하려는 목적을 지속적으로 완수하기는 힘들다. 세상은 위험으로 가득하고 예기치 못한 일들이 언제나 일어나기 때문이다. 한 번의 실수로 죽을 수 있다면 자신을 유지하려는 것이 무슨 의미가 있을까? 이 문제를 해결하는 기막힌 답이 있다. 자신의 복제품을 만드는 것이다. 물론 여기에는 형이상학적인 문제가 있다. 복제된 내가 나인가? 나를 똑같이 복제했다고 해도 원본인 내가 죽으면 무슨 소용인가? 유지하려는 속성은 나라는 자아가 아니라 나라는 정보에 있는 것일까? 이 문제는 나중에 다시 이야기하자.

자신을 유지하려는 경향은 복제로 도약하고 이는 자신을 더 많이 복제하려는 경향으로 나아간다. 이 이야기에는 비약이 있다. 태풍과 같은 구조는 한동안 자신의 형태를 유지하며 바다를 가로질러 수천 킬로미터를 움직인다. 태풍이 자기를 유지하려 한다고 주장해도 할 말은 없다. 하지만 태풍은 자신을 복제하지 않는다. 유지와 복제는 전혀 다른 개념이다. 아무튼 우리가 아는 한 생물은 복제 기계의 산물이다. 리처드 도킨스Richard Dawkins는 이 기계 앞에 '이기적selfish'이라는 단어까지 붙였다.* 심지어 바이러스는 자신을 유지하는 데 관심이 없고 오직 복제만 한다. 하지만 유지가 복제보다 먼저였을 것이라 생각할 이유는 많다. 바이러스는 유지를 목적으로 하는 다른 생명체가 없다면 생존할 수 없기 때문이다.

원본이 복잡하다면 복제 과정에서 실수가 일어날 수 있다. 이런 오류는 대개 개체에게 치명적인 결과를 가져온다. 설계도를 보며 전자제품을 조립할 때 작은 실수라도 하면 제품은 작동하지 않는다. 하지만 생명 전체의 관점에서 볼 때 약간의 오류를 가진 복제는 선물이다. 개체들은 자신을 더 많이 복제하려고 경쟁한다. 사실 경쟁이라고 했지만 각 개체는 그냥 끝없이 복제할 뿐 어떤 의도를 가지고 노력하는 것이 아니다. 복제에 필요한 자원과 공간이 무한하다면 문제가 없겠지만

---

* 리처드 도킨스의 역작 《이기적 유전자》를 염두에 둔 표현이다.

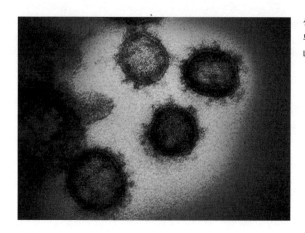
생명과 무생명 사이의
무자비한 복제자 코로
나 바이러스

지구의 자원과 공간은 유한하다. 결국 좋든 싫든 복제 기계는 경쟁을
하게 되어 있다. 복제가 모두 완벽히 수행된다면 결국 이들은 그 개체
수에 있어서 수학적 평형 상태에 도달할 것이다.

복제에서 오류가 나타난다면 상황은 바뀐다. 대개의 오류는 나쁜
결과를 초래하지만 이따금 좋은 결과를 주는 오류도 있을 것이다. 다른
개체보다 조금 복제 능력이 뛰어난 개체가 탄생하기만 하면 균형은 깨
진다. 복제에 유리한 특성을 가진 것들이 더 많이 복제에 성공할 것이
고, 복제를 더 많이 할 수 있다면 더 많아질 것이며, 시간이 지남에 따라
이들 개체만 남게 될 것이다. 사정거리가 100미터 더 긴 총을 가진 군
대는 조만간 다른 군대를 제압할 것이다. 다른 군대도 사정거리를 늘려
야 살아남을 수 있다. 오류를 포함한 복제가 존재한다면 진화는 필연이
다. 여기에 어떤 의도나 목적은 없다. 좋은 것이 좋은 결과를 내고, 많은
것이 많다는 당연한 말을 하는 것뿐이다. 물리학자에게 진화는 그냥 당
연한 이야기다. 원래 위대한 아이디어는 알고 나면 당연하다.

이제 주어진 자원을 놓고 생물들 사이에서 자손을 더 많이 남기기 위해 경쟁하는 죽음의 게임이 시작된 것이다. 진화의 속성상 승자가 누구일지 예측하기는 힘들다. 무작위로 발생하는 오류의 결과로 얻어진 우세가 승부를 가르기 때문이다. 다만 오류를 통해서 진화하는 것이므로 이전의 개체에서 아주 조금씩 점진적으로 변해갈 뿐이다. 이런 관점에서 본다면 진화의 역사에는 인간의 역사와 마찬가지로 필연적 과정이 있을 것 같지는 않다. 인간의 역사에 합법칙성을 부여하는 역사 이론도 있다. 농경 사회에서 시작하여 자본주의를 거쳐 사회주의로 진행하는 것이 필연이라는 거다. 마찬가지로 생명의 역사도 인간의 탄생을 향해 진행해온 필연적인 드라마로 보는 관점이 가능한데, 아직 이를 뒷받침하는 과학적 증거는 없다.

그동안 진화에서 환경의 역할이 강조되어왔다. 환경 변화에 적응하기 위해 종이 바뀌었다는 것이다. 하지만 환경이 변하지 않더라도 개체 간의 치열한 경쟁만으로도 많은 변화가 일어날 수 있다. 바다에서 먹이 경쟁이 치열하면 기후에 아무런 변화가 없더라도 경쟁이 덜한 육상 생물로 진화하는 변화가 일어날 수 있다. 더구나 진화의 성패는 복제의 성공 여부가 결정한다. 유성생식을 하는 생물의 경우는 번식을 위한 짝짓기가 성공의 첫 번째 성패를 좌우한다. 일단 존재부터 해야 경쟁할 것 아닌가? 따라서 배우자의 선택을 받으려는 경쟁도 진화의 중요한 동력이다.

물리학자에게 진화는 난감한 주제다. 진화를 통해 어떤 생물들이 탄생했는지 순차적으로 설명하는 것 말고 할 일이 없어 보이기 때문이다. 더구나 진화는 무작위로 일어난다. 이미 일어난 일을 사후에 설명하는 느낌이랄까. 물론 진화라는 위대한 아이디어를 폄훼할 생각은 없다. 적어도 지구상에 존재하는 생물의 다양성을 성공적으로 설명하는 유일한 이론이고, 인류와 지구 생명체의 미래에 대해 큰 틀에서 이야기해주기 때문이다.

최초의 생명체

진화를 이야기할 때 최초의 생명체가 어떻게 생겼는가는 최대의 관심사다. 생명의 생화학적 기초가 확립된 이후 생화학적 수준에서 큰 변화는 없었던 것으로 보이기 때문이다. 물론 무無에서 최초의 생명체가 탄생하기까지의 과정이야말로 과학에서 가장 중요한 이슈다. 일단 자기를 유지하면서 복제하는 최초의 생명체가 나타나면 이 기본 세팅을 바탕으로 진화를 시작할 수 있다. 스마트폰의 운영 체제가 정해지면, 예를 들어 안드로이드일지 iOS일지 정해지면 그 기반 위에 수많은 앱이 나타나 경쟁하며 진화하는 것과 비슷하다. 하지만 앱이 운영 체제를 바꾸지는 못한다. 최초의 생명체에서 자신을 제어하고 에너지를 생산하는 방법이 유지와 관련되고, DNA나 RNA를 이용하여 자신을 정보화하는 방법이 복제와 관련된다. 지구상 거의 모든 생명체가 유지와 복제에 동일한 화학적 방법을 사용하는 것을 보면 최초의 생명체가 생명의 운영 체제를 결정했음이 틀림없다.

유지에는 돈이 든다. 물리적으로 에너지가 필요하다는 말이다. 앞에서 이야기했지만 지구상 생명체는 양성자(H^+) 농도 차로 ATP를 생산하여 에너지로 사용한다. 막으로 둘러싸인 작은 공간에 양성자를 농축시켜 두었다가 댐이 수문을 열듯이 양성자 흐름의 물꼬를 터서 그 동력으로 ATP를 합성한다. 양성자 농도 차를 얻는 방법에는 두 가지가 있다. 미토콘드리아에서 일어나는 세포 호흡과 엽록체에서 일어나는 광합성이다. 에너지가 있다고 자신을 유지할 수 있는 것은 아니다. 에너지를 이용하여 무언가 해야 한다. 돈이 있다고 기업이 저절로 굴러가는 것은 아니다. 일을 할 사람과 기계가 필요하다. 생명이 하는 모든 일, 즉 모든 제어는 단백질로 이루어진다. 사실상 생명은 단백질로 제어되는 화학 기계다. 자신을 복제할 때 필요한 정보도 단백질에 대한 것이다. DNA가 단백질을 만드는 정보인 이유다.

최초의 생명체는 에너지 생산 장치, 단백질 합성 기계, DNA를 모두 가지고 있어야 한다. DNA를 만드는 데 단백질이 필요하고, 단백질을 만드는 데 DNA가 필요하고, 에너지를 만드는데 단백질이 필요하며, 이들을 만드는 데 에너지가 필요하기 때문이다. 생명이 우연으로 탄생했다면 뒤죽박죽으로 뒤섞인 원자들에서 이런 많은 장치가 어느 날 갑자기 '짠!' 하고 한꺼번에 조립되었어야 한다는 뜻이다. 이게 가능한 일일까? 현대 인간 사회가 굴러가려면 정말 많은 것이 필요하다. 가정집만 보더라도 전기와 가스가 공급되어야 하고 수돗물이 들어오고 폐수가 나가야 한다. 마트에 식품이 정기적으로 공급되고 작물을 재배하고 운반하는 사람이 있어야 한다. 이 모든 복잡한 조직이 어느 날 갑자기 생겼다고 생각한다면 미친 거다. 먼 옛날 사람들은 훨씬 단순한 세상에 살았다. 수돗물은커녕 하수도나 전기도 없었다. 선사 시대의 동굴에서 시작된 인간의 사회가 신석기 혁명, 청동기 시대, 철기 시

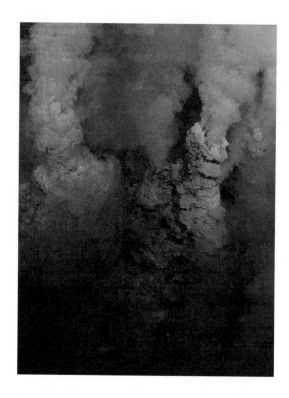

지구 최초의 생명체가 탄생한 장소로 여겨지는 심해의 열수분출공

대, 과학 혁명, 산업 혁명을 거쳐 지금의 모습으로 점진적으로 발전해 온 것이다. 최초의 생명체도 마찬가지일 것이다. 어느 날 갑자기 이 모든 것이 존재하게 된 것은 아닐 것이다. 우리가 아직 알지 못하는 중간 단계를 거쳐 생명이 탄생했다고 생각하는 것이 합리적이다.

생존에 가장 중요한 것은 에너지다. 일단 살아야 복제나 번식도 할 수 있다. 그렇다고 생명체가 처음부터 광합성이나 세포 호흡을 했을 것 같지는 않다. 이들은 수많은 분자 화학 공장을 필요로 하기 때문이다. 광합성과 호흡의 목적은 양성자 농도 차를 얻는 것이다. 양성자 농도 차를 공짜로 주는 장소가 있다면 거기서 최초의 생명체가 탄생할 수 있었을 거란 이야기다. 바로 심해의 열수분출공熱水噴出孔이다.˙ 뜨거운 물(열수)을 분출하는 구멍이란 뜻이다. 깊은 바닷속의 초소형 화산이라고 보면 된다. 놀랍게도 이런 곳에조차 생명체가 바글거리며 산다. 열수분출공 내부는 강한 알칼리성을 띤다. 바깥쪽보다 양성자가 부족하다는 말이다. 즉 열수분출공은 그 자체로 양성자 농도 차를 가지고 있다. 그 겉모습은 굴뚝과 같이 생겼는데 철(Fe)과 황(S)이 결합한 황철석이나 황화물로 되어 있다. 내부는 0.1밀리미터 크기의 작은 빈 공간들이 미로처럼 얽혀 있다. 이것은 평균적인 세포의 크기다.

아마도 최초의 생명체는 열수분출공 기둥 내부의 기포와 같이 작은 공간에서 탄생했을 것이다. 생명체가 외부 환경과 구분되기 위해서는 외부와 격리된 공간이 필요한데, 기포 공간이 그 역할을 한 거다. 에너지는 양성자의 형태로 외부에서 공짜로 공급되니까 이것으로 당장 생명에 필요한 물질을 만들 수 있다. 물론 그 물질이 무엇이며 어떻게 작동하는지 아직 알지 못한다. 그리고 어찌어찌하여 기포 공간을 대체할 세포막이 형성되자 생명체는 자유를 찾아 열수분출공을 떠나게 된다. 독립에는 고통이 따르게 마련이다. 이제는 스스로 양성자 농도 차를 만들어야 한다. 호흡이나 광합성 장치를 제작해야 한다는 뜻이다. 기포 공간은 변형이 일어나기 힘들지만 세포막은 유동적이라 둘로 나뉘는 것도 가능하다. 자신을 둘로 분열시킬 수 있다는 뜻이다. 그렇다면 이제 DNA만 있으면 복제도 가능하다. 이 이야기에는 허점이 많다.

˙ 열수분출공에는 블랙스모커와 화이트스모커 두 종류가 있다. 블랙스모커는 고온의 산성의 물을 뿜어내고, 화이트스모커는 이보다 다소 낮은 온도의 염기성의 물을 뿜어낸다. 여기서는 화이트스모커를 고려한다.

하지만 열수분출공에서 출발한 생명은 처음부터 광합성이나 호흡 같은 복잡한 생화학 과정의 발명 없이도 존재할 수 있기 때문에, 최초 생명체의 강력한 후보로서 많은 과학자의 관심을 받고 있다. 하지만 이것은 아직 그럴듯한 가설일 뿐 최초의 생명체가 무엇인지 아직 알지 못한다. 그럼 자신을 유지하며 복제하는 생명체가 탄생했다고 하자. 그다음은 무슨 일이 벌어지는 걸까?

종의 기원

나는 내가 할 수 있는 한 가장 열심히 그리고 가장 잘했다.
이보다 더 잘할 수 있는 사람은 없다.
— 찰스 다윈《나의 삶은 서서히 진화해왔다》

찰스 다윈Charles Darwin은 1831년 22세의 나이로 비글호의 탐사 여행에 참여하여 세상을 뒤흔들 발견을 한다. 다윈이 탐사 여행에 참여하고 싶다고 이야기했을 때, 부유한 의사였던 아버지는 격렬히 반대한다. 하지만 외삼촌의 전폭적인 지지로 간신히 허락을 받는다. 다윈이 아버지와 싸우고 집을 나가거나 하지 않고 끝내 허락을 얻은 것은 대단히 중요한 의미가 있다. 훗날 다윈은 아버지의 많은 유산을 받아 돈 버는 데 시간 낭비하지 않고 학문에 몰두할 수 있었기 때문이다. 그 결과물의 하나가《종의 기원The Origin of Species》이다. 다윈은 내성적인 성격이었는데 비글호 탐사 이후 죽을 때까지 영국은커녕 자기가 사는 지역을 크게 벗어나 본 적도 없다고 한다.

탐사 여행에서 돌아온 다윈은 지질학자로서 명성을 얻게 된다. 갈라파고스에서 새의 부리를 보고 진화론을 떠올렸다고 알려져 있지만, 진화론이 정립되는 것은 여행에서 돌아온 후 몇 년이 지나서다. 진화론 탄생의 중요한 단서는 작물·가축 개량법과 토머스 로버트 맬서스Thomas Robert Malthus의《인구론An Essay on the Principle of Population》에서 나왔다. 농경이 시작된 이래 농부들은 교배를 통해 작물이나 가축을 개량해왔다. 선택적 교배를 통해 생물을 원하는 방향으로 변화시키는 것이 가능하다는 것을 이미 알았다는 뜻이다. 변화의 동력은 농부의 선택이었다. 농부가 없어도 이런 변화가 일어날 수 있을까? 맬서스에 따르면 개체 수는 기하급수로 늘어난다. 한정된 자원을 두고 경쟁이 격화되면 생존에 유리한 특성을 가진 개체만 살아남을 것이고 이들의 자손이 다수가 될 것이다. 농부가 없더라도 이런 자연선택 과정을 통해 생물은 점진적으로 변화되어갈 수 있다.

비글호 탐사가 끝나고 24년이 지난 1859년《종의 기원》이 출판된다. 하루 만에 초판이 다 팔렸다고 하니, 당시의 출판 배급 구조를 고려할 때 정말 엄청난 인기였다. 진화론은 지구상 모든 생명에 적용되는 이론이지만 사람들은 주로 진화론이 인간에게 주는 함의에 집중하여 논쟁을 벌였다. 인간도 다른 동물과 다름없는 진화의 산물이라는 주장은 인간이 신의 형상을 닮은 특별한 존재라는 기독교 교리에 위배되었기 때문이다. 1860년 옥스퍼드 대학교에서 열린 영국과학진흥협회 총회에서 새뮤얼 윌버포스Samuel Wilberforce 주교는 진화론의 지지자인 토머스 헉슬리Thomas Huxley에게 "헉슬리 씨 조상 중 원숭이는 할아버

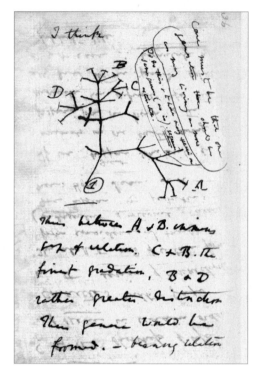

다윈이 제안한 생명의 나무

지 쪽입니까, 할머니 쪽입니까?"하고 공개적으로 조롱하기도 했다.

　다윈은 유전자를 알지 못했다. 진화론이 옳다면 유전 정보를 갖는 물질이 존재하고 복제하거나 번식할 때 실수*가 일어나야 한다. 실수는 개체에 변이를 만들어내고, 이는 새로운 환경에서도 생존할 수 있는 특별한 능력의 원천이 된다. 그렇다고 변이가 심하게 일어나면 개체는 생존하지 못하고 바로 사라질 것이다.《종의 기원》이 출판되기도 전인 1850년대 오스트리아의 교회 수사였던 그레고어 멘델Gregor Men-

---

* 이를 돌연변이라 부른다.

del은 유전에 규칙이 있다는 사실을 알아낸다. 특정 형질을 갖는 완두콩을 교배시켰더니 그 자손에서 나타나는 형질 사이에 확연한 수학적 패턴이 있었던 것이다. 이는 유전이 기계적 과정이며 유전을 매개하는 물질이 있다는 의미였다.

멘델이 완두콩만 가지고 실험한 것은 아니다. 흰쥐와 회색 쥐를 교미시켜 새끼의 색깔을 관찰하기도 했다. 교회 수사라는 사람이 어두운 지하실에서 쥐들을 교미시키는 모습을 상상해보라. 참지 못한 수도원장의 지시로 멘델은 쥐를 이용한 실험을 중단했다. 역시 과학의 길은 멀고도 험하다. 훗날 유전을 매개하는 물질이 DNA이고 복제하는 과정에서 돌연변이가 일어난다는 것이 확인됨으로써 진화론의 생화학적 토대가 확립된다.

진화의 우연과 필연

최초의 생명체에서 시작된 지구상 진화의 역사는 필연이었을까? 지구상에서 일어난 진화의 역사를 처음부터 다시 시작한다면 결국 호모 사피엔스가 또 등장하게 될까? 최초의 생명체가 다른 모습이었다면 진화의 역사는 어떻게 바뀌었을까? 우리는 이런 질문에 답할 수 없다. 진화의 역사에 관한 증거는 지구상에 일어난 단 하나의 사례이기 때문이다. 더구나 단 하나의 사례조차 완전히 알지 못한다. 제대로 된 답을 얻으려면 지구 밖에서 증거를 찾아야 한다. 외계 생명체 탐사가 중요한 이유는 그것이 지구상 생명의 본질을 이해하는 중요한 단서를 줄 것이기 때문이다.

만약 화성에서 지구의 세균과 비슷한 형태의 단세포 생물이 발견되었다고 하자. 이 생물이 단백질로 생체 현상을 제어하고 DNA로 유전 정보를 저장하고 광합성을 한다면, 지구상 생명의 모습은 필연적이라 할 수 있다. 이제 과학의 과제는 지구상 생물을 기반으로 우주 생명의 보편 법칙을 탐구하는 것이다. 하지만 화성의 생물이 지구와는 완전히 다른 형태의 생화학 구조를 갖는다면 지구상 생명의 모습은 그냥 우연의 산물이 된다.

진화의 역사 문제는 좀 더 미묘하다. 그 속성상 진화에는 방향이 없다. 환경이 변하면 새로운 환경에 적응한 종이 살아남는다. 환경에는 지구의 온도, 대기를 이루는 기체들의 농도, 태양광의 세기 등만 있는 것은 아니다. 포식자나 먹이 같은 다른 생물들과의 관계나 동일한 종 내에서도 번식 가능성에 영향을 주는 여러 형질이 모두 환경에 포함된다. 아주 복잡하다는 뜻이다. 복잡계의 진화를 정확히 예측하는 것은 거의 불가능하다. 지구상에서 진화의 역사를 다시 시작한다면 인간이 나타나지 않음은 물론, 전혀 다른 종류의 생물이 나타나게 될 확률이 크다는 뜻이다.

복잡계 진화의 세세한 역사를 예측하는 것은 힘들지만 큰 규모에서 나타나는 패턴을 찾거나 예측하는 것이 가능할 때도 있다. 태풍의 진로를 정확히 예측하는 것은 힘들지만 대체로 남쪽에서 북쪽으로 이동하며 전향력에 의해 북반구에서는 동쪽으로 휘는 경향을 갖는다. 생명의 진화에서도 뭔가 전반적인 방향성이 존재할까? 인간의 역사를 보아도 점점 복잡하고 고도로 조직화된 사회로 발전하는 양상이 보이지 않는가. 우리는 아직 이 질문에 대한 답을 알지 못한다. 그렇다면 할 수 있는 일은 지구상에서 이미 일어난 진화의 역사를 되짚어보는 것뿐이다.

생명의 가장 오래된 화석 증거는 35억 년의 나이를 갖는 스트로마톨라이트stromatolite다. 그 이후 지구상 생명체가 수행한 가장 중요한 일은 광합성이었다. 광합성하는 시아노박테리아의 입장에서는 생존하기 위해 에너지를 만든 것이지만 그 부산물로 발생한 산소는 지구에 엄청난 변화를 초래했다. 산소는 반응성이 강한 원자라 지상의 금속과 대기 중의 메탄을 모조리 산화시켰다. 그러고도 남은 산소가 대기를 채우기 시작했다. 지금 대기의 21퍼센트가 산소인 이유다. 대기에 산소가 있으면 물은 증발을 멈춘다. 태양광은 물을 수소와 산소로 분해하는데, 수소는 가벼워서 대개 우주 공간으로 날아가 버린다. 하지만 대기 중에 산소가 많다면 수소는 산소와 다시 결합하여 물이 된다. 화성의 표면에는 과거 물이 흘렀던 증거가 남아 있다. 하지만 대기에 산소가 없기에 현재 화성의 표면에는 물이 없다. 시아노박테리아는 광합성하는 원핵생물이다. 지구 대기 중 산소 농도는 광합성하는 진핵생물이 탄생한 시기에 가장 빠른 속도로 증가했다. 원핵생물은 세포핵이 없고, 진핵생물은 세포핵이 있다. 진핵생물의 탄생이야말로 진화의 역사에서 가장 결정적인 첫 번째 국면이다. 참고로 인간과 같은 동물은 모두 진핵생물이다.

공생, 진화를 추동하다

최초의 생명체인 원핵생물은 세포막으로 둘러싸인 세포질 내에 각종 단백질 및 DNA가 뒤섞여 존재하는 형태였을 것이다. 하지만 진핵생물은 핵막, 미토콘드리아, 소포체와 같은 소기관을 가지며 그 크기와 복잡성에 있어 원핵생물과는 상대가 되지 않는다. 쉽게 말해서 진핵생물이 부서별로 방이 따로 할당된 사무실로 구성된 대기업 건물이라면, 원핵생물은 칸막이도 없이 모든 부서가 한 방에 모여 있는 원룸 오피스텔이라고 할 수 있다. 복잡한 진핵생물은 단순한 원핵생물들의 공생으로 탄생했다는 것이 현재의 정설이다.

21억 년 전 어느 날 원핵생물 하나가 또 다른 원핵생물인 산소 호흡하는 호기성 프로테오박테리아를 집어삼켰다. 이유는 모르지만 프로테오박테리아는 소화되지 않고 원핵생물 내에 살아남았다. 프로테오박테리아 입장에서 볼 때 소화되지 않을 수만 있다면 포식자 원핵생물 내부에 있는 것이 안전했다. 밖에 나가봐야 다른 포식자에게 잡아먹힐 것이기 때문이다. 프로테오박테리아를 삼킨 원핵생물 입장에서도 내부의 프로테오박테리아는 유용했다. 프로테오박테리아는 점차 적응하여 미토콘드리아가 되었을 것이다. 당시 산소 농도가 증가하고 있었는데, 산소는 반응성이 강한 원자다. 쉽게 말해 '독'이다. 미토콘드리아는 산소 호흡으로 에너지를 생산한다. 내부의 미토콘드리아가 산소도 제거해주고 에너지도 만들어주니 일석이조라 할만하다. 숙주인 원핵생물이 할 일은 먹이를 공급해주는 것이다. 아마도 원핵생물-미토콘드리아 연합체는 다른 원핵생물들을 닥치는 대로 먹어치우는 식세포가 되었을 것이다. 식세포가 움직이는 데 필요한 막대한 에너지는 미토콘드리아가 공급했을 것이다. 참고로 오늘날 세포 하나당 대략 2000개의 미토콘드리아가 있다. 이 정도면 원시 지구에서 무적의 원자력 항공모함 전대라 할만하다. 엽록체도 미토콘드리아와 마찬가지

핵상물질

원핵세포

세포질

세포막

1. 원핵세포의 크기가 커지고 세포막이 세포 안쪽으로 말려 들어가면서 부피 대비 표면적이 증가한다.

세포막이 말려 들어감

2. 말려 들어간 세포막이 세포 내막을 형성하고 핵상물질을 둘러싸 핵을 구성한다.

세포 내막계

핵

핵막

소포체

3. 잡아먹힌 호기성 프로테오박테리아가 소화되지 않고 살아남아 숙주와의 내공생이 시작된다.

최초의 진핵세포

프로테오박테리아

4. 점차 산소가 풍부해지는 상황에서 공생이 숙주에게 이득이 되고 숙주에 동화된 프로테오박테리아가 미토콘드리아가 된다.

미토콘드리아

시아노박테리아

미토콘드리아

동물, 균, 종속
영양생물의 조상

엽록체

5. 시아노박테리아와 내공생을 하고 이후 시아노박테리아는 엽록체가 된다.

식물과
해조류의 조상

원핵세포에서 진핵세포로의 도약

로 세포 내 공생의 산물이다.

공생설의 중요한 증거 중 하나는 미토콘드리아와 엽록체 모두 고유의 DNA를 가진다는 사실이다. 원래 DNA는 핵 안에만 있어야 한다. 핵이야말로 세포의 중앙 정보 보관소 아닌가. 하지만 미토콘드리아와 엽록체는 핵과 별개의 DNA를 독자적으로 보유한다. DNA야말로 그 세포가 누구인지 말해주는 신분증이며 복제의 주인공이다. 따라서 미토콘드리아와 엽록체는 한때 독자적으로 복제를 했을 것이다. 초기 원핵세포 내부에서 공생하던 미토콘드리아나 엽록체가 죽었을 때, 몸이 분해되며 그 DNA도 숙주 세포 내에 흩어졌을 것이다. 이런 쓰레기 DNA와 숙주의 DNA가 한동안 뒤섞였다는 증거가 현재 진핵세포의 DNA에 흔적으로 남아 있다. 결국 숙주가 자신의 DNA를 지키기 위해 핵막을 만드는 진화를 한 것으로 보인다. 핵막으로 둘러싸인 핵은 진핵세포와 원핵세포를 구분 짓는 특성으로 세포 내에서 DNA를 격리해 보관하는 특별 창고다.

핵막이 없는 원핵생물, 즉 세균은 다른 죽은 세균들의 DNA를 받아들여 쉽게 변이를 일으킨다. 이 때문에 인간과 병원균의 전쟁에서 신약이 개발되는 속도보다 세균의 돌연변이가 빠를 수 있다. 진핵생물은 핵막을 만들어 공생 개체들의 DNA로부터 자신의 DNA를 보호할 수 있었지만 다른 개체의 DNA를 바로 자기 DNA에 삽입하여 빠른 변이를 일으킬 수 있는 원핵생물의 장점은 잃어버렸다. 좀 더 다양한 유전 정보를 갖는 자손을 얻기 위해 진핵생물이 고안한 발명품은 성性을 통한 유성생식이었다. 공생이 아니었으면 성sex의 기쁨도 없었을 거란 이야기다.

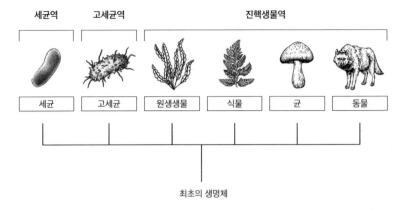

세균	고세균	원생생물	식물	균	동물

최초의 생명체

세포의 유형에 따른 생명의 3역 6계 분류

　진핵생물은 다세포 생물로 진화한다. 진핵생물이 모여서 거대한 생명체가 되기 위해서는 산소 호흡이 꼭 필요하다. 산소 호흡을 하지 않고 거대한 구조물을 움직일 막대한 에너지를 얻을 방법은 없다. 대기 중 산소의 농도가 높아졌을 때 다세포 생물이 나타난 것은 당연하다. 이미 이야기한 것처럼 산소는 독이다. 산소의 독성을 피해 단세포 생물들이 떼 지어 뭉치는 바람에 다세포 생물이 생긴 것인지도 모른다. 집단을 이루면 표면의 세포들만 산소에 노출되기 때문이다. 산소는 생명의 진화를 이해하는 핵심 원자다. 20억 년 전쯤 지구의 산소 농도가 급격히 증가했다. 진핵생물이 등장하기 직전이다. 8억 년 전쯤 산소 농도가 다시 크게 증가했다. 이즈음 진핵생물이 모여 다세포 생물이 된다. 생명은 산화 과정을 통해 에너지를 얻는다. 산소가 많을수록 생물이 만들 수 있는 에너지도 많아진다. 인간의 경우 산소를 상대하는 것은 허파다. 몸 안으로 들어온 산소는 적혈구라는 특별 호송 열차에 실려 혈관을 타고 몸의 각 부분으로 조심스럽게 전달된다. 참고로 몸 안에서 이런 럭셔리한 방식으로 이동하는 원자는 산소뿐이다. 다른 원자는 그냥 혈액에 녹은 상태로 이동한다. 산소는 대단히 위험한 원자이기 때문이다. 이래저래 생명의 화학에서 산소가 핵심이다.

* * *

지구상에 나타난 최초의 생명체가 어떤 모습인지 우리는 알지 못한다. 우리가 아는 한 가장 단순한 생명체는 세균이다.* 최초의 생명체부터 세균에 이르는 진화의 역사에 빈틈이 있다는 뜻이다. 일단 세균이 존재하게 되면, 그 이후 진화의 역사를 설명할 방법은 많다. 세균이 공생하여 진핵생물이 되었을 것이고, 진핵세포가 모여 다세포 생물이 되었을 것이다. 다음 장에서 우리는 다세포 생물에서 인간에 이르는 장대한 생명의 역사를 살펴볼 것이다.

---

* 바이러스가 세균보다 더 단순하다. 하지만 바이러스는 독자적으로 생존할 수 없고 반드시 기생해야 하기 때문에 제외한다.

10장

다세포 생물에서 인간까지

지구상 생물의 장대한 역사

장대한 생명의 역사를 알아보자고 했지만 여기서 역사 전부를 꼼꼼히 다루는 것은 불가능하다. 하지만 단세포 생물에서 인간이 속한 동물까지의 역사를 빠르게 훑어보는 것은 의미 있는 일일 것이다. 물리학자에게 흥미로운 질문은 인간과 단세포 생물이 어떻게 연속적으로 이어질 수 있는가이다. 인간과 침팬지는 분명 다르지만, 세월을 거슬러 올라가면 공통의 조상이 있을 것 같기도 하다. 인간을 털 없는 침팬지라고 부르는 사람도 있지 않은가. 하지만 인간과 지렁이를 보면 대체 이들 사이에 어떤 연결 고리가 있는지 상상조차 하기 힘들다. 앞서 이야기한 단세포 진핵생물에서 시작해보자.

해면동물 – 뭉치면 살고 흩어지면 죽는다

단세포 생물에서 다세포 생물로의 진화는 어떻게 일어났을까? 물론 정확한 진실은 아무도 모른다. 남아 있는 증거를 바탕으로 최선의 과학적 추론을 할 수 있을 뿐이다. 진화는 점진적인 과정이다. 어느 날 갑자기 다세포 생물이 출현하지는 않았을 거라는 이야기다. 단세포 생물들도 한데 모여서 집단을 이룰 수 있는데 이를 '집락colony'이라고 부른다. 세포성 점균류의 일종인 딕티오스텔리움 디스코이데움Dictyostelium discoideum은 보통 단세포 생물로 살아가지만, 먹이가 고갈되면 수백 마리가 모여 민달팽이처럼 생긴 거대한 개체가 된다. 이것이 집락의 좋은 예다. 집락을 이루면 한 마리 동물처럼 먹이를 찾아 보다 먼 거리를 빠르게 이동할 수 있다. 아마도 최초의 다세포 동물은 단세포들이 집락을 이루다가 탄생하지 않았을까.

집락과 다세포 동물은 다르다. 둘 다 세포들이 모인 것은 맞지만, 집락은 유전자가 서로 다른 세포들이 모인 것이고, 다세포 동물은 동일한 유전자를 갖는 세포들이 모인 것이다. 수많은 사람들이 모여 만든 보통의 인간 사회가 집락이라면, 한 사람을 무수히 복제해서 만들어진 복제 인간들로만 구성된 사회가 다세포 동물이다. 당신 몸을 이루는 수많은 세포는 부모의 난자와 정자가 만나 형성된 단 하나의 수정란이 무수히 복제되어 만들어진 것이다. 보통의 인간 사회가 그렇듯이 집락의 구성원들은 각자 이기적으로 행동할 가능성이 있다. 만약 집락을 이루는 세포가 다세포 동물처럼 모두 동일한 유전자를 갖는다면 그나마 이기적 행동을 줄일 수 있으리라. 하지만 이것으로 충분치 않다. 집락을 이루는 개별 단세포가 다세포 개체를 이탈하지 않게 하려면 혼자서는 살 수 없도록 만들어야 한다. 즉 개별 세포를 특별한 역할만 수행하게 해 혼자서는 살 수 없고 다른 세포의 도움이 있어야 생존할 수 있도록 만들어야 한다는 뜻이다. 현대의 인간도 자신이 잘하는 한두 가지

딕티오스텔리움 디스코이데움

일만 하며 산다. 농부는 수술을 할 수 없고, 의사는 핸드폰을 만들지 못한다. 그래서 우리는 인간 사회를 떠나 혼자 살 수 없다.

이 두 가지 특성, 즉 모든 세포가 동일한 유전자를 갖고 특화된 임무만 수행하는 동물이 있다. 최초에 존재했을 다세포 동물의 원형이라 할만한 이것은 해면동물이다. 애니메이션 캐릭터 스폰지밥이 해면동물의 예다. 그 모양을 보면 알 수 있지만 옛날에는 수세미로 쓰였다. 물속에 살며 고착 생활을 하는 생물이라 식물로 오인하기 쉽지만 편모라는 꼬리를 가진 세포들이 모여 만들어진 동물이다. 해면을 이루는 세포는 유전자가 모두 같다. 그리고 미약하나마 역할 분담이 이루어져 있다. 편모를 가진 동정 세포는 편모를 흔들어 물의 흐름을 만들어 먹이 입자를 포획하고, 변형 세포는 포획된 먹이 입자를 소화시킨다.

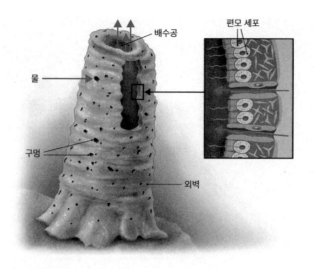

편모 세포

배수공

물

구멍

외벽

다세포성 군체인 해면동물

　현재 존재하는 해면동물을 가지고 왜 수십억 년 전 지구에 나타난 최초의 다세포 생물을 이해하려는 걸까? 해면동물이 최초의 다세포 생물과 관련이 있는 것이라면 왜 멸종하지 않고 지금까지 남아 있는 걸까? 해면동물은 그 자체로 훌륭한 생명체다. 그러니 지금까지 생존한 것이다. 물론 생명의 역사에서 등장한 최초의 해면동물 같은 '것'(사실 우리가 알고 싶은 것은 바로 이것이다)이 오늘날 해면동물과 같은 모습일지는 알 수 없다. 해면같이 뼈가 없고 몸이 부드러운 녀석은 화석으로 남기 어렵기 때문이다. 지금 존재하는 해면동물의 모습에서 최초의 다세포 동물의 모습을 상상해보는 것이 우리가 할 수 있는 최선이다.

　복잡한 생물이 더 진보한 것이라는 생각은 세상을 인간 중심으로 보는 우리의 편견이다. 복잡성이 생명의 목표라면 단세포 생물은 왜 지금까지 존재하나? 단세포 생물이 모두 멸종했다면 세균 없는 세상이 되었을 거다. 세균이 없으면 많은 질병도 사라지니까 좋을 것 같지만 산소를 만드는 시아노박테리아도 없어질 것이다. 그러면 산소도 없어질 것이고, 현재 존재하는 지구상 동물 대부분이 사라질 가능성이 크다. 해면동물은 다세포 동물이라고 했지만 유전자가 같은 세포들이 모여 겨우 역할 분담을 한 것이다. 이보다 좀 더 다세포 동물의 정신에 부합하는 것은 자포동물이다.

자포동물 – 본격적인 동물의 등장

자포동물은 근육 조직과 신경계를 가진 좀 더 본격적인 동물이다. 말미잘이나 해파리가 여기에 속한다. 자포동물은 해면동물과 달리 진정한 조직을 갖는다. 즉 몸통, 촉수, 입·항문과 같이 특별한 기능을 수행하는 조직이 있다. 참고로 앞서 소개한 해면동물은 조직이 없다. 동물의 '동動'은 움직인다는 뜻이다. 자포동물의 하나인 해파리는 물속을 우아하게 헤엄쳐 다닌다. 이제 해면동물에 없는 새로운 것들이 필요하다. 몸의 각 부분이 함께 조화롭게 움직이기 위해서는 부분들 사이에 정보 교환이 있어야 한다. 바로 신경계가 필요하다는 뜻이다. 그뿐만 아니라 자포동물은 '위수강'이라 불리는 몸의 내부를 갖는다. 해면동물은 표면의 여기저기에 나 있는 구멍을 통해 물이 드나들기 때문에 몸의 내부라 할만한 공간이 없다. 스펀지니까 몸 전체로 물이 들어온다. 자포동물은 입으로 들어온 먹이를 위수강에서 소화시켜 다시 입을 통해 내보낸다. 입과 항문이 같은 셈이다. 우웩! 아무튼 위수강이 인간의 장腸에 해당하는 셈이다.

형태상으로도 해면동물과 자포동물은 큰 차이가 있다. 자포동물은 방사형 그러니까 대략 원통 모양의 형태를 갖는다. 해파리를 생각해보면 이해하기 쉬울듯하다. 위아래를 관통하는 축을 중심으로 회전시켜도 모양이 크게 바뀌지 않는다는 뜻이다. 자포동물인 해파리가 김연아 선수처럼 제자리에서 빙글빙글 돌며 스핀을 해도 모양은 거의 그대로다. 이에 비해 해면동물은 수세미가 그렇듯 형태에 특별한 대칭성이 없다. 그냥 찰흙을 제멋대로 덕지덕지 붙여 만든 모습이다. 물속에서 움직이는 물체는 회전 대칭성이 있는 편이 마찰을 줄일 수 있어 유리하다. 고착 생활을 하는 해면동물에게는 필요 없는 특성이다.

다시 말하지만 모든 해면동물이 자포동물로 진화한 것은 아니다. 해면동물과 자포동물은 현재 모두 존재하고 있다. 8억 년 정도 과거로 거슬러 올라가면 해면동물과 자포동물의 공통 조상을 만날 수 있다. 그 공통 조상에서 출발하여 어떤 녀석은 해면동물로, 또 다른 녀석은 자포동물로 진화한 것이다. 자, 이제 중요한 질문을 해보자. 해면동물과 자포동물은 진화적으로 어떤 연결 고리가 있을까? 해면동물과 자포동물은 아무리 봐도 다르다. 스펀지와 해파리의 차이는 코뿔소와 인간의 차이보다 크다. 하지만 이들의 어린 시절 모습을 보면 연결점이 보인다.

자포동물은 독특한 생애 주기를 갖는다. 자포동물과 비교해 인간은 성체와 유사한 모습으로 태어나며 성장 시 몸이 커질 뿐이다. 예를 들어 자포동물인 해파리의 경우 유성생식을 한다. 즉 정자와 난자가 만나 수정란이 된다는 뜻이다. 수정란은 수많은 세포 분열을 통해 '플라눌라planula'라 불리는 유생幼生이 된다. 단 하나의 수정란이 분열하

운동성과 신경계를
갖는 해파리

여 만들어졌기 때문에 유생을 이루는 모든 세포의 유전자는 동일하다. 생애 주기에서 유생이라는 단계를 거치는 것은 놀라운 일이 아니다. 파리도 알이 부화하면 구더기라는 유충이 되었다가 번데기를 거쳐 파리가 된다. 플라눌라는 표면의 섬모를 움직여 이동할 수 있는데 적당한 장소를 찾으면 정착하여 폴립polyp 형태로 자라기 시작한다. 폴립은 마치 나뭇가지에 수많은 꽃봉오리가 달린 것 같은 모습을 갖는다. 이봉오리의 일부는 먹이를 잡아들이고 일부는 무성생식으로 해파리를 만들어낸다. 자포동물의 플라눌라 유생과 폴립까지만 보면 해면동물과 생애 주기가 같다. 해면동물의 유충도 표면에 섬모를 가지고 있다.

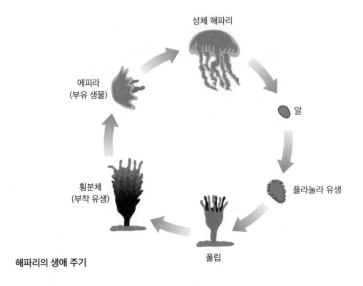

성체 해파리

알

플라눌라 유생

폴립

횡분체
(부착 유생)

에피라
(부유 생물)

해파리의 생애 주기

해면동물의 유생이 이동하다가 적당한 장소를 찾으면 정착하여 폴립 형태로 자란다. 해면동물은 이것으로 생애가 완성되지만, 자포동물은 여기서 폴립을 통해 해파리를 만드는 단계가 추가된 것뿐이다.

해면동물의 유충도 움직일 수 있지만 이들은 성체가 되기 전에 잠시 거쳐 가는 단계일 뿐이다. 유충 시절에 장소를 잡으면 나중에 변경하는 것은 불가능하다. 그 장소가 살기 힘든 곳으로 바뀌어도 이동할 방법이 없다. 이번 생은 포기하고 유충을 낳아 후손이 좋은 곳에 정착하기를 기원할 수 있을 뿐이다. 만약 다 자란 상태에서도 해파리같이 이동할 수 있다면 언제든 생존에 더 유리한 장소를 찾아갈 수 있으리라. 일단 움직이기 시작하면 주변의 정보를 수집하고 얻은 정보에 따라 몸을 움직이는 능력이 필요하다. 유충이야 잠깐 거쳐 가는 단계지만 성체는 생존을 위한 최선의 대비를 해야 한다. 그래서 자포동물은 원시적인 신경계와 빛을 감지하는 능력을 갖는다. 신경계로 움직여야 하는 가장 중요한 부위는 해파리가 운동할 때 사용하는 우산처럼 생긴 부분과 먹이를 먹고 배설하는 입·항문이다. 그래서 이 부분은 신경세포의 밀도가 높다. 아마도 이렇게 신경세포의 밀도가 높은 부분이 훗날 뇌로 진화하게 되었을 것이다. 뇌는 물리적으로 보면 단지 신경세포의 밀도가 높은 곳에 불과하다.

좌우대칭 동물 – 입과 항문이 분리되다

자포동물은 방사형이다. 공간에 특별한 방향이 없다면 물체는 구형이 되어야 한다. 우주 공간에 떠 있는 지구, 달, 태양과 같은 천체들이 구형인 이유다. 하지만 지구 표면에는 특별한 방향이 있다. 바로 중력이 작용하는 수직 방향 말이다. 동서남북으로 움직이기는 쉬워도 위로 올라가기는 힘든 이유다. 어려운 말로 위아래 수직 방향의 대칭이 깨졌다고 말한다. 구는 모든 방향으로 대칭을 갖는다. 자포동물은 움직이기 시작했다는 점에서 최초로 등장한 진정한 의미의 동물이다. 움직이기 시작하자 중력을 마주하게 된다. 위아래의 대칭이 깨진 구조인 방사형 동물이 나타난 이유다. 물론 자포동물은 물속에서 탄생했고 물속에서는 부력 때문에 중력 효과가 물 밖보다 작다. 그래도 중력은 그 영향력을 발휘했으리라. 움직이는 것의 이점이 분명해지자 아예 움직이는 것에 특화된 동물들이 나타나기 시작했을 거다. 위아래로는 중력이 있으니 주로 동서남북 방향으로 움직여야 한다. 움직이는 방향은 또 하나의 대칭을 깨뜨린다. 그래서 이제 좌우대칭 동물이 등장한다.

좌우대칭 동물은 위아래 말고도 앞뒤라는 구분이 생긴다. 앞은 동물이 진행하는 방향이다. 여기에 눈과 같은 감각 기관이 위치하는 것은 당연하다. 앞에 위험이 있는지 먹이가 있는지 알아야 하기 때문이다. 좌우대칭 동물의 앞은 머리가 되고 머리의 반대 방향은 꼬리가 된다. 자포동물은 입과 항문이 같았으나 이제 입과 항문이 분리된다. 그렇다면 입으로 들어온 먹이가 몸속에서 소화되어 항문으로 나가게 되는데, 입에서 항문으로 이어지는 소화관이 몸을 관통해야 한다는 말이다. 이제 우리는 머리, 입, 소화관, 항문을 갖는 동물에 도달한 것이다. 자포동물은 방사형이지만, 그 유충은 좌우대칭 동물에 가깝다. 유충은 빠르게 움직여야 하기 때문이다. 해면동물과 자포동물이 유생으로 연결되듯이 자포동물과 좌우대칭 동물도 유충으로 연결된다.

좌우대칭 동물은 운동의 결과로 나타났다. 운동은 이동을 자유롭게 해준다. 자유롭게 움직여 '먹이'를 찾는다는 것인데, 여기서 먹이란 정확히 무엇일까? 생명을 이루는 물질은 비슷하다. 단백질, 지질, 탄수화물 등이다. 따라서 다른 생물을 그냥 삼키는 것이 최고의 먹이다. 주변을 탐색하고 원하는 곳으로 이동하는 능력은 다른 생물을 잡아먹는데에도 큰 도움이 되었을 것이다. 다른 생물을 효과적으로 잡아먹을 수 있는 좌우대칭 동물이 나타나고 1억 년쯤 지나자 지구 생물의 역사에 큰 사건이 일어난다.

5억 4100만 년 전인 캄브리아기 초기에 갑자기 엄청나게 많은 종류의 동물이 등장했다. 이것을 실제 본 사람은 없으니 정확히 말하자면 엄청나게 많은 종류의 동물 화석이 발견되었다는 뜻이다. 그래서 이 시기를 '캄브리아기 대폭발'이라 한다. 앞서 말한 대로 캄브리아기

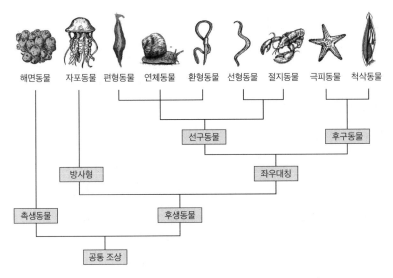

해면동물　자포동물　편형동물　연체동물　환형동물　선형동물　절지동물　극피동물　척삭동물

선구동물　　후구동물

방사형　　　　좌우대칭

촉생동물　　　후생동물

공통 조상

원생생물을 공통 조상으로 하는 동물계의 계통도

이전에도 다세포 동물은 존재했다. 캄브리아기가 특별한 것은 동물이 연한 몸에서 단단한 몸으로 변했기 때문이다. 연한 몸은 화석으로 남기 힘들다. 캄브리아기는 동물 종이 다양해진 것이 아니라 이미 다양했던 동물의 몸이 단단해진 시기다. 그렇다면 왜 몸이 단단해졌을까? 아마도 날카로운 이빨을 가진 대형 포식자가 등장했던 것 같다. 생명의 역사에서 눈이 등장한 것도 대략 이 시기다. 바로 좌우대칭 동물이 캄브리아기 대폭발을 일으킨 것이다. 인간의 역사를 보아도 전쟁이 일어나면 과학 기술이 눈부시게 발전하지 않던가. 지구 환경만이 아니라 포식자와 먹이도 진화의 중요한 요인이다.

자포동물은 입과 항문이 같지만(우웩!) 다행히도 좌우대칭 동물은 입과 항문이 분리되었다. 이 때문에 미묘한 문제가 생긴다. 배아가 발생하는 과정에서 입이 먼저 생겨야 할까, 항문이 먼저 생겨야 할까? 물론 심각한 문제는 아니다. 두 경우 모두 가능하기 때문이다. 하지만 여기서 동물은 두 종류로 나뉜다. 입이 먼저 생기는 선구동물과 항문이 먼저 생기는 후구동물이 그것이다. 인간은 후구동물이다. 인간으로의 여정을 밟는 중이니 지금부터는 후구동물을 살펴보자. 참고로 선구동물에는 편형동물(흡충, 촌충, 플라나리아 등), 환형동물(지렁이, 거머리 등), 연체동물(달팽이, 조개 등), 절지동물(곤충, 가재, 거미 등) 등이 포함된다. 후구동물은 크게 극피동물(불가사리, 성게 등)과 척삭동물로 나뉜다. 진화적으로 곤충보다 불가사리가 인간에 더 가까운 친척이라는 뜻이다.

척삭동물에서 인간까지

후구동물의 하나인 척삭동물은 등뼈가 있는 동물이라 보면 된다. 사실 척삭은 뼈가 아니라 유연한 연골 조직이다. 머리와 꼬리가 생기자 머리에서 꼬리를 연결하는 신경삭과 이를 지지해줄 척삭이 필요했다. 신경삭이 척삭 내부로 들어가면 척추가 된다. 척추는 단단한 뼈로되어 있고 그 내부에 들어 있는 신경을 보호한다. 최초의 척추동물은 바다에서 탄생한 어류다. 어류는 5억 2000만 년 전, 그러니까 캄브리아기 대폭발 직후 등장했다. 이들은 포식자였다. 생존을 위해 끊임없이 싸워야 했을 거다. 싸울 때는 상대를 무력화하는 것이 중요하다. 동물의 몸을 움직이게 만드는 것이 신경이니 적의 신경을 절단하면 게임이 끝난다. 머리에서 꼬리로 이어지는 척삭이야말로 신경을 가진 동물에게 중요하지만 취약한 지점이었으리라. 척삭과 비교하여 척추는 운

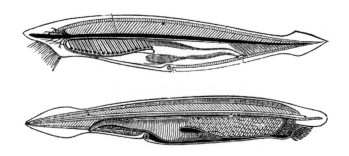

척추 없이 척삭만을 가지고 있는 창고기

동 능력을 향상시키고 신경삭을 보호하는 역할도 했을 것이다. 진화 이야기 처음에 등장했던 해면동물은 신경계가 없다. 자포동물은 산만한 구조의 원시적인 신경망을 가지고 있고, 좌우대칭 동물은 뇌와 신경삭을 가진다. 신경삭은 뇌와 몸의 구석구석을 연결하는 신경계의 고속도로다. 신경삭이 몸의 등을 관통하는 뼈 속에 담긴 것이 척추동물이다. 인간은 척추동물이다.

약 3억 7500만 년 전 척추동물인 어류 가운데 일부가 육지로 모험을 떠난다. 진핵생물이 미토콘드리아와 공생을 시작한 이래 생물은 산소 호흡을 해왔다. 따라서 육지에서 살려면 일단 대기 중에 산소가 있어야 한다. 다행히 식물이 이미 5억 년 전 육지로 이동하여 산소를 만들어놓은 터라 문제는 없었다. 육지와 물속 모두에서 사는 양서류와 물에서만 사는 어류 사이에 '피셔포드'라는 동물이 존재했다. 피셔포드는 말 그대로 발이 달린 물고기다. 배 쪽에 있던 지느러미가 다리로 진화하여 해저를 걸어 다닐 수 있었다. 얕은 물에서 움직이는 데 이점이 있었을 테니 얕은 물의 바닥을 걸어 다니다가 점차 육지로 올라오게 된 것이리라. 피셔포드는 아가미와 폐를 모두 가지고 있었다. 인간 중심으로 진화의 역사를 보다보니 피셔포드가 육지로 진출한 최초의 동물인 것처럼 이야기하고 있지만, 사실 육지의 최초 발견자는 무척추 선구동물인 노래기류였다. 식물이 있어야 초식동물 노래기류가 존재할 수 있고, 노래기류가 있어야 포식자 양서류가 존재할 수 있다. 즉 식물, 노래기류, 양서류 순으로 바다에서 육지로의 이주가 일어난 것이다.

양서류는 어류와 비슷하게 번식한다. 양서류의 예로 개구리가 있다. 개구리 암컷이 물속에 알을 낳으면 수컷이 그 위에 정액을 뿌린다. 이를 체외 수정이라 한다. 말 그대로 몸 밖에서 정자와 난자가 만나 수정이 이루어지는 것이다. 동물이 육지 생활에 적응하자 물에 알을 낳는 일이 번거로워졌으리라. 그래서 3억 3000만 년 전쯤 양막류가 등장한다. 양막류는 암컷이 자신의 몸 안에 알을 낳고 몸 안에서 수정시킨다. 수컷의 정자가 암컷의 몸속에 들어가야 수정이 이루어질 테니 이제 생식기를 이용한 '짝짓기'가 필요하다. 섹스sex의 탄생이다. 태아는 암컷의 몸속에서 자라다가 단단한 껍질을 두르고 밖으로 배출된다. 암컷이 껍질을 갖는 알을 낳은 것이다. 최초 양막류의 대표적 동물은 파충류다. 바야흐로 공룡의 시대가 왔다. 초기 파충류는 훗날 공룡, 조류, 포유류로 진화하는데, 6600만 년 전 공룡은 멸종해버렸다. 포유류의 새끼는 껍질을 가진 알이 아니라 바로 살아갈 수 있는 완전한 형태로 태어난다. 따라서 부모는 일정 기간 새끼를 부양해야 하며 이때 먹이로 젖을 준다. '포유哺乳'라는 이름 자체가 젖을 먹인다는 뜻이다.

포유류는 크게 단공류, 유대류, 태반류로 나뉘는데 태반류의 영장목이 바로 인간이 속한 곳이다. 단공류는 알을 낳는 포유류로 오리너구리가 그 예다. 파충류와 포유류의 중간이라 보면 된다. 어떻게 포유류가 알을 낳느냐고 물으실 분도 계실 거다. 진화에는 방향이 없다. 그때그때 필요하면 변화가 오는 것이다. 그 결과로 얻어진 여러 생물을 인간이 만든 기준에 따라 엄밀하게 칼로 자르듯 말끔하게 종류를 나누기는 힘들다. 유대류의 예는 캥거루다. 유대류는 한때 지구 전체에 살았지만 지금은 오스트레일리아와 남아메리카 대륙에서만 서식한다. 유대류는 꿀벌만 한 크기의 새끼를 낳는데, 태어난 새끼는 어미의 육아낭에서 성장한다. 인간이 속한 태반류의 새끼는 태어나는 순간 어미와 완전히 분리된다. 동물의 왕국에 나오는 대부분의 털 달린 네발 동물은 태반류라고 보면 된다. 인간은 태반류의 영장목에 속한다. 영장목에는 수많은 종류의 원숭이와 오랑우탄, 고릴라, 침팬지, 보노보 등이 포함된다.

정리해보자. 단세포 생물이 함께 공생하여 진핵생물이 탄생한다. 단세포 진핵생물이 모여 군락을 이루다가 해면동물이 탄생한다. 해면

알을 낳는 포유류, 단공류에 속하는 오리너구리

동물은 조직을 가지고 있지 않으나 자포동물이 되면 촉수와 입·항문의 조직을 갖게 된다. 조직을 운용하기 위해 원시적인 신경계가 나타난다. 자포동물은 방사형 형태를 가지나, 운동성이 중요해지자 좌우대칭 동물이 탄생한다. 좌우대칭 동물은 머리와 꼬리, 분리된 입과 항문, 조직화된 신경계와 뇌를 가진다. 운동하는 좌우대칭 동물은 포식자가 되어 캄브리아기 대폭발을 일으킨다. 뇌에서 등을 따라 뻗어나가는 신경삭을 등뼈에 넣은 척추동물이 등장하자 동물은 육지로 여행을 떠난다. 체외 수정하는 양서류를 거쳐 알을 낳는 파충류로 진화가 일어나고 새끼를 낳는 포유류가 탄생한다. 포유류 가운데 완전한 형태의 새끼를 낳는 태반류 영장목의 동물 가운데 하나가 바로 인간이다.

멸종, 진화를 구부리다

발견되는 화석을 기준으로 지금으로부터 5억 4100만 년 전까지의 기간은 몇 단계로 구분된다. 크게 고생대, 중생대, 신생대로 나누는데 이는 두 번의 대멸종 때문이다. 2억 5100만 년 전 고생대와 중생대를 가르는 페름기 대멸종 때에는 해양 동물 종의 96퍼센트가 멸종했으며 육상 생물도 영향을 받았다. 아마도 격렬한 화산 폭발이 있었고 폭발로 방출된 이산화탄소는 지구의 온도를 6도 정도 높였으며, 이 때문에 적도와 극지의 온도 차가 줄어 바닷물의 흐름이 약화되고 바다에 녹는 산소의 양이 줄어 해양 저산소증이 일어났던 것 같다. 바닷속 산소 농도가 낮아지자 산소 호흡하는 동물이 대량 멸종했으며 산소가 필요

없는 혐기성 세균이 넘쳐나게 되었다. 혐기성 세균은 부산물로 황화수소(H_2S)를 대기 중에 내놓았다. 황화수소는 공기 중의 산소와 반응하여 이산화황(SO_2)이 되는데, 이산화황 자체도 독성이 강한 기체지만 오존층을 파괴하기도 한다. 오존층이 파괴되어 지구에 내리쬐는 자외선의 양이 증가했을 것이다. 이 때문에 육상 생물도 상당수 멸종했다.

6600만 년 전 중생대와 신생대를 나누는 백악기 대멸종 때는 모든 해양 생물 종의 50퍼센트 이상과 공룡을 비롯한 상당수의 육상 동식물이 멸종했다. 잘 알려진 대로 소행성이 지구와 충돌하여 먼지구름이 발생했고 지표에 도달하는 태양 빛이 줄어 지구 기후에 엄청난 변화가 생겨 대멸종이 일어났다는 것이 가장 그럴듯한 가설이다. 왜냐하면 당시의 지층에서 이리듐(Ir)이 다량 발견되었기 때문이다. 이 원자는 지구에는 거의 없지만 소행성 같은 외계 물체에는 흔하다. 지금까지 이야기한 페름기, 백악기 대멸종 말고도 세 차례의 대멸종이 더 있었다.

사실 멸종은 끊임없이 일어났으며 지금도 일어나고 있다. 화석으로 남은 생물의 대부분이 지금 존재하지 않는 것을 보아도 그 많던 생명체가 모두 사라져버렸다는 사실을 알 수 있다. 멸종은 진화를 이루는 중요한 축이다. 환경 변화에 적응하여 진화한다는 것은 적응하지 못하는 생물이 멸종한다는 말이기도 하다. 그들이 죽어 생긴 빈틈을 조금이라도 적응을 더 잘한 다른 생명체가 메꾼다. 백악기 대멸종이 있을 때 공룡이 진화하여 포유류가 된 것이 아니다. 공룡은 모두 죽었고, 이미 존재하고 있던 포유류가 그 빈자리를 메웠다.

인간이 야기한 환경 변화로 여섯 번째 대멸종이 진행 중이라는 증거가 많다. 인간이 지구의 생태계를 극적으로 왜곡시키고 있기 때문이

우리도 공룡과 같은 운명을 맞게 되지는 않을까?

다. 지구에 존재하는 대형 척추동물 가운데 개체 수가 가장 많은 것은 닭이다. 대략 260억 마리가 있다고 한다. 그다음은 인간으로 70억 명이다. 소, 양, 돼지가 그 뒤를 잇는데 각각 10억 마리 수준이다. 이 동물들의 공통점은 무엇일까? 모두 인간의 먹이라는 점이다. 인간이 먹지 않는 아프리카코끼리는 50만 마리, 아시아코끼리는 4만 마리 정도 존재할 뿐이다. 인간이 먹는 동물의 1만 분의 1 수준이다. 더욱더 나쁜 것은 인간의 활동으로 지구의 평균 온도가 높아지고 있다는 점이다. 이런 기후 변화는 생태계를 훨씬 극적으로 교란할 가능성이 크다. 물론 생물은 새로운 환경에 적응할 것이다. 하지만 대멸종이 일어날 때, 최상위 포식자는 언제나 멸종했다. 참고로 지금 최상위 포식자는 인간이다.

＊ ＊ ＊

진화론은 지구상에서 일어난 생명의 장대한 역사를 설명하는 아름다운 과학 이론이다. 어찌 보면 진화할 수 있는 능력은 생명의 정의나 다름없다. 찰스 다윈의《종의 기원》마지막 문장을 옮기며 이 장을 마친다.

이 세계관에는 뭔가 장엄한 것이 있다. 생명의 힘은 애초에 단 하나의 생물에 불어넣어졌을 것이다. 지구가 단순하고 변하지 않는 중력의 법칙에 따라 지질학적 순환을 하는 동안, 생명의 세계에서는 단순한 최초의 생명체로부터 아름답고 놀라운 생명체들이 무수히 진화했고 또 진화해가고 있다.

물리학자에게 사랑이란

필연의 우주와 궁극의 우연

    사랑은 어렵다. 물리학자만이 아니라 누구에게라도 어려운 주제다. 사랑이야말로 가장 인간적인 것이라서 인간을 배제하는 물리학이 다루기 가장 어려운 주제인지도 모르겠다.* 인문학이 인간을 이해하려는 노력이라면, 인문학의 꽃이라 할 수 있는 '문학'을 하는 사람이 인간에 대해 가장 잘 이해할지 모를 거라는 생각이 든다. 어찌 보면 인문학人文學도 문학文學의 하나니까. 그렇다면 작가야말로 사랑에 대해서 가장 잘 알지 않을까. 그래서 이 글에서는 순전히 개인적 취향에 따라 고른 몇몇 문학 작품 속의 사랑에 대해, 물리학자의 시선으로 이야기해 보려고 한다. 사랑에는 부모의 사랑, 신의 사랑, 국가나 조직에 대한 사랑, 자신이 하는 일에 대한 사랑과 같이 여러 종류의 사랑이 있지만, 여기서는 에로스적인 사랑, 특히 남녀의 사랑에만 국한해서 이야기하겠다. 남녀의 사랑이 사랑을 대표해서라기보다 생물학적 번식과 관련되

---

* 지구는 편평하지 않고, 태양이 아니라 지구가 돌고, 달은 낙하하고 있지만 땅에 닿지 않으며, 움직이는 사람의 시계는 느리게 가고, 전자는 두 장소에 동시에 존재한다. 인간의 상식과 경험은 자연을 이해하는 데 방해가 되기에 자연의 이치를 탐구하는 물리는 처음부터 인간을 배제한다.

어 그나마 과학적으로 이야기하기 상대적으로 쉽기 때문이다.

남녀의 사랑은 유성생식의 결과다. 유성생식은 단세포 생물이 다세포 생물로 진화하면서 충분한 변이를 확보하기 위해 고안된 진화의 발명품이다. 충분한 변이는 진화에 반드시 필요하다. 변화하는 세상에서 진화하지 않는 생명체는 멸종하니까 유성생식은 생명이요 축복이다. 모든 유성생식이 섹스를 필요로 하는 것은 아니다. 양서류인 개구리는 암컷이 낳은 난자 위에 정자를 뿌린다. 섹스는 체내 수정하는 양막류에서 나타났다. 체내 수정이 일어나려면 난자가 있는 암컷의 몸속으로 수컷의 생식기가 들어가서 정자를 제공해야 하기 때문이다. 다행히도(?) 인간은 양막류에 속하는 포유류다. 포유류는 유성생식을 할 뿐 아니라 새끼를 낳아 젖으로 키우는 동물이다. 따라서 새끼가 자랄 때까지 부모가 새끼를 보살펴야 한다. 더구나 인간 사회는 대개 일부일처제를 따르며 부모가 함께 자녀를 양육한다. 부부 사이의 사랑이 엔트로피처럼 지속적으로 증가해야만 할 생물학적인 이유랄까. 이처럼 사랑의 근원에는 인간의 생물학적 본성이 있다. 하지만 남녀의 사랑은 두 사람이 하는 것이다. 서로의 마음이 움직여야 한다는 뜻이다. 인간의 마음과 심리에 대해 과학은 아직 모든 것을 알지 못한다. 따라서 사랑에는 물리학을 넘어서는 측면이 있을 수밖에 없다.

김소연의 《마음사전》에는 이런 문장이 나온다.

사랑은 하나의 점이다. 선이나 면처럼 이어져 존재하지 않고, 찰나 속에서만 존재한다. 우리가 타인에게 '사랑한다'고 고백하는 그 순간, 사랑은 휘발되고 없다.

찰나의 순간에 존재하는 것은 사랑만이 아니다. 백영옥은《애인의 애인에게》에서 이렇게 이야기한다.

인생의 목표가 행복인 사람은 결코 행복해질 수 없다는 걸 나는 일찍부터 알고 있었다. 행복은 지속 가능한 감정이 아니기 때문이다.

사랑이나 행복 같은 상태는 지속 가능하지 않다. 그렇다고 너무 낙담하지 말자. '점'은 상상할 수 없이 작은 존재지만, 의외로 복잡하다. 유클리드의《원론》을 보면 '점'의 정의가 첫 번째 문장으로 등장한다. "점은 부분이 없는 것이다." 점은 실재하는가? 그렇다면 그 크기는 얼마인가? 이 질문에 간단히 대답할 수 없다. 크기를 말하는 순간, 그 크기의 절반에 해당하는 부분을 생각할 수 있기 때문이다. 결국 점은 크기가 없지만 0은 아니어야 한다. 크기가 0이면 존재하지도 않는 것이기 때문이다. 고대 그리스 철학자 아리스토텔레스는 점을 모아 선을 만들 수 없다고 주장했다. 선은 크기가 있는데, 어떻게 크기가 없는 점을 모아 선을 만들 수 있겠느냐고 말이다. 그렇다면 선과 점의 관계는 무엇인가? 이에 대한 아리스토텔레스의 답이 걸작이다. "선은 점이 움직여 만들어진다." 이쯤 되면 수학이 아니라 물리다. 움직인다는 것은 '시간'이라는 새로운 개념을 요구하기 때문이다.

사실 선을 쪼개어 점을 만들 수도 있다. 다만 선을 무한히 쪼개야 점을 얻을 수 있다. 무한하지는 않지만 충분히 많이 쪼개어서는 곤란하다. 충분히 많은 수보다 한 번 더 쪼개면 부분이 나올 것이기 때문이다. 흥미롭게도 크기가 없을 만큼 작은 점을 얻기 위해 우리는 무한이

프란체스코 하예즈의
〈키스〉(1859)

필요하다. 무한은 숫자가 아니다. 무한대 더하기 1도 무한대이고, 무한 대 더하기 무한대도 무한대이다. 무한대에서 무한대를 빼면 0일 때도 있지만, 어떤 숫자가 되거나 무한대가 될 수도 있다. 다시 말하지만 이런 어처구니없는 결과를 이해하려면 무한대가 숫자가 아니라는 것을 알아야 한다. 무한은 숫자가 아니라 과정이다. 끝없이 커져가는 과정이다. 점은 무한한 과정으로 만들어지는 존재다. 따라서 점은 명사가 아니라 동사다. 사랑이 점이라면 사랑도 명사가 아니라 동사다.

사랑에 빠지기 위해서는 지금 눈앞에 있는 상대가 특별한 사람이

어야 한다. 실제 그런지는 알 수 없지만 적어도 두 사람 중 하나는 잠시라도 그렇게 믿어야 한다. 밀란 쿤데라의《참을 수 없는 존재의 가벼움》은 운명적 사랑에 대한 이야기로 가득하다.

어떤 사건이 한 사건보다 많은 우연에 얽혀 있다면 그 사건에는 그만큼 중요하고 많은 의미가 있는 것이 아닐까?

필연적인 것은 우리에게 감동을 주지 못한다. 물체를 떨어뜨리면 땅으로 낙하한다. 지구는 태양 주위를 돈다. 감동은커녕 여기에는 어떤 의미도 없다. 사실 물리학은 필연을 다룬다. 에너지는 보존되고, 물체에 힘을 가하면 가속된다. 심지어 물리는 필연의 결과를 정확한 숫자로 예측하여 표현하기까지 한다. 다시 말하지만 필연에 의미는 없다. 그냥 그런 것이다. 의미는 우연, 그러니까 과학이 설명할 수 없는, 과학이 아닌 것에서 나온다.

김소연은《마음사전》에서 사랑을 일으키는 우연의 본질에 대해 이렇게 이야기한다.

사랑의 시작을 여는 필수조건에는 '실수'가 있다. 그 실수를 우리는 '운명'이라고도 말하고, '필연'이라고도 말하지만, 그것은 우연히 일어난 실수일 뿐이다.

우연이 필연을 만드는 경우가 있다. 동전을 던지면 앞면이나 뒷면이 나온다. 이것은 우연의 결과다. 하지만 동전을 백만 개쯤 던지면 대략 50퍼센트는 앞면, 나머지 50퍼센트는 뒷면이 나올 것이다. 이것은 필연이다. 이 필연의 이유는 확률에 있다. 이렇게 나올 확률이 가장 크기 때문이다. 처음에 모든 동전이 앞면이었다면 이들을 마구 흔들었을 때, 각 동전이 겪는 우연한 움직임의 결과 50퍼센트 앞면, 50퍼센트 뒷면이라는 필연적인 결과에 이르게 된다. 물리학자는 이 과정에서 엔트로피가 증가했다고 말한다. 이런 필연적 과정을 '비가역 과정', 즉 거꾸로 돌이킬 수 없는 과정이라고 말한다.

노벨생리의학상 수상자인 자크 모노는《우연과 필연》에서 지구상 생물의 다양성을 만들어낸 우연에 대해 이야기한다. 유전자 수준에서 일어나는 일은 우연히 발행하는 오류다. 우리는 이것을 유전자 변이라고 부른다. 개개의 변이는 우연히 일어나며 복구되기도 하지만, 변이가 누적되면 결국 비가역적인 변화를 일으킨다. 이것을 진화라 부른다. 앞서 말했듯 진화에는 방향이나 목적이 없다. 우연이 쌓여 필연처럼 보이게 된 것이다.

사랑은 우연한 사건의 누적으로 시작되지만, 결혼은 쌓인 우연을 제거해가는 것이다. 백영옥의《애인의 애인에게》에는 이런 문장이 나온다.

"결혼은 서로가 서로에게 예측 가능한 사람이 되어 주는 일이야." … 누군가에게 예측 가능한 사람이 되어준다는 건, 그 사람의 불안을 막아주겠다는 뜻이라는 것을 말이다. … 서로에게 예측 가능한 사람이 되었다는 건 중요하고 사소한 수없는 약속들을 지켰다는 증거였다.

사랑은 우연을 먹고 자라나지만, 결혼은 우연을 제거하고 예측 가능성을 선물하는 일이다. 예측한 대로 일이 이루어질 때마다 예측 가능성은 높아진다. 예측 가능성이 충분히 클 때, 우리는 '신뢰가 생겼다'고 말한다. 결혼을 하려면 우선 사랑부터 해야 하니 사랑의 우연 이야기로 돌아가자. 김소연의 《마음사전》에는 우연이 필연이 되는 과정에 대해 이렇게 설명한다.

> 실수의 첫 발이 사랑을 점화시킨다. 그 실수는 이후, 가장 특별한 것, 가장 현명한 것, 가장 필연적인 것으로 미화된다. 미화하는 힘 자체가 사랑의 힘인 셈이다.

쉽게 말해서 사랑의 의미는 상상으로 만들어내는 것이란 뜻이다. 애인에게 "너를 만나기 위해 박테리아에서 진화해 여기에 왔어"라고 고백해보라. 우리는 10장에서 박테리아에서 인간까지 이어지는 진화의 여정이 얼마나 놀라운 것이었는지 이야기했다. 진화는 우연의 연속이다. 그래서 우리는 밀란 쿤데라를 따라 여기에 의미를 부여할 수 있다. 내가 너를 만난 것은 이렇게 우연이고 운명이다. 이제 한 술 더 떠서 "너를 만나기 위해 공룡이 다 멸종했어"라고 고백해보라. 사실 이쯤 되면 정신이 이상한 것이다. 공룡은 분노하겠지만 공룡의 멸종이라는 우연한 사건을 너와 나의 만남을 위한 것으로 포장하는 것이야말로 예측 불가능한 인간의 마음을 사로잡는 비결이 아닐까.

결국 물리적으로는 아무 의미 없는 필연의 우주에서 너를 만난 이 사건은 내가 아는 유일한 우연이다. 이렇게 너와의 만남은 아무 의미

없는 필연의 우주에 거대한 의미를 만들게 된다. 이것이 바로 물리학자의 사랑이다.

4

느낌을 넘어
상상으로

11장

우리는 어떻게 호모 사피엔스가 되었는가

물리학자가 본 호모 사피엔스의 특성

"모든 사람의 삶은 제각기 자기 자신에게로 이르는 길이다." 헤르만 헤세의 《데미안》에 나오는 문장이다. 인생의 긴 여정 끝에 우리가 마주하는 것은 결국 자기 자신이라는 말이 아닐까. 인간과 닮은 기계를 만들려는 노력도 자신을 찾아가려는 인간의 욕망이 그 바탕에 깔려 있는지 모른다. 우리에게 인간은 모든 이야기의 시작이자 끝이다. 나는 누구이며, 어디에서 와서, 어디로 가는가. 이 장의 주제는 종種으로서의 인간, 호모 사피엔스Homo sapiens다. 우주에서 가장 작은 것은 표준 모형의 기본 입자, 가장 큰 것은 우주 그 자체다. 기본 입자가 모여 원자핵이 되고 원자핵과 전자가 결합하면 원자가 된다. 세상 만물은 원자로 되어 있다. 원자들이 모여 만들어낸 만물에는 세균이나 고래같이 생명을 가진 것도 있고 지구나 태양같이 생명이 없는 것도 있다. 하지만 이들 모두는 원자로 되어 있다. 태양과 같은 별을 이루는 원자는 서로 융합하여 에너지를 만든다. 이것이야말로 지구상 모든 변화를 만들어내는 에너지원이다. 생명도 이 에너지를 이용하여 살아간다. 우리가 아는 한 우주에서 생명은 지구에만 존재한다. 지구상의 모든 생명은 38억 년 전 나타난 최초의 생명체가 진화한 결과물이라 생각된다. 기나긴 시간을 거치며 지구에는 수많은 생명체가 나타났고 사라졌다. 이들의 이야기를 모두 책으로 엮어 출판하면 세상이 책으로 가득 차고도 남을 것이다. 하지만 많은 생명 가운데 호모 사피엔스는 특별하다. 왜냐하면 바로 그 이야기를 실제 책으로 쓰기 시작한 유일한 존재이기 때문이다.

화석이 말해주는 인류

지구상의 모든 생물은 최초의 생명체로부터 진화했다. 인간도 예외는 아니다. 따라서 과거로 시간을 거슬러 올라가면 진화의 조상들을 만나게 된다. 먼 과거로 갈수록 인간의 수가 줄어들기에 화석 증거를 발견하기 어려워진다는 것이 문제다. 더구나 모든 죽음이 화석으로 기록되는 것도 아니다. 사체가 화석이 되려면 특별한 조건을 만족해야 한다. 사체가 퇴적물에 묻혀 서서히 사라지고 그 빈 공간에 진흙 같은 물질이 채워져 굳어야 한다. 그리고 적당한 지각 변동이 일어나 이 지층이 융기하여 지표에 드러나야 한다. 뼈와 껍질같이 딱딱한 부분만 화석이 되기 때문에 화석을 남긴 생물에 대해 여전히 모르는 것이 많다. 주위 아무 곳이나 한번 파보라. 한때 지구의 주인이었다는 공룡의 화석도 쉽게 발견하기 힘들 거다. 하물며 과거 보잘것없었던 호모 사피엔스의 화석은 말할 것도 없다. 과학이 물질적 증거를 바탕으로 결론을 내리는 방법에 기초한다면, 인류의 기원만큼이나 다루기 어려운 주제도 없다. 새로운 화석이 발견될 때마다 인류의 기원에 대한 이론이 바뀌는 이유다.

진화 과정에서 인류와 침팬지가 갈라진 것은 대략 500만 년 전이다. 생화학 및 유전학 연구를 통해서 밝혀진 사실이다.* 하지만 화석 증거에는 논란이 있었다. 필자가 어렸을 때 가장 오래된 인류 화석의 주인공은 오스트랄로피테쿠스 아프리카누스Australopithecus africanus라고 배웠다. 화석 증거에 따르면 이들은 300만~200만 년 전 살았는데, 유전자 분석에 의한 인류-침팬지의 분기 시기가 500만 년 전이니 분기 후 오스트랄로피테쿠스 등장까지 200만 년 이상 비어 있다는 것이 문제였다. 빠진 화석이 있다는 이야기다. 1970년대 오스트랄로피테쿠스 아파렌시스Au. afarensis(350만~300만 년 전)라는 새로운 종이 발견되었다. 1974년 발견된 '루시Lucy'가 여기 포함된다. 1990년대에는 오스트랄로피테쿠스 아나멘시스Au. anamensis(420만~390만 년 전), 2000년대에는 사헬란트로푸스 차덴시스Sahelanthropus tchadensis(700만~600만 년 전), 오로린 투게넨시스Orrorin tugenensis(700만~600만 년 전), 아르디피테쿠스 라미두스Ardipithecus ramidus(440만 년 전) 등의 화석이 발견되었다. 이름만 외우기도 힘들 지경이다.

아파렌시스는 직립 보행을 했으나 두뇌의 크기는 침팬지와 비슷했

---

* 유전자에 무작위적인 변위가 일어난다면 그 빈도는 확률을 이용하여 기술할 수 있다. 두 종의 유전자를 비교하여 평균적인 차이를 구하고, 그 차이가 무작위적 변이의 누적으로 생긴 거라면 간단한 추론으로 종의 분리가 일어난 시점을 예측할 수 있다. 예를 들어 '행운의 편지'와 같이 연필로 직접 편지를 베껴 써서 전달하는 상황을 생각해보자. 베낄 때마다 평균 한 글자씩 달라진다고 가정하자. 그렇다면 임의의 두 편지를 비교했을 때 20개의 글자가 다른 경우, 한 편지에서 다른 편지로 대략 20번 복제되었다고 추론할 수 있다. 이와 비슷한 방법으로 유전자 분기가 일어난 시기를 추론할 수 있다.

다. 침팬지와 두뇌의 크기가 비슷한 인간의 조상이라니! 다른 동물에 비해 두뇌가 큰 것을 유난히 자랑스럽게 생각하는 인간에게 충격적인 발견이었다. 아나멘시스, 차덴시스, 투게넨시스는 뼈의 일부만 발견되어서 명확한 결론을 내리기에 정보가 충분하지 않다. 이미 발견된 인간 조상 중 하나인지, 아니면 고릴라에 더 가까운지는 여전히 논란이 있다. 라미두스는 전체 골격이 발견되었지만 직립 보행을 하지 못한 것으로 보여 혼란을 가중시킨다. 최초 인류의 조건으로 직립 보행이 중요할까, 큰 뇌가 중요할까? 남아 있는 뼈 몇 조각으로 최초의 인류를 알아내는 일은 쉽지 않다.

안개에 쌓인 최초의 인류로부터 호모 사피엔스가 탄생하기까지 호모 속屬에 속하는 많은 조상의 이름이 등장한다. 호모 하빌리스*H. babilis*, 호모 에렉투스*H. erectus*, 호모 하이델베르겐시스*H. beidelbergensis*, 호모 네안데르탈렌시스*H. neanderthalensis* 등등. 이들을 구분할 수 있는 것은 화석에 서로 다른 특징이 존재하기 때문이다. 화석이라고 했지만 대개 뼈 몇 개뿐이다. 그래도 정강이뼈라면 그 구조로부터 직립 보행 여부를 알 수 있고, 두개골의 일부라면 뇌의 크기를 추정해볼 수 있다.

네안데르탈렌시스의 경우 말을 했을 거라고 예상하는데, 이 역시 뼈에서 알아낼 수 있다. 네안데르탈렌시스는 한쪽 이빨로 고기를 물고 손으로 팽팽하게 당긴 상태에서 석기로 그 고기를 잘랐다고 한다. 이때 실수하면 석기가 이빨을 긁어 자국이 남을 것이다. 수많은 이빨 화석에 난 상처의 방향으로부터 네안데르탈렌시스의 90퍼센트가 오른손잡이라는 것을 알 수 있다. 한쪽 손잡이가 되는 것은 뇌의 비대칭 구조에서 일어나는 일이다. 현생 인류의 경우 좌뇌가 언어를 관장하기

오스트랄로피테쿠스 아프리카누스

사헬란트로푸스 차덴시스

호모 에렉투스

호모 네안데르탈렌시스

호모 사피엔스

호모 사피엔스와 사람아족의 두개골 비교

때문에 좌뇌와 우뇌가 비대칭이다.* 네안데르탈렌시스가 오른손잡이라는 것은 언어를 관장하는 좌뇌 때문에 생긴 비대칭 때문일 수 있다. 논란의 여지가 있지만 기발한 아이디어임에 틀림없다. 뼈는 생각보다 많은 것을 알려준다. 더구나 네안데르탈렌시스는 현생 인류와 동일한 *FOXP2* 유전자를 가지고 있는데, 이 유전자는 언어를 관장한다.

말을 할 수 있었던 네안데르탈렌시스는 사냥 및 채집뿐 아니라 도구를 사용하고 매장하는 풍습도 있었지만 결국 멸종했다. 인류의 모든 조상과 친인척 종 가운데 오늘날 살아남은 것은 호모 사피엔스뿐이다.

• 네안데르탈렌시스의 언어를 뇌의 비대칭으로 설명하는 부분은 이상희, 윤신영의 《인류의 기원》 215~216쪽을 참고했다.

직립 보행과 뇌의 진화

유전자 분석에 따르면 우리 조상이 침팬지와 다른 길을 걷기 시작한 것이 500만 년 전쯤이다. 이때 우리 조상은 아프리카 밀림에서 초원으로 나오기 시작했다. 이 시기 지구의 평균 기온이 줄곧 낮아지는데, 이 때문에 밀림이 숲의 일부가 되고, 숲은 초원이 되었다. 침팬지는 밀림에 남았지만, 우리 조상은 초원으로 이동하여 적응했다. 초원에서는 나무를 타기보다 걸어야 했기에 직립 보행하게 된듯하다. 그렇다. 인간은 걷는 동물이다. 침팬지는 운동을 하지 않아도 건강에 문제가 없지만, 우리는 운동하지 않으면 병에 걸린다.* 걷기가 장수의 비결이라는 것은 현대인의 상식이다. 걷기는 호모 사피엔스의 번영에도 중요했다. 결국 인류는 두 발로 걸어서 지구 전체를 정복하게 된다.

침팬지와 다른 길을 걸은 지 250만 년쯤 지나자 우리 조상은 석기를 사용하기 시작했다. 100만 년 전이 되자 조악한 석기는 거대한 손도끼가 되었다. 또 50만 년 전이 되자 불을 사용했다. 이런 도구 덕분에 우리 조상은 이전보다 더 많이 먹을 수 있었다. 뇌는 엄청난 에너지를 소모하는 기관이다. 충분한 영양 섭취가 보장되지 않으면 뇌의 크기는 커질 수 없다. 사실 뇌가 커질 수 있었던 조건보다 중요한 질문이 있다. 왜 뇌가 커져야만 했을까?

초원으로 나온 조상들은 금방 문제에 봉착했다. 밀림에서는 사자나 표범 같은 천적이 나타났을 때 나무에 오르면 되지만 초원에서는

---

* 강석기의 2019년 1월 15일의 기사 <우리 몸에 운동이 필요한 이유>를 참고하였다.

아프리카 동부 탄자니아 라이톨
리에서 발견된 약 360만 년 전
의 발자국 화석

그럴 수 없었다. 그들은 얼룩말이나 들소같이 한데 뭉쳐 집단을 이루
고 힘을 합쳐 대응해야 했을 거다. 힘없는 자는 뭉쳐야 사는 법이다. 무
리를 이루게 되자 다른 이의 마음을 읽고 이해하는 능력이 중요해졌
다. 많은 학자는 인류의 뇌가 사회성 때문에 빠르게 진화한 것이 아닌
가 생각한다. 인간은 '사회적 동물'이 맞다.

인간의 사회적 소통에서 언어가 중요하다. 정교한 언어야말로 동
물과 구분되는 인간의 특징이라고까지 이야기할 정도다. 하지만 언어
가 언제 어떻게 나타났는지 알기는 힘들다. 언어는 화석으로 남지 않
기 때문이다. 초원으로 나온 인류에게 바로 언어가 필요했던 것은 아

니었을 거다. 300만 년 전쯤 살았던 아파렌시스의 경우 50여 명이 한 집단을 이루었다고 한다. 침팬지도 이 정도 규모의 집단을 이룰 수 있는데 단순한 소리와 몸짓으로 서로 소통하는 것이 가능하다. 인류도 그렇게 했을 것이다. 하지만 10만 년 전 호모 사피엔스에 이르면 집단의 크기가 150명 정도 된다. 이쯤 되면 정교한 의사소통 체계가 필요하다. 실제 이때 이후로 지금까지 인간 뇌의 크기는 거의 변하지 않았다. 오늘날에도 한 인간이 사회적으로 관계를 맺을 수 있는 사람의 수는 150명이라 생각되며, 이를 '던바의 수Dunbar's number'라 한다. 단, 던바의 수가 옳은지에 대해서 논란이 있기는 하다.

언어학자 노엄 촘스키Noam Chomsky는 언어가 학습되는 것이 아니라 본능이라고 주장했다. 인간은 언어의 틀을 머릿속에 가지고 태어난다는 뜻이다. 지구상의 모든 언어는 비슷한 문법적 패턴을 갖는다. 아이들은 불과 몇 년 만에 특별한 교육 없이 언어를 습득한다. 즉 인간은 언어를 배우기 위한 틀을 가지고 태어나는 듯하다. 지문 인식 잠금 장치를 사용하는 스마트폰의 경우, 초기에 지문을 여러 번 입력하여 기억시켜야 한다. 일단 입력이 끝나면 스마트폰은 입력된 지문에만 반응한다. 아기는 지문 입력을 기다리는 스마트폰과 같다. 어린 시절 영어를 입력하면 영어 사용자가 되고, 일본어를 입력하면 일본어 사용자가 된다. 일단 입력이 끝나면 언어를 바꾸기는 힘들다. 그래서 나이 들어 우리말과 구조가 다른 영어를 배우기 어려운 것이다.

호모 에렉투스의 하나로 알려진 '베이징 원인'에 대해서는 논란이 있다. 아시아인의 기원과 관련이 있기에 우리의 관심사이기도 하다. 미토콘드리아 유전자 연구에 따르면 모든 인류의 조상은 아프리카에 살았다. 그렇다면 200만~150만 년 전쯤 아프리카에 나타난 호모 에렉투스는 아프리카를 벗어나 세계 곳곳으로 퍼져갔을 것이고, 베이징 원인은 이들의 후손일 것이다. 베이징 원인의 화석이 75만~30만 년 전의 것으로 추정되는 바, 아프리카에서 베이징까지 이동하는 데 75만~170만 년 정도 걸린 것이다. 하지만 아프리카와 베이징의 중간쯤에 위치한 자바섬에서 발견된 호모 에렉투스 화석의 연대가 180만 년 전으로 밝혀짐에 따라 문제가 생겼다. 아프리카를 떠나자마자 혹은 떠나기도 전에 자바섬에 도착한 셈이기 때문이다. 모든 화석들이 옳다고 가정하면, 호모 에렉투스는 아프리카와 자바섬에서 각각 나타났으며, 자바 원인이 베이징 원인의 조상이라고 하는 것이 더 그럴듯하다. 이 문제는 아직 논쟁 중이다.

인지 혁명이 만든 허구의 세계

호모 사피엔스는 35만 년 전쯤 나타난 것으로 보인다. 언제나 그렇지만 새로운 증거가 나오면 이 숫자는 바뀔 수 있다. 10만 년 전부터 1만 2000년 전까지 마지막 빙하기가 있었다. 10만 년 전에서 5만 년 전까지의 기간을 보면 호모 사피엔스가 아프리카를 시작으로 서남아시아, 인도네시아를 거쳐 오스트레일리아로 퍼져나갔고, 서아시아와 유럽에는 네안데르탈렌시스가 살고 있었다. 네안데르탈렌시스는 빙하기를 넘기지 못하고 멸종했지만 호모 사피엔스는 살아남았다. 그 이후 호모 사피엔스는 유럽, 아시아, 시베리아를 거쳐 빙하기가 끝날 즈음

약 3만 2000년 전에 그려진 것으로 보이는 프랑스 쇼베 동굴 벽화

아메리카 대륙에 다다른다.

빙하기가 시작되던 10만 년 전부터 지금까지 인간의 뇌 크기는 거의 변하지 않았다. 하지만 5만 년 전 '인지 혁명'이라 불리는 사건이 뇌에서 일어나 우리는 비로소 인간이 되었다. 이를 '대약진' 혹은 '의식의 빅뱅'이라고도 부른다.* 오늘날 우리가 생각하는 인간만의 특성을 인류가 갖게 되었기 때문이다. 이때부터 인류는 동굴에 벽화를 그리고, 바늘로 옷을 만들고, 수를 세고, 추상적 개념을 생각하게 되었다. 만약 이 시대의 인간이 타임머신을 타고 현대로 와서 적절한 교육을 받으면 우리와 함께 살아가는 데 아무런 지장이 없을 것이다.

---

* 이를 재레드 다이아몬드의 《총 균 쇠》에서는 '대약진', 애덤 프랭크의 《시간 연대기》에서는 '의식의 빅뱅', 유발 하라리의 《사피엔스》에서는 '인지 혁명'이라 부른다.

인지 혁명의 성격에 대해서는 아직 논란이 많지만, 진화심리학에서는 언어, 생물, 물리, 심리의 기본 개념을 처리하는 일종의 인지 모듈이 생긴 것으로 이해하는 학자들이 있다. 예를 들어 우리는 태어날 때부터 중력, 관성, 운동 같은 물리적 개념을 이미 직관적으로 안다. 물리학을 배우지 않더라도 날아가는 물체의 궤적을 예측할 수 있으며, 두 개의 돌이 충돌할 때 일어날 일을 직관적으로 안다. 이는 운동에 대한 복잡한 정보를 하나의 모듈로 파악하기 때문에 가능하다. 뇌 어딘가에 운동 인지 모듈이 있다는 뜻이다. 철학자 칸트가 말한 시간과 공간 같은 선험적 사고의 틀도 이런 인지 모듈의 하나에 해당하는 것 같다. 인지 모듈은 뇌 내부의 신경세포들 사이의 타고난 연결에 의해 형성될 것이며, 그 내용은 우리 유전자 어딘가에 저장되어 있을 것이다. 그렇다면 인지 혁명은 뇌의 물리적 변화에서 왔을 가능성이 크다.

프랑스 남부의 쇼베 동굴에는 이 시기 호모 사피엔스가 그린 벽화가 남아 있다. 이 벽화는 당시 사람들이 동굴에서 할 일이 없어 소일거리로 그린 것이 아니다. 일단 벽화가 있는 장소는 종유석이 달려 위험하기 이를 데 없는 통로를 수백 미터나 지나야 도착한다. 물론 칠흑 같은 어둠 속이므로 불을 밝혀야 한다. 선사 시대에 불을 안정적으로 유지하는 일도 쉽지 않았을 거다. 행여 불이 꺼지면 동굴에서 길을 잃을 테니 죽을 수도 있다. 도대체 당시 사람들은 왜 위험을 무릅쓰고 그림을 그렸을까? 동굴 벽화는 단 한 번 그려진 것이 아니다. 동굴 여기저기 그려진 벽화들은 5000년 가까운 시차를 갖는다. 몇천 년이 지나도록 대를 이어 굳이 같은 동굴에 와서 그림을 그렸다.

인간이 이런 행동을 하는 것은 대개 종교적 이유 때문이다. 아마 쇼

베 동굴은 신성한 장소였으며, 그림을 그린 사람들은 사제나 주술사가 아니었을까? 그렇다면 신神이란 개념이 이 시기 존재했다고 볼 수 있다. 즉 인간이 허구虛構를 믿는 능력을 가지게 되었다는 뜻이다. 인지 혁명의 핵심은 바로 이런 추상적 사고의 탄생에 있었을 것이다. 《사피엔스Sapiens》에서 유발 하라리Yuval Harari는 허구야말로 인류가 더 큰 규모의 사회를 형성하기 위해 반드시 필요한 발명품이었다고 강조한다. 서로 유전자가 다른 호모 사피엔스들이 상대를 신뢰하고 협력하기 위해서는 인간이 만든 상상의 질서를 믿어야 했기 때문이다. 여기서 핵심 역할을 한 것은 언어였다. 고도로 발전된 인간의 언어만이 허구를 표현할 수 있다. 침팬지도 "사자다!"라는 의미의 울음소리를 낼 수 있지만 "사자 신께서 분노하셨다"라는 문장을 표현할 수는 없다.

인지 혁명과 허구를 믿는 능력에 대한 이야기는 물리학자에게 대단히 흥미롭다. 물리는 기본적으로 물질에 기초하여 세상을 이해하려고 노력한다. 유물론적이란 뜻이다. 모든 물리량은 직접 측정이 가능하고 정량적으로 다룰 수 있다. 사랑, 정의, 도덕 같은 개념과 비교하면 위치, 속도, 질량, 에너지, 전하 같은 물리량이 얼마나 물질적인지 알 수 있다. 인간은 인지 혁명을 통해 물리학이 미치지 못하는 허구의 영역을 만들었다. 허구는 인간이 사회를 이루고 문명을 건설하는 토대가 된다.

농업 혁명으로 탄생한 계급 사회

1만 2000년 전 마지막 빙하기가 끝나자 인류는 농사를 짓고 정교한 석기를 제작한다. 신석기 시대의 시작이다. 농사와 신석기가 갖는 공통점이 있다. 둘 다 인간이 자연을 변화시키는 행위와 관련된다. 땅에 떨어진 돌을 주워서 도구로 쓰는 것은 다른 동물도 할 수 있다. 침팬지나 해달이 도구를 사용한다는 것은 잘 알려져 있다. 하지만 목적에 맞게 돌을 정교하게 다듬는 것은 완전히 다른 차원의 문제다. 우선 나와 주변 세상이 분리되어야 한다. 신화나 전설에서는 인간이 동물로 변하거나 동물이 인간으로 변하는 일이 흔히 일어난다. 나무나 돌이 영혼을 가지며 인간과 대화를 한다. 이런 내용은 황당하기 그지없지만 여기에는 문명 이전 인간의 생각이 녹아 있다. 신화나 전설은 대개 구전으로 전해지다가 문자가 발명된 이후 글로 남겨진 것이기 때문이다. 이 오래된 이야기들에는 문화권이나 민족에 상관없이 공통된 틀이 존재한다. 인간이 다른 동물이나 식물, 심지어 땅이나 물과도 분리될 수 없는 하나의 존재라는 사고방식이다. 신석기를 만들려면 분리에서 더 나아가 내가 대상을 변화시킬 수 있다는 개념이 발명되어야 한다.

농사도 마찬가지다. 사방에 널려 있는 식물에서 열매를 따는 것이 아니라 의도적으로 작물을 심어서 식량을 창조하는 것이다. 이렇게 인간은 자신의 생각이 구현된 물질과 함께 살기 시작했다. 인류 문명의 발전은 집, 도로, 성城, 마차, 배, 다리, 자동차, 비행기처럼 인간의 생각이 구현된 물질의 리스트를 늘리는 과정이기도 했다. 이제 우리는 자신을 닮은 인공지능이라는 물질을 눈앞에 두고 혼란스러워하고 있다. 그 자신도 물질이란 사실을 망각했기 때문일 것이다.

일반적으로 농업 혁명은 문명으로 가는 첫 단추라고 생각되지만 알고 보면 거대한 사기였다는 주장도 있다. 우선 초기 농업으로 얻을 수 있는 작물의 양과 질이 모두 시원치 않았기 때문이다. 먹거리가 떨어지면 다른 지역으로 이동하는 수렵채집자와 달리, 농민은 한 장소에 정착해야 했고 자연재해를 당하면 굶주림에 시달리기 십상이었다. 즉 농사에 모든 걸 걸어야 했다. 물론 농사를 시작하며 수렵채집 활동을 완전히 그만두지는 않았을 것이다. 농사의 비중이 서서히 늘어가는 방식이었을 거다. 하지만 농업은 노동 집약적이어서 인간을 거의 노예의 경지로 내몰았을 것이고 자연의 변덕에 운을 맡겨야 하는 고통스러운 일이었을 거다. 초기 작물은 식량이 아니라 마약의 일종이었을 거라고 일부 학자는 추측한다.* 그렇다면 고통을 감수할 이유가 충분하다. 중독 때문에 농사를 지은 것이다. 더구나 많은 원시 종교가 제사 의식에 마약을 사용했다는 사실을 돌이켜볼 때, 농사에는 종교적 의미가 있었을 가능성도 크다. 그렇다면 농업 혁명도 인지 혁명이 그 기원이라 할 수 있다. 종교는 허구를 믿는 능력에서 나왔기 때문이다.

작물이 개량되고 농업 기술이 발전하자 농사에서 많은 수확을 얻을 수 있었고, 결국 잉여 농산물이 생겼다. 하지만 잉여 농산물이 있다는 것은 약탈의 위험에 놓였다는 뜻이기도 하다. 신석기 시대 마을들이 성으로 둘러싸이기 시작하는 것은 우연이 아니다. 동물의 침입을 막기 위해서라고 보기에는 성의 규모가 지나치게 크다. 분명 다른 호모 사피엔스의 침입으로부터 방어하기 위해서였을 것이다.** 이 시기부터 인간 사이에 전쟁이라 부를만한 분쟁이 나타난다. 사실 전쟁으로

- 오후의 《우리는 마약을 모른다》 1장을 참고했다.
- 아더 훼릴의 《전쟁의 기원》 1장을 참고하였다.

얻을 수 있는 전리품의 하나는 노예였다. 노예 노동을 이용할 수 있었기에 노동 집약적 농업 혁명이 완수되었는지도 모른다.

앞서 아프리카에서 밀림을 떠나 초원으로 이동한 뒤 천적의 위협에 직면한 인류의 조상은 생존을 위해 집단을 이뤘다고 했다. 하지만 농업 혁명이 진행되며 천적보다 위험한 적은 다른 인간이었으리라. 인간 사이의 분쟁에 대응하기 위해 던바의 수를 뛰어넘는 더 큰 규모의 조직화된 집단이 필요했을 것이다. 이전의 조상들과 달리 이제는 지켜야 할 땅과 잉여 식량이 있지 않은가. 그 집단을 지휘할 지도자와 무력을 가진 군대가 필요했을 것이다. 무엇보다 이들을 정신적으로 묶어 조직화하기 위해서는 신, 국가, 민족이라는 상상의 허구를 만들 사제도 필요했을 것이다. 즉 지배자와 피지배자로 구성된 계급 사회가 탄생한 것이다. 농업 혁명이 사기라면 바로 이 때문일지도 모른다.

과학 혁명, 허구를 지우기 시작하다

이제 상상의 허구는 인간 사회에서 실제보다 더 중요한 위치를 차지한다. 수렵채집자에게 예의를 지키는 것은 생존에 그리 중요한 요소가 아니다. 사냥 중에 우연히 만난 다른 호모 사피엔스를 죽이더라도 알 사람이 없으니 큰 문제가 되지 않았을 것이다. 어차피 자기 집단 내에서는 예의에 어긋나는 행동을 할 수가 없다. 규모가 100여 명 남짓했기 때문이다. 하지만 신석기 혁명 이후 건설된 도시 예리코의 경우 수천 명이 살았다고 추정되는데, 모르는 사람에게 예의 없이 굴다가는 목숨이 위험할 수 있다. 이후 도시의 인구는 몇만 명 단위로 커지게 된다.

혈연관계가 아닌 이들과 조화롭게 사는 방법은 수많은 허구를 믿고 따르는 거다. 이유는 알 수 없지만 왕이라고 불리는 사람 앞에서 머리를 숙여야 했고, 사제가 붉은 옷이 불경하다고 하면 입지 말아야 했으며, 헝겊으로 가슴에서 무릎까지 신체 부위를 가리는 것이 예의라고 하면 따라야 했다. 이런 허구를 따르지 않는 경우 즉각 대가를 치러야 했을 것이다. 허구 리스트는 점점 길어졌고, 오늘날 우리는 무엇이 허구였는지조차 잊어버릴 만큼 허구를 실재라 믿으며 살아간다. 물리학자가 보기에 인간이 만든 허구의 체계를 연구하는 학문이 인문학이 아닐까 생각한다. 인문학에서는 이유를 알 수 없지만 '인간'이 가장 중요하다. 인간과 돼지 가운데 하나를 죽여야 한다면 망설임 없이 돼지를 죽여야 한다. 인간은 돼지보다 중요하기 때문이다. 하지만 왜 인간이 돼지보다 중요한지 객관적으로 증명할 수 있을까? 객관적인 이유가 없다면, 돼지도 비슷한 논리로 인간보다 돼지가 더 중요하다고 주장할 수 있을 거다.

농업 혁명이 가져온 또 하나의 중요한 결과는 천문학의 탄생이다. 농사는 식물의 생활 주기에 맞춰 진행된다. 농부는 하늘의 운행 주기를 알아야 했다. 이는 태양, 달, 별의 움직임과 관련된다. 이제 사제는 동굴에 벽화를 그리는 대신, 별의 움직임을 예측해야 했다. 훗날 천문학은 물리학의 탄생으로 이어져 인류를 과학 혁명과 산업 혁명으로 이끌게 된다. 과학 혁명이 진행되는 동안 가장 큰 장애물은 자연에까지 스며든 인간의 허구를 걷어내는 거였다. 태양이 지구 주위를 도는 것이 아니라 지구가 태양 주위를 돈다고 했을 때, 사람들은 불경스러운 주장이라고 분노했다. 불경스럽다는 것은 허구에나 사용하는 개념이다. 나아가 이단이라고 비난했다. 계속 주장하면 불태워 죽이겠다는 말이었다. 인간은 허구를 만들어 문명을 건설하기 시작했지만, 과학 혁명의 단계로 가기 위해서는 무엇이 허구이고 무엇이 허구가 아닌지를 구분해야 했다. 과학 혁명은 여전히 진행 중이다.

외계에서 온 외계 동물학자의 눈으로 본 호모 사피엔스 연구 보고서 요약으로 이 장을 마친다.

호모 사피엔스 연구 보고서 요약

우리은하 태양계 제3행성(지구)

- **작성자**: 우리은하 글리제581d 동물학자 리차드 도김수
- **대상**: 동물계 척삭동물문 포유강 영장목 사람과 사람속 호모 사피엔스

인간은 지구상 대부분의 지역에 거주하며, 동물계 최상위 포식자다. 직립 보행하고 정교한 언어를 구사한다. 유전적 특성으로 설명할 수 없는 대규모 군집 생활을 한다. 유사한 규모의 군집은 개미에서 볼 수 있다. 하지만 개미 군집의 개체들은 여왕개미 한 마리의 자손으로 모두 형제자매다. 따라서 이기적 유전자라는 혈연적 유대에 기초하여 안정적으로 군집을 이룰 수 있다. 인간의 경우 서로 유전자가 다른 수천만의 개체들이 모여 군집을 형성한다. 연구 결과 인간은 유전자와 상관없는 국가나 민족이라는 상상의 허구를 만들고 그것에 소속되어 있다는 믿음으로 군집을 유지하는 것 같다. 따라서 인간을 이해하기 위해서는 그들의 생물학적 특성뿐 아니라 그들이 만든 허구의 체계를 이해하는 것이 대단히 중요하다.

암수의 신체 크기가 비슷하다는 사실에서 예상할 수 있듯이 인간 사회는 대개 일부일처제를 따른다. 수컷이 양육에 깊이 관여하는데, 이는 다른 동물들에서도 사례를 찾을 수 있으니 놀라운 일은 아니다.

인간 아이가 독립적으로 살기 위해서는 몇 년이나 돌봐야 하기 때문이다. 다른 동물과 비교할 때 인간은 상대적으로 뇌가 크다. 이 때문에 출산 시 태아가 좁은 산도를 통과하며 자칫 산모의 생명을 위협할 수 있다. 이런 위험을 무릅쓰면서 뇌가 커진 것을 보면 인간에게 뇌가 아주 중요하다는 것을 알 수 있다.

인간에게 있어 사회성은 생존에 결정적 요소다. 다른 동물과 달리 인간의 눈에는 '공막'이라는 것이 있다. 눈동자 주위 하얀색 부분이다. 이 때문에 눈동자의 방향이나 움직임을 정확히 알 수 있다. 즉 자신의 시선 정보를 노출하고 있다. 이는 상대의 마음을 이해하고 예측하는 것이 얼마나 중요한지 보여주는 해부학적 증거다. 인간 사회 자체가 그들이 만든 허구 위에 세워져 있다. 허구에는 종교, 도덕, 경제, 예술, 규범, 법과 같은 것들이 포함된다. 인간이라면 이런 것을 익히는 데 자신의 시간 대부분을 써야 한다.

인간이 수백 년 만에 이룩한 과학 기술의 발전은 인상적이지만 아직 원자력과 화석 연료에 의지하고 있다. 이 정도 에너지원으로는 지구를 벗어나 태양계 밖으로 여행하는 것은 불가능하다. 지구상 생명체는 태양에서 오는 빛 에너지에 전적으로 의지하고 있다. 지구의 온도는 태양 에너지가 지구에 얼마나 흡수되느냐에 달려 있다. 인간은 불과 몇백 년 동안의 화석 에너지 사용으로 지구 대기 온도를 빠르게 상승시켰다. 그 위험성을 알고 있지만 이기적 본성 때문에 이 문제를 해결하지 못할 수 있다. 그로 인해 자신을 포함한 대규모 멸종이 일어날지 모른다.

12장

나는 존재한다, 더구나 생각도 한다

정보란 무엇인가

"나는 생각한다, 고로 존재한다Cogito, ergo sum."

— 르네 데카르트

철학자 르네 데카르트René Descartes가 남긴 유명한 말이다. 데카르
트는 생각한다는 것을 존재의 근거로 삼았다. 존재보다 생각이 자명하
게 보였기 때문일까? 하지만 지금 우리는 생각이 존재만큼이나 설명
하기 어려운 문제라고 생각한다.

물리는 존재를 설명한다. '우주가 왜 존재하는가'라는 질문을 다루
는 것은 아니다. 이미 존재하는 것의 특성에 대해 보편적이고 단순한
규칙을 찾는다. 물리학이 알아낸 바에 따르면 존재하는 모든 것은 표
준 모형의 기본 입자들과 중력으로 구성된다. 존재하는 것 가운데 이
들로 설명할 수 없는 것은 없다.* 하지만 기본 입자로부터 생명의 존재

---

* 이런 단정적 문장이 눈에 거슬리는 사람이 있을 것이다. 과학은 귀납적이다. 지금까지 얻은 물질
  적 증거에 기반하여 그렇다는 뜻이다. 아직 발견되지 않은 새로운 것이 존재할 가능성은 언제나
  열려 있다. 암흑 물질이나 암흑 에너지가 그 예다. 물론 아직 이들의 정체가 무엇인지 알지 못한다.

를 예측하는 것은 불가능하다. 기본 입자가 모여 만들어진 원자조차 그 특성을 기본 입자로부터 예측하기는 쉽지 않다. 적당한 수의 원자가 적절하게 모이면 단세포 생물이 되는데 그 특성을 원자로부터 예측하는 것은 불가능하다. 세포가 모이면 인간과 같은 다세포 생물이 되는데, 세포를 아무리 들여다본들 인간을 이해할 수는 없다.

세포 가운데 신경세포는 인간의 입장에서 특별하다. 신경세포가 1000억 개 정도 모이면 인간의 뇌가 되는데, 호모 사피엔스를 지구상 다른 모든 생명체와 구분되는 존재로 만드는 것이 바로 뇌이기 때문이다. 현대 과학은 뇌에서 일어나는 일을 아직 완벽히 이해하지 못하고 있다. 하지만 뇌에서 일어나는 학습 과정을 조금 흉내 내 만든 '알파고 AlphaGo'라는 프로그램이 바둑 천재 이세돌을 이겼다. 적어도 우리는 "의식이란 무엇인가?"라는 질문을 과학적으로 진지하게 던져볼 수 있는 위치에 온 것이다. 이 질문에 어떤 답이 나오든 인류 문명의 역사에 이정표가 될 것은 틀림없다.

정보는 나트륨 이온 파도를 타고 전달된다

뇌는 신경세포의 집합일 뿐이다. 신경세포는 신호를 전달한다. 신경세포를 통한 신호 전달은 지구상에 살고 있는 동물의 역사만큼이나 오래되었을 것이다. 동물은 움직이는 생물이다. 원하는 대로 움직이려면 움직이라는 명령을 내리고 이를 전달할 체계가 필요하기 때문이다. 10장에서 이야기했듯이 과학자들은 해파리가 속한 자포동물에서 처음

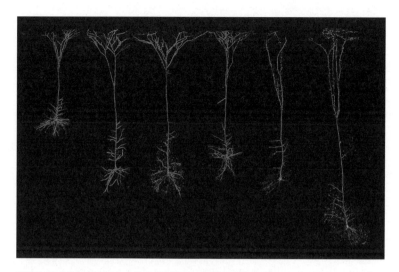

흰담비, 기니피그, 토끼, 마모셋 원숭이, 마카크 원숭이, 인간의 뉴런

신경계가 나타났을 것이라고 생각하는데, 화석 증거에 따르면 이들은 대략 5억 8000만 년 전부터 존재했던 것 같다. 신경계는 몸 외부에서 오는 각종 신호를 뇌로 전달하고, 신호를 받은 뇌는 적절한 결정을 내리며, 그 결과를 다시 신호로 몸에 보내서 반응하도록 한다. 이 과정에서 신호 전달을 매개하는 것도 신경세포이고, 뇌도 신경세포가 모여서 된 것이다. 결국 신경세포를 이해하는 것이야말로 의식을 이해하는 알파요, 오메가다.

신경세포는 비유하자면 줄기 달린 양파같이 생겼다고 보면 된다. 양파의 뿌리에 해당하는 부분을 수상돌기라 하는데, 이곳으로 신호가 입력된다. 기다란 줄기 부분을 축삭돌기라고 하며 이곳으로 신호가 출력된다. 쉽게 말해서 여러 개의 뿌리(수상돌기)로 들어온 신호들이 양파(몸통)로 모여 줄기(축삭돌기)로 나간다고 볼 수 있다. 신호라고 했지만 이것이 정확히 무엇인지는 아직 이야기하지 않았다. 신경세포를 이동하는 신호는 전류다. 전류가 흐르거나 흐르지 않거나 하는 것이 신호다. 일상에서 사용되는 전자 기기의 회로를 통해 이동하는 신호도 전류다. 전류란 전하가 이동하는 것인데, 전기 회로를 이동하는 전하는 전자이고 통로는 구리 전선이다. 하지만 동물의 몸에서 구리 전선은 찾아볼 수 없고, 오히려 금속 전선을 부식시키는 물로 가득하다. 초기 연구자들을 당혹스럽게 만들었던 사실이다.

생체 신호에 대한 단서는 19세기 중반 독일 과학자들로부터 나왔다.[*] 신호 전달을 매개하는 것은 이온이고, 이온이 움직이는 통로가 신경이라는 사실을 밝힌 것이다. 더구나 신경의 신호 전달 속도는 시속 160킬로미터에 불과했는데, 이는 KTX보다 느리다는 뜻이다. 반면에 전기 회로의 신호는 빛의 속도로 전달된다. 신경 신호보다 1000만 배 정도 빠르다는 뜻이다. 신경에서는 전기 회로와 완전히 다른 방식으로 전류가 흐르는 것이 분명했다. 이제 이 의문에 답을 줄 영웅이 나올 때가 되었다.

1939년 영국의 앨런 호지킨Alan Hodgkin과 앤드루 헉슬리Andrew Huxley[**]는 대왕오징어의 신경계를 연구하기 시작했다. 대왕오징어는 이름 그대로 눈에 보일 만큼 큰 신경을 가지고 있었는데, 신경이 클수록 다루기 용이하고 신호 전달 속도가 느려서 실험하기 쉬웠다. 이들

---

[*] 이 시기는 전기와 자기 현상에 대한 연구가 폭발적으로 이루어지고 있었다. 참고로 마이클 패러데이Michael Faraday가 전자기 유도 현상을 발견한 것이 1831년이다.

[**] '다윈의 불도그'로 불러달라던 진화론의 전도사 토머스 헉슬리의 손자다. 《멋진 신세계Brave New World》라는 소설의 작가로 유명한 올더스 헉슬리Aldous Huxley와 이복형제다.

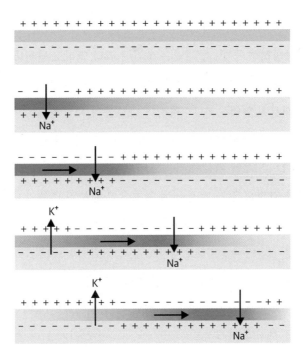

나트륨을 이용한 신경세포의 신호 전달

이 대왕오징어로부터 알아낸 신경 신호 전달의 원리는 놀라운 것이었다. 우선 신호 전달에 사용되는 전하는 전자가 아니라 나트륨 이온이다. 나트륨 이온*은 신경을 따라 직접 이동하는 것이 아니라 마치 파도타기를 하듯이 신호를 전달한다.

신경세포의 외부는 내부보다 나트륨 농도가 대단히 높다. 신경세포의 막에는 나트륨 이온만 통과할 수 있는 채널이 있다. 파이프같이

• 나트륨(Na) 원자가 전자를 하나 잃으면 양전하를 띠는 나트륨 이온(Na⁺)이 된다. 또한 나트륨만이 아니라 칼륨(K)도 중요한 역할을 한다. 하지만 핵심을 이해하는 데 나트륨만으로 충분하니 여기서는 무시한다.

생긴 신경이 피리라면, 채널은 피리에 뚫린 구멍이라고 볼 수 있다. 나트륨이 통과하는 구멍, 즉 채널은 조건에 따라 열리고 닫힌다. 신경세포의 막을 따라 늘어선 채널들에 차례로 1번, 2번 같은 번호를 붙여보자. 1번 채널이 열리는 순간, 외부의 나트륨이 채널을 통해 신경세포 내부로 쏟아져 들어간다. 나트륨을 먹물이라고 생각하면 이해하기 편하다. 파이프 외부에 먹물이 가득하고 내부는 깨끗한 물만 있을 때, 깨끗한 물을 감싸고 있는 벽에 구멍을 뚫으면 외부의 먹물이 내부로 쏟아져 들어올 것이다. 그러면 이번엔 2번 채널이 자동으로 열린다. 2번 채널이 열리면 이제 3번 채널이 자동으로 열린다. 이어서 4번이…, 즉 이 채널들은 내부의 나트륨 농도가 높아지면 열리는 거다. 물론 열린 채널은 잠시 후 자동으로 닫힌다. 일단 하나의 채널이 열리면 눈사태가 일어난 것처럼 연쇄적으로 이웃한 채널이 열리게 된다. 이렇게 나트륨이 쏟아져 들어가는 양상은 신경을 타고 이동한다. 마치 야구장에서 관중들이 파도타기를 하는 것과 비슷하다. 신경세포는 내부로 들어온 나트륨을 끊임없이 외부로 퍼낸다. 이걸 하지 않으면 머지않아 채널이 열려도 나트륨이 쏟아져 들어오지 않을 거다. 나트륨을 퍼내는 데 많은 에너지가 소모된다. 이 때문에 인간의 뇌가 몸 전체 에너지의 20퍼센트를 소모한다. 호지킨과 헉슬리는 신경 신호 전달의 원리를 밝힌 공로로 1963년 노벨생리의학상을 수상했다.

인간의 신경이나 대왕오징어의 신경이나 작동 원리는 같다. 이런 것이 과학의 아름다움이다. 초파리 연구에서 인간 유전에 대한 단서를 얻을 수 있는 것처럼 말이다. 인간의 신경을 통해 이동하는 신호도 나트륨 이온이 세포막을 넘나들며 만드는 파도타기다. 나트륨은 전자보다 5만 배 정도 무겁기 때문에 속도가 느릴 수밖에 없다. 우리의 뇌가 컴퓨터보다 계산이 느린 이유다. 눈으로 들어온 시각 정보, 귀로 들어온 청각 정보, 손으로 느끼는 촉각 정보는 모두 나트륨 이온의 파도를 통해 뇌로 전달된다. 이제 뇌에서 무슨 일이 일어나는지 알아보자.

군소도 기억과 학습을 한다

다시 이야기하지만, 뇌는 신경세포들이 모인 집단일 뿐이다. 신경세포의 집단이 어떻게 생각할 수 있을까? 이에 대한 답은 신경세포가 서로 어떤 방식으로 연결되어 있는가라는 질문에서 단서를 찾을 수 있다. 신경세포들 사이에 전기 신호만 이동한다면 그냥 파이프 같은 통로로 연결되어도 무방할 거다. 하지만 신경세포들은 시냅스라는 좁은 간격을 사이에 두고 연결되어 있다. 이 간격은 20~40나노미터 정도에 불과해서 바이러스 하나가 들어가기에도 좁다.

1920년대 오토 뢰비Otto Loewi와 헨리 데일Henry Dale은 신경을 타고 이동한 전기 신호가 시냅스에 이르러 화학 신호로 바뀐다는 사실을 알아냈다. 나트륨 이온의 파도로 진행하는 전기 신호가 신경세포의 한쪽 끝에 있는 시냅스에 도달하면, 시냅스에서 화학 물질이 분비되기 시작한다. 화학 물질의 이름은 '아세틸콜린acetylcholine'이다. 아세틸콜린이 시냅스를 지나 상대 신경세포에 도착하면 그쪽 신경세포에 전기 신호가 만들어진다. 비유를 하나 들어보자. 편지를 전달하는 전령이 '나트륨 이온'이라는 말을 타고 도로를 달린다. 도로 끝에서 시냅스 강을 만

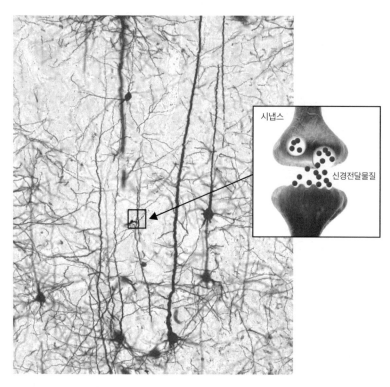

시냅스

신경전달물질

시냅스를 통해 연결되는 신경세포

나면 아세틸콜린이라는 사공에게 편지를 넘긴다. 사공은 배로 강을 건너, 건너편 나루터에서 대기하고 있는 새로운 전령에게 편지를 전달한다. 전령은 다시 말을 타고 도로를 내달린다. 뢰비와 데일은 시냅스의 화학 작용을 밝힌 공로로 1936년 노벨생리의학상을 수상했다.

자, 여기서 중요한 질문을 던져보자. 신경세포는 왜 시냅스라는 것을 만들어서 전기 신호를 화학 신호로 바꾸는 걸까? 시냅스로 인해 신호 전달이 지체될 뿐 아니라, 괜히 구조만 복잡해지는 것 아닐까? 뭔가 중요한 역할을 하고 있지 않다면 시냅스야말로 자연의 중대한 실수일

터다. 시냅스의 놀라운 점은 유연하다는 것이다. 시냅스를 통한 신호 전달의 크기는 조건에 따라 변화한다. 앞에서 사용한 배와 사공의 비유를 재활용해보자. 편지가 자주 시냅스 강을 건넌다는 것은 배와 사공의 수가 증가한다는 뜻이다. 반대로 시냅스 강을 자주 건너지 않으면 사공이 줄어든다. 즉 자주 사용하는 시냅스 연결은 강화되고 사용하지 않는 연결은 약화된다. 이것이야말로 기억과 학습의 근본 원리로 '신경가소성neuroplasticity'이라 부른다.

처음 자전거를 탈 때는 넘어지기 일쑤다. 뇌에서 신경을 통해 다리의 여러 근육에 일일이 명령을 내려야 하는데, 신경 신호의 전달 속도가 느려 자칫 균형을 잃을 수 있기 때문이다. 하지만 자전거를 자꾸 타다 보면 관련된 시냅스들을 자주 이용하게 되고, 신경가소성 때문에 이들의 연결이 강화될 것이다. 이제 자전거에 올라타 일부 근육이 움직이기 시작하면, 강화된 신경계로 연결된 다른 근육들이 자동으로 움직인다. 신경계가 연결 강화를 통해 근육의 움직임을 기억하고 있는 셈이며, 이제 우리는 자전거 타기를 '학습'했다고 할 수 있다. 이와 같은 기억과 학습의 원리를 밝힌 사람은 에릭 캔델Eric Kandel*로, 2000년 아르비드 칼손Arvid Carlsson, 폴 그린가드Paul Greengard와 함께 노벨생리의학상을 수상했다.

캔델은 '군소'라는 민달팽이처럼 생긴 연체동물의 신경을 연구했는데, 당시 많은 동료가 그의 연구 계획을 걱정 가득한 시선으로 바라

---

* 에릭 캔델은 훌륭한 작가이기도 하다. 그의 인생과 연구에 대해 알고 싶다면 《기억을 찾아서》를 보라. 예술과 뇌과학의 관계에 대한 책 《통찰의 시대》와 《어쩐지 미술에서 뇌과학이 보인다》도 흥미로운 통찰로 가득하다.

봤다고 한다. 학습이나 기억 같은 고등한 행동은 적어도 포유류를 연구해야 의미 있는 결과가 나올 것이라고 생각했기 때문이다. 아마도 그 동료들은 호지킨과 헉슬리가 대왕오징어 연구로 신경 신호 전달 원리를 밝혔다는 사실을 잊었던 모양이다. 물론 군소 따위가 무슨 기억을 하고 학습을 하냐고 묻고 싶은 사람도 있을 거다.

군소의 아가미는 평소 이완돼 있다. 바늘 같은 것으로 군소를 건드리면 반사적으로 아가미가 움츠러든다. 하지만 계속해서 바늘로 군소를 건드리면 결국 자극에 적응해 아가미가 움츠러들지 않게 된다. 파도와 같은 물의 흐름이 있는 곳에 사는 군소라면 이런 적응 능력이 생존에 도움이 될 거다. 파도가 칠 때마다 아가미를 움츠리는 것은 에너지 낭비니까. 자극을 여러 번 준 사실을 군소가 기억하지 못한다면 이런 반응을 할 수 없다. 연체동물인 군소조차 기억을 할 수 있다는 뜻이다. 사실 인간의 뇌에서 일어나는 학습의 원리는 군소의 경우와 같다. 누군가는 기분이 나쁘겠지만, 누군가는 경이로움을 느낄 것이다.

신경계를 모사한 학습하는 인공지능

달팽이부터 인간까지 신경계의 학습 원리는 같다. 신경세포들 사이의 연결 강도가 변하는 신경가소성이 학습 능력의 핵심이다. 연결 세기가 변하는 시냅스를 인공적으로 만들면 학습하는 기계를 만들 수 있지 않을까? 그렇다. 이것이 바로 인공지능이다.

우선 신경세포에서 일어나는 학습 과정을 정리해보자. 신경세포의 여러 수상돌기를 통해 전기 신호가 들어온다. 이것이 입력 신호다. 이 신호들은 신경세포 몸통에서 합쳐진다. 예를 들어 1번 수상돌기에서 1볼트, 2번 수상돌기에서 2볼트의 전위차에 해당하는 신호가 들어오면, 신경세포의 전체 전위는 1볼트 더하기 2볼트, 즉 3볼트가 될 것이다. 신경세포는 전체 전위가 임계 값 이상으로 커질 때에만 신호를 내보낸다. 임계 전압이 5볼트라면 더 많은 입력 신호가 누적되어서 총 5볼트를 넘어야 비로소 출력 신호를 만든다는 뜻이다. 이렇게 생성된 신호는 축삭돌기를 통해 나간다. 이것이 출력 신호다. 출력 신호는 이제 다른 신경세포의 입력 신호가 된다. 신경세포가 하는 일은 단순하다. 들어온 모든 신호를 더하여 조건에 맞을 때만 신호를 내보낸다. 당연한 말이지만 신경세포 자체는 생각을 하지 않는다. 신경세포는 서로 시냅스로 연결되어 있을 뿐이다. 같은 입력이라도 시냅스의 결합 강도

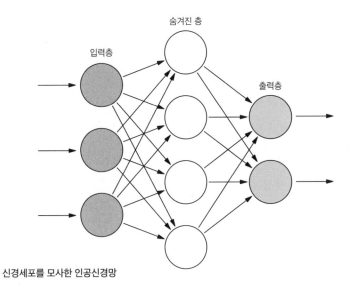

신경세포를 모사한 인공신경망

에 따라 영향이 달라진다. 기억은 시냅스의 결합 강도에 저장되어 있으며, 결합 강도를 바꾸는 것을 학습이라 한다.

이제 이런 신경계의 특성을 컴퓨터 프로그램으로 구현하기만 하면 인공신경망을 만들 수 있다. 앞쪽의 그림은 전형적인 인공신경망의 모습을 개략적으로 나타낸다. 원은 신경세포다. 화살표 방향으로 신호가 이동한다. 신호들이 입력층input layer의 신경세포에서 화살표를 따라 숨겨진 층hidden layer의 신경세포로 이동한다. 신호는 전류가 흐르거나 흐르지 않거나 두 가지가 가능하다. 대개 전류가 흐르는 것을 1, 흐르지 않는 것을 0으로 나타낸다. 숨겨진 층에 있는 하나의 신경세포를 보면 여러 개의 입력이 들어오는데, 이들 각각 0 또는 1의 값을 갖고 출발한다.

이제 인공신경망에 어떻게 시냅스를 넣어줄 수 있을까? 두 신경세포가 화살표로 연결되어 있는 셈이므로 화살표가 전달 통로이자 시냅스다. 따라서 신호가 이동할 때 화살표 각각에 가중치를 주면 된다. 가중치는 학습에 따라 바뀐다. 숨겨진 층에 있는 하나의 신경세포는 자신에게 들어오는 모든 신호에 가중치를 곱하여 더한 값을 보고 이것이 정해진 임계 값을 넘을 때만 1을 출력하면 된다. 이런 식으로 숨겨진 층의 모든 신경세포가 계산을 수행하고, 그다음 층으로 신호를 넘겨주면 최종적인 결과물을 얻는다. 입력이나 출력 모두 0과 1의 나열이다.*
이렇게 생물학적 신경계와 동일한 원리로 작동하는 기계를 만들 수 있다. 앞쪽의 그림에서는 9개의 신경세포가 서로 연결되어 있지만, 실제 인간의 뇌에는 1000억 개의 신경세포가 있고 하나의 신경세포가 대략

---

* 신경세포는 0과 1을 사용하여 모든 일을 하는 디지털 기계다.

1000개의 시냅스로 다른 신경세포와 연결되어 있다. 세상을 떠들썩하게 만들었던 '알파고'라는 인공지능도 본질적으로 지금 설명한 인공신경망과 크게 다르지 않다. 단지 신경망의 연결 구조를 실제 인간 뇌와 유사하게 만들고 다른 프로그램 기법을 더 추가하여 개량한 것뿐이다.

주어진 입력에 대해 원하는 출력이 나오게 하려면 화살표들이 적절한 가중치를 가져야 한다. 적절한 가중치는 미리 결정할 수 없다. 아니, 미리 결정할 필요가 없다. 학습을 통해 최적의 가중치를 찾는 것이 인공신경망의 핵심이다. 가중치를 조금씩 바꾸어가며 입력을 넣고 출력을 확인하는 작업을 수도 없이 반복하는 것만으로 충분하다는 점이 중요하다. 우리도 이차 방정식 푸는 법을 미리 알고 태어나는 것이 아니다. 수없이 많은 문제를 풀고 답을 확인하며 뇌의 시냅스 강도를 최적화시켜서 이차 방정식 푸는 법에 익숙하게 되는 것이다. 인공지능도 마찬가지다. 다만 기계는 학습 속도가 빠르다. 인간이 수백 년 걸릴 학습을 몇 시간 만에 끝낼 수 있다.

최초의 신경계는 동물이 외부 정보를 습득하고 움직임을 지시하기 위해 필요했던 기관이다. 신경계의 시냅스가 가소성을 갖게 되자 기억과 학습이 가능해졌고, 이는 그 동물의 생존에 엄청난 이득이 되었을 것이다. 연체동물인 군소조차 자극에 대한 기억으로 이익을 얻는다. 동물은 학습을 통해 점차 복잡한 행동을 할 수 있게 되었고, 결국 인간의 대뇌피질이라는 고도로 복잡한 신경계가 탄생한다. 그 작동 원리는 연체동물의 신경계와 다를 바 없지만 복잡함이 정도를 넘어서자 인간의 '의식'이라는 새로운 것(?)이 탄생한 것이다. 과연 의식이란 무엇일까?

인공지능과 튜링머신, 무엇이 더 우월한가?

역사적으로 인공지능보다 컴퓨터가 먼저 탄생했다. 뇌나 신경계에 대한 자세한 이해 없이 컴퓨터가 만들어졌다는 사실은 흥미롭다. 컴퓨터는 영어로 'computer', 즉 계산하는compute 기계다. 기계로 만든 계산기라는 개념은 19세기 영국의 찰스 배비지Charles Babbage까지 거슬러 올라가지만 당시 기술로 그의 아이디어를 구현할 수 없었다. 더구나 그의 기계는 정말 계산만 할 수 있었다. 오늘날 우리가 사용하는 컴퓨터의 기초 개념을 제시한 사람은 1930년대 영국의 앨런 튜링Alan Turing이다.

튜링의 아이디어를 알아보자. 모든 작업은 언어로 표현될 수 있다. 언어는 적당한 문자로 쓸 수 있다. 모든 문자는 숫자에 대응시킬 수 있다. 'ㄱ'은 '8', 'ㄴ'은 '9', 이런 식으로 말이다. 중국어의 경우 문자가 많지만 1부터 10만까지의 숫자라면 충분할 것이다. 결국 언어로 표현할 수 있는 모든 내용은 숫자로 나타낼 수 있는 말이다. 그리고 모든 숫자는 0과 1만 사용하는 이진법으로 표현할 수 있다(이진법으로 8은 1000, 9는 1001로 표현된다). 따라서 모든 작업은 0과 1의 수열로 표현할 수 있다. 작업을 위한 입력과 작업의 결과인 출력도 모두 0과 1의 수열로 나타내는 것이 가능하다. "삐 소리를 내라"라는 명령을 이진법의 수열로 표현할 수 있고, 스피커에 '삐' 소리가 나도록 적절한 전류를 흘려주는 작업도 이진법의 수열로 표현할 수 있다.

튜링은 0과 1로 된 입력을 받아서 역시 0과 1로 된 출력을 내놓는 기계를 생각한다. 이 기계는 0과 1을 한 번에 하나씩 읽을 수 있으며, 미리 약속된 규칙에 따라 입력에 대응되는 출력을 내놓는다. 튜링머신이라 불리는 이것이야말로 오늘날 우리가 컴퓨터라고 부르는 기계의 원형이다. 튜링의 개념을 실제로 구현하기 위해서는 기계 구조에 대한 구체적 계획이 필요하다. 존 폰 노이만Johann von Neumann은 입력, 메모리, 중앙 처리 장치, 출력으로 구성된 아키텍처(구조)를 제안했는데, 바로 지금 우리가 사용하는 컴퓨터의 구조다. 키보드는 입력 장치다. 우리가 컴퓨터 키보드를 치면 특정 문자키에 해당하는 신호가 이진법의 수열로 바뀌어 입력 신호로 메모리에 저장된다. 메모리의 데이터를 중앙 처리 장치가 읽어서 미리 약속된 규칙을 검토한다. 규칙에 따라 특정 문자키에 대응하는 문자를 스크린에 띄우라는 신호를 이진법의 수열로 내보내면 이것을 적절히 처리하여 스크린에 문자를 띄운다. 튜링머신이 작동하려면 입력과 출력에 대한 모든 작업 리스트가 미리 완벽하게 작성되어야 하며, 이는 한 치의 오류 없이 수행되어야 한다. CPU라 불리는 중앙 처리 장치가 이 일을 하는데, 인텔이 만든 펜티엄이 CPU의 한 예다. 완벽한 규칙에 따라 결과물을 내놓는 튜링머신인 컴퓨터는 학습을 통해 규칙을 만들어가는 인공지능과 완전히 다른 종류의 기계다.

현재 우리는 생각하는 방법을 두 가지 알고 있는 셈이다. 하나는 인공지능이나 뇌 같은 신경망, 다른 하나는 컴퓨터, 즉 튜링머신이다. 신경망은 수많은 경험과 데이터를 이용하여 학습을 한다. 학습이란 시냅스의 세기 혹은 가중치를 바꿔주는 것이다. 학습에는 목적이 필요하다. 목적은 주어진 입력으로부터 가장 적합한 출력을 얻는 것이다. 목적을 이룰 수 있다면 시냅스의 세기나 가중치가 어떤 형태를 갖든 무방하다. 사실 답을 얻고도 왜 시냅스들이 그런 형태를 갖는지 이해하기는 힘들다. 반면 튜링머신은 처음부터 완벽하게 계획된 매뉴얼이 필요하다. 모든 입력에 대해 출력이 미리 정확히 정해져 있어야 한다. 모든 작업은 한 치의 오차도 없이 수행되어야 하며, 실수하면 오류로 인해 작업이 중단된다.

신경망은 목적이 우선이고, 튜링머신은 규칙이 우선이다. 인간의 시각에서는 인공지능이 튜링머신보다 더 우월한 것처럼 보인다. 하지만 이것은 인간의 착각이다. 서로 잘하는 분야가 다를 뿐이다. 인간의 뇌는 패턴 인식에서 놀라운 능력을 발휘한다. 사진 속 동물이 고양이인지 강아지인지 판별하는 것은 컴퓨터에게 무척 어려운 문제다. 폭우가 쏟아지는 대도시의 군중 틈에 있는 고양이의 뒷모습을 보고 고양이라고 판별하는 일은 튜링머신에게 지옥이다. 반면에 인간은 고양이 찾기뿐 아니라 '월리를 찾아라'도 할 수 있다. 하지만 단순한 곱하기 문제, 예를 들어 233452329498208435255124906 곱하기 3934064927039232995823498012를 정확히 계산하는 것은 인간에게 지옥이다. 튜링머신은 답을 얻는 데 1초도 걸리지 않는다. 더구나 컴퓨터의 계산 결과는 언제나 옳다.

인공지능이 인간의 눈에 튜링머신보다 더 우월해 보이는 것은 인간과 가까운 방식으로 작동하기 때문이다. 즉 인공지능은 인간이 잘하는 일을 튜링머신보다 더 잘한다는 말이다. 생각이나 의식이 무엇인지 아직 모르지만 적어도 우리는 신경망과 튜링머신이라는 두 가지 체계를 알고 있다. 둘 중에 무엇이 더 우월한지 비교하는 것은 무의미하다. 물고기와 독수리 중에 누가 더 빠른지 비교하는 것과 비슷하다. 독수리가 절대 속도는 빠르겠지만, 물속에 들어가는 순간 물고기에게 상대도 안 될 것이기 때문이다.

두 가지 외에 또 다른 체계가 있을 가능성도 배제할 수 없다. 생각이 무엇인지, 의식이 무엇인지 논의하려면, 적어도 두 체계를 넘어서는 수준에서 보아야 한다는 뜻이다.

의식의 출현과 정보 이론의 통찰

인공지능과 튜링머신의 공통점을 찾아보자. 우선 입력과 출력이 있어야 한다. 모든 입력에 대해 적절한 출력이 나와야 한다. '1+1 ='이라는 입력이 들어갔다면 '2'가 나와야 한다. 인간과 기계 모두 쓸 수 있는 공통의 언어는 이진법 수다. 그러니까 실제로는 '10010101001010100' 같은 수열이 들어가서 '10010111101010110' 수열 같은 것이 나왔다는 뜻이다. 이 수열을 보고 각각 '1+1 ='과 '2'라는 것을 어떻게 알 수 있을까? 문자를 숫자로 바꾸는 표 같은 것이 있어야 한다. 표를 잃어버렸다면 어떻게 될까? 인공지능이든 튜링머신이든 아무리 열심히 계산해도 우리는 그 의미를 알 수 없을 것이다. 우리 입장에서는 암호문이나 다름없다. 하지만 기계의 입장에서는 규칙에 따라 결과를 출력했으니 자신이 적절하게 작업을 수행했다고 주장할지 모른다. 인간이 이해하지 못하는 것은 안타깝지만, 기계는 열심히 계산한 것이다. 만약 우리와 비슷한 수준의 문명을 가진 외계인을 만났다고 상상해보자. 외계인도 튜링머신을 사용하고 있다고 하자. 우리가 그 튜링머신을 들여다본들 아무 의미 없는 이진법의 수들이 입력되어 계산되고 출력되는 것을 보게 될 것이다. 그것들이 무엇을 의미하는지 우리는 알 수 없지만 외계인 입장에서는 의미 있는 일을 하는 것이리라. 여기서 우리는 생각하는 기계와 관련된 결정적인 질문과 마주치게 된다. 의미란 무엇일까?

기계의 시각에서 이 문제를 봐보자. 기계 입장에서 문자를 이진법 수로 바꾸는 표는 중요하지 않다. 기계는 애초부터 의미에 관심이 없기 때문이다. 기계에게는 언제나 의미를 알 수 없는 0과 1의 수열이 입력으로 들어온다. 기계가 할 일은 그 수열을 규칙에 따라 또 다른 0과 1의 수열로 바꾸는 것이다. 0과 1의 수열에 의미를 부여하는 것은 기계의 업무를 넘어서는 일이다. 클로드 섀넌Claude Shannon은 1948년 '정보 information'를 정량적으로 정의했다. 정보라고 하면 보통 정보의 의미나 가치를 먼저 생각하기 마련이다. 정보는 돈이니까. 섀넌이 정의한 정보의 가장 큰 특징 중 하나는 인간이 말하는 가치나 의미가 그 정의에 들어 있지 않다는 점이다. 정보는 오로지 사용되는 빈도로만 그 가치가 정해진다. 즉 확률이 정보다. 정보를 처리하는 기계의 입장에서 자신이 계산하는 숫자들의 의미가 무엇인지는 알 수 없다. 아니, 알 필요조차 없다. 하지만 한 가지는 알 수 있다. 0과 1이 몇 번이나 나왔는지 하는 것 말이다. 이로부터 0과 1이 어떤 빈도로 쓰였는지에 대한 확률을 구할 수 있다. 정보를 처리하는 기계의 입장에서 정보를 정량화한다면 오직 확률만 이용할 수 있다. 실제 섀넌의 정보량은 '엔트로피'라 불리는데, 확률로만 표현된 수식이다.

섀넌의 결론을 깊이 음미해볼 필요가 있다. 정보에서 의미는 부차적인 것이다. 정보 처리 기계가 있다면 그것은 규칙에 따라 0과 1로 된 하나의 수열을 역시 0과 1로 된 또 다른 수열로 바꿀 뿐이다. 인공지능도 다르지 않다. 목적이 있다고는 했지만, 그것은 출력이 얼마나 목적

정보 이론의 창시자 클로드 섀넌

에 부합한지를 수치로 환산한 어떤 숫자*로 표현된다. 목적을 이룬다는 것은 그 숫자를 최대로 만드는 것이다.

만약 미래의 어느 날 인공지능이 자신에게도 의식이 있다고 주장한다고 해보자. 심지어 그 인공지능은 자신이 자유의지를 가진 독립적인 개체라며 인간의 권리를 달라고 주장한다. 아마도 어떤 사람들은 코웃음을 칠지 모르겠다. 우리가 보기에 인공지능은 그냥 숫자들을 처리하는 기계일 뿐이다. 그의 행위에 의미가 있다면 그것은 인간이 의미를 부여했기 때문이다. 외계인이라면 그 숫자들의 의미를 알 수가

• 이를 가치함수value function라 부른다.

없으니 아무 의미가 없다고 할지도 모른다.

이제 인간으로 돌아가보자. 우리는 의식이 있다. 아니, '의식이 있다'고 주장한다. 하지만 우리의 뇌가 신경세포 1000억 개의 집합이라는 사실을 생각해보면 우리도 입력을 출력으로 바꾸는 일종의 기계에 불과하다고 볼 수 있다. 눈이나 귀로 들어온 입력 신호는 0과 1의 형태로 뇌에 전달된다. 뇌는 입력 신호를 분석하여(이 과정도 0과 1의 전기 신호가 시냅스를 지나 이동하는 것이다) 가장 적절한 출력 신호를 내보낸다. 이들도 0과 1의 전기 신호로 출력된다. 이에 따라 우리는 근육을 조종하여 다리를 움직이거나 목소리를 낸다. 정보가 처리되는 과정에서 0과 1의 수열은 인공지능 기계 내부에서 움직이는 0과 1 만큼이나 의미가 없다. 사실 우리 뇌나 신경세포도 의미 따위는 알지 못하고 기계적으로 정보를 처리하고 있을 것이다.

의식이 무엇인지, 생각이 무엇인지 아직 알지 못한다. 하지만 의식과 생각이 존재하도록 하는 과정에서 의미는 필요 없다. 정보 과학이 알아낸 놀라운 결론이다.

13장

느낌과 상상, 인간을 특별하게 만드는 것들

느낌에서 상상 그리고 문화로

인간은 특별할까? 인간은 불을 사용하고 직립 보행하며 복잡한 사회를 만들고 정교한 언어로 소통한다. 그렇다. 인간은 특별하다. 하지만 인간은 생물학적으로 고양이나 침팬지 같은 다른 포유류와 큰 차이가 없기도 하다. 인간은 DNA로 유전 정보를 저장하고, 리보솜으로 단백질을 합성하고, 미토콘드리아에서 에너지를 만들고, 척추를 가지고 있고, 산소 호흡을 하고, 새끼를 낳아 젖으로 키운다. 이렇게 인간은 평범한 포유류의 일종이다. 물론 인간의 뇌는 특별하다. 코끼리의 뇌는 몸무게의 0.2퍼센트도 안 되지만 인간의 경우는 2.5퍼센트에 달한다. 더구나 인간 뇌의 대뇌피질은 영장류 가운데 가장 크다. 하지만 이것도 기준에 따라 달라진다. 개미의 뇌는 무려 몸무게의 약 14퍼센트로 비율로만 따지면 인간의 6배*에 가깝고, 대뇌피질을 이루는 신경세포

---

* 동물들에서 뇌의 무게(E)를 몸무게(S)로 나눈 비는 대개 몸무게에 반비례한다. 정확히 말하자면 $E/S=CS-1/3$로 주어진다. 여기서 C는 적당한 상수다. 이런 관계는 지능과 무관하게 크기와 관련된 생리적 이유 때문인 것으로 보인다. 그래서 개미의 몸무게에 대한 뇌 무게의 비가 인간보다 크고, 인간이 코끼리보다 큰 것도 그다지 놀라운 일이 아니다.

의 수는 돌고래가 인간보다 많다. 인간은 영장류 가운데 털이 적다는 점에서 특별하지만 설치류 가운데 벌거숭이두더지쥐도 털이 없기는 마찬가지다. 이처럼 해부학적으로 인간의 특별함을 찾기란 쉽지 않다. 사실 모든 생물은 나름대로 특별하다. 그럼에도 우리는 인간이 특별하다는 것을 안다. 인간이 가진 특별함은 우리의 몸이 아니라 생각, 형태를 가진 실재가 아니라 무형無形의 상상에 있다. 바로 인간의 문화다.

인간만의 문화란 무엇인가

인간의 문화가 무엇인지 정의하는 것도 어렵지만 정말 특별한지 설명하는 것도 쉬운 일이 아니다. 동물도 나름 문화라 부를만한 것을 가지고 있기 때문이다. 남아메리카 수리남의 열대 우림에 사는 황금머리마나킨새의 수컷은 암컷에게 구애할 때 일종의 퍼포먼스를 한다. 몸을 곧추세우고 울음소리를 낸 후 빠른 속도로 옆 가지로 옮겨간다. 그리고 다시 돌아와서 나뭇가지 아래로 내려갔다가 갑자기 솟구쳐 올라 나뭇가지에 내려앉으며 소리를 지른다. 이어서 머리를 낮추고 궁둥이를 들면서 다리를 뻗어 유혹하듯이 넓적다리를 드러내고 날개를 펼치고 부르르 떨며 옆으로 '문 워크' 동작을 한다. 마치 댄스 공연을 보는 것 같다.

동물의 행동을 문화라고 부르는 것이 불편한 사람도 있을 것이다. '이기적 유전자'의 관점으로 보자면 인간의 이타적 행위조차 종종 유전자로 설명할 수 있다. 따라서 동물의 행동은 말할 것도 없이 이기적 유전자가 만든 본능이다. 황금머리마나킨새 따위가 인간과 같은 문화

파르테논 신전을 묘사한 레오 폰 클렌체의 〈아테네의 아크로폴리스〉(1846)

를 가진다고? 더구나 그런 퍼포먼스는 암컷에게 구애하는 행동이니 유전자를 널리 퍼뜨리는 것이 목적이다. 즉 마나킨새의 퍼포먼스는 문화라기보다 이기적 유전자가 주입한 본능의 일부라는 말이다. 글쎄, 이렇게 쉽게 단정할 수 있을까? 사실 필자는 인간의 문화에 이기적 유전자 관점의 해석을 적용하면 왜 안 되는지 의문을 가져왔다.

아테네 아크로폴리스의 상징인 파르테논 신전은 고대 그리스의 위대한 문화유산이다. 유네스코 문화유산으로도 등재되었으니 문화의 대표적인 예로 손색이 없을 거다. 파르테논 신전은 황금머리마나킨새의 댄스와 비교조차 할 수 없는 특별한 인간 행위의 결과물로 보인다. 이 건물에는 직선이 없다는데, 건물 여기저기의 계획된 곡선들은 특수한 착시 효과를 일으킨다. 정교한 기획을 통해 엄청난 자원과 인력을 체계적으로 조직하고 관리하지 않고서는 얻을 수 없는 결과물이다. 하지만 파르테논 신전이야말로 철저하게 이기적 유전자의 산물일지도 모른다.

고대 세계의 최강국 페르시아의 침공으로 일어난 페르시아 전쟁(기원전 492년~기원전 448년)은 수적으로 압도적인 열세에 있었음에도 그리스의 승리로 끝났다. 그리스는 독립 도시 국가들의 느슨한 연합체였는데, 주도적으로 전쟁에 앞장선 아테네가 이후 중심 국가로 부상한다. 그리스의 맹주가 된 아테네가 자신의 정치적 권위를 만방에 떨치기 위해 만든 건물이 바로 파르테논 신전이었다. 즉 이 신전은 정치적 효과, 나아가 그로부터 얻을 물질적 이익을 고려하여 제작된 것이다. 그래서인지 높은 언덕 위에서 아테네를 내려다보는 거대한 파르테논 신전은 보는 사람을 압도한다. 이는 주변 도시 국가 시민들에게 공포와 경외감을 주어 아테네 사람들의 생존과 번식에 이점을 주었을 것이다. 이것이야말로 이기적 유전자가 바라는 바다. 그렇지 않다면 왜 이런 신전을 만들었겠는가?

파르테논 신전이 이기적 유전자의 명령에 따른 본능의 산물이라고 하면 많은 사람이 분노할지도 모른다. 이런 설명은 그럴듯한 이야기일 뿐 엄밀함과는 거리가 있는 것 아닌가? 그래서 리처드 도킨스는《이기적 유전자The Selfish Gene》에서 이렇게 말한다.

조류와 원숭이의 무리에는 별개의 문화적 진화의 예가 알려져 있다. 그러나 이들은 괴이하고 흥미로운 특수한 예에 불과하다. 문화적 진화의 위력을 진실로 보여주고 있는 것은 우리가 속한 인간이라는 종이다.

인간이 만든 문화는 다른 동물의 것과는 다르다는 것이다. 도킨스는 인간의 문화를 유전자와 같은 자기 복제자의 일종으로 볼 수 있다고 하며 여기에 '밈meme'이라는 이름을 제안했다. 곡조, 사상, 표어, 의복의 양식, 단지 만드는 법 등이 밈의 예다. 도킨스에게 밈은 비유가 아니라 유전자 같은 실체다. 밈은 생물학적으로 우리의 뇌에 기생한다고 볼 수 있다. 도킨스의 시각으로 보자면 인간의 문화는 특별하며 밈으로 설명된다.

문화가 인간만이 가진 특별한 것인지 아니면 동물도 가질 수 있는 것인지, 문화를 '밈'으로 설명하는 것이 자연과학의 영역인지 사회과학의 영역인지 비전문가인 필자로서는 알지 못한다. 필자의 눈에 밈은 자연과학적 용어이라기보다 사회과학적 개념이거나 일종의 은유로 보인다. 유전자는 물질적 실체*를 가진 반면, 밈은 순수한 개념에 가깝다. 물론 밈을 정보의 일종으로 볼 수도 있지만, 물리학에서 정보는 엔트로피로 정량화되는 구체적인 실체로, 확률에만 의존할 뿐 인간이 만든 의미와는 관련이 없다.

도킨스가 제시한 밈의 예 가운데 '곡조'와 '표어'는 모두 기호로 나타낼 수 있다. 곡조는 음표로, 표어는 문자로 나타낼 수 있다는 뜻이다. 앞 장에서 이미 이야기한 것처럼 음표나 문자는 수數에 대응시킬 수 있다.** 모든 수는 이진법으로 표현할 수 있으니 곡조나 표어도 잘 정의된

---

* 유전자는 게놈 서열의 특정한 위치에 있는 구간으로서 유전 형질의 단위가 되는 것이다. DNA나 RNA의 염기 서열로 표시할 수 있다.
** 예를 들어 '도'는 '001', '레'는 '002'와 같이 표시할 수 있다.

정보의 형태로 쓸 수 있다.* 이렇게 디지털 정보로 저장된 데이터의 복제와 그 과정에서의 변이를 보며 유전자와의 유사성을 말할 수 있을 거다. 하지만 도킨스가 제시한 밈의 예 가운데 '사상'은 그 자체로 인문학 혹은 사회과학 개념으로 인간이 만든 상상의 산물에 가깝다. 사상과 비슷한 것으로 '정의正義'가 있다. 정의가 무엇인지 정확히 정의定義할 수 있을까? 인간 사회에서 일어나는 여러 가지 상황에 대해 그것이 정의로운지 아닌지를 명확히 판정하는 것이 가능할까? 사상을 전달하는 밈은 그 실체는커녕 사상 그 자체를 정의하는 것조차 쉽지 않아 보인다.

파르테논 신전이 이기적 유전자의 결과물이라는 주장에는 필자도 반감이 든다. 인간이 하는 모든 행동을 유전자로 환원하는 것은 모든 자연 현상을 원자로 환원하는 것과 비슷하다. 이 책에서 여러 차례 이야기했듯이 개별 원자의 특성을 완전히 이해한다고 해도 아메바의 존재와 특성을 예측할 수는 없다. 아메바가 원자로 되어 있는 것은 분명하다. 하지만 원자가 모여 아메바가 될 때 개별 원자에서 볼 수 없었던 새로운 특성이 몇 차례 창발하게 된다. 불연속적 변화가 일어난다는 뜻이다. 수증기가 물이 되고 얼음이 되는 상전이와 비슷하다. 수증기를 아무리 들여다본들 얼음의 특성을 예측하기는 불가능하다.

유전자는 단백질을 만드는 정보를 담고 있다. 단백질은 생체에서 일어나는 모든 화학 반응의 조정자다. 세포는 단백질에 의해 통제되는 정교한 화학 기계다. 세포가 모여 인간이 되고, 인간이 모여 사회가 된

---

* '모든 사람은 평등하다'라는 문장은 '평등'이라는 어려운 개념에 대한 이해가 없어도 명확히 쓸 수 있다. 표어는 문자들의 집합이다. 그 의미가 무엇인지는 또 다른 문제다.

다. 여기서도 몇 차례 상전이와 같은 창발이 일어난다고 보는 것이 자연스럽다. 세포를 가지고 왜 제2차 세계대전이 일어났는지 설명할 수는 없기 때문이다. 인간과 사회가 만들어낸 문화를 굳이 생명의 근원에 있는 유전자의 특성으로 이해하려는 것이 아메바의 특성을 원자로 설명하려는 것처럼 보인다면 지나친 비유일까. 인간의 문화가 창발의 산물이고 동물의 문화적 행동과 비교하여 특별한 점이 있다면 물리학자의 입장에서는 인간의 문화가 무엇인지 아직 정확히 알 수 없다고 말하는 편을 택하겠다.

느낌이 만든 문화

신경과학자 안토니오 다마지오Antonio Damasio는 인간의 문화적 활동이 '느낌'에서 왔다고 주장한다. 느낌이란 특정 경험에 대한 긍정적이거나 부정적인 반응이다. 아이스크림을 처음 먹어본 어린아이는 아이스크림에 대해 긍정적인 느낌을 갖게 된다. 훗날 아이스크림을 다시 보게 된다면 순간적으로 좋은 느낌이 들며 먹고 싶다는 생각을 한다. 느낌은 기분이나 감정과 다르다. 느낌이 일시적인 반응이라면 기분은 지속적인 상태다. 아이스크림을 사가지고 집에 가는 동안 아이는 기분이 좋을 것이다. 아이는 아이스크림을 사준 아버지에게 좋은 감정이 생길 것이다. 감정은 기분의 결과로 얻어진 생리적 혹은 정신적인 부산물이다. 느낌이야말로 기분과 감정을 일으키는 핵심적인 심리 반응이다.

다마지오는 느낌의 근원을 찾아 수십억 년 전 단세포 생물로까지 거슬러 올라간다. 7장에서 이야기한 것처럼 생명이 가져야 할 가장 중요한 특성은 자기 자신을 유지하는 것, 어려운 말로 항상성 유지다. 생명과 같이 질서를 가진 존재는 무질서를 선호하는 열역학 제2법칙으로 인해 불안정하기 때문이다. 생물은 살기 위해, 즉 무질서로부터 자신의 물리적 구조를 지키기 위해 외부에서 에너지를 끌어들여 질서*를 유지해야 한다. 질서를 유지하려면 돈이 들지만 자신을 유지하지 못하면 존재할 수조차 없다. 세포 수준에서 항상성 유지란 외부의 조건에 적절히 반응하는 것을 말한다. 적절한 물질을 세포 내부로 이동시키고, 화학 반응을 통해 필요한 분자를 합성하고, 노폐물은 내보내야 한다. 이런 모든 활동은 화학적으로 제어되고 운용된다.

세포는 항상성을 유지하는 화학 기계다. 세포는 의식이 없다. 단세포 생물의 항상성 유지는 의식적이거나 계획적인 결과라기보다 결과적으로 그런 것이다. 항상성을 유지하려는 경향이 없다면 곧 사라져버릴 것**이기에 항상성을 유지하려는 것만 살아남는다는 뜻이다. 전형적인 진화론적 설명이다. 단세포 생물은 이분법으로 증식한다. 이것도 어찌 보면 항상성 유지다. 아무리 노력해도 화학 반응의 완벽한 제어는 불가능하다. 열역학 제2법칙에 따라 오류 발생은 불가피하고 발생한 오류는 점차 누적된다. 우리는 이것을 노화라 부르며 노화의 귀결은 죽음이다. 죽음을 받아들이면서도 항상성을 유지하는 비장의 방법은 자신의 복제본을 만들어 새로 시작하는 것이다. 앞서 이야기했지만

---

* 사실 물리적 관점에서 보면 원자들의 특정한 배열이 생물이다. 어찌 보면 질서 자체가 생물이다.
** 열역학 제2법칙 때문이다. 외부에서 무언가 해주지 않는 닫힌계는 결국 무질서해진다. 생명체라면 그 자신의 특별한 구조가 파괴되어 원자, 분자의 균일한 집단이 된다.

필자는 번식이나 진화도 항상성 유지의 산물이라고 생각한다.

단세포 생물인 박테리아(세균)는 주변 환경이 생존에 불리해지면 놀라운 행동을 한다. 예를 들어 영양소가 부족해지면 수많은 박테리아가 한데 모여 집단을 형성한다. 이 집단은 마치 하나의 생명체같이 행동하는데 이를 위해 화학 물질을 분비하여 집단을 둘러싸는 필름과 같은 막을 만든다. 이제 이 집단은 하나의 생물이 움직이듯 빠르게 이동하며 영양소가 많은 장소를 찾아간다. 이는 우리가 인후염이나 후두염에 걸렸을 때 목구멍에서 일어나는 일이기도 하다. 박테리아는 이런 방식으로 우리 목의 점막을 빠르게 점령한다. 10장에서 이야기한 군락의 한 예다.

박테리아는 의식이 없다. 이들이 이렇게 행동하는 것은 '쿼럼센싱 quorum sensing'이라는 능력 때문이다. 생물은 주변 환경과 물질을 주고받는다. 박테리아도 주변에 화학 물질을 분비한다. 영양소가 없어 박테리아의 항상성 유지가 위협받을 때 동종의 박테리아가 분비한 화학물질이 다량 감지되면 내부에서 특정 유전자가 발현되기 시작한다. 박테리아 입장에서 '느낌'이 좋지 않다고 할 수 있다.* 그 결과 일어나는 연쇄 화학 반응으로 박테리아들은 한데 모여 집단을 형성하게 된다. 박테리아들이 의식적으로 협동하는 것처럼 보일 수 있지만, 이것은 쿼럼센싱이라는 화학 반응의 결과일 뿐이다. 쿼럼센싱이 박테리아의 느낌을 만든다고 하면 지나친 표현일까?

인간의 느낌에 대해 흔히 하는 오해가 있다. 느낌이 전적으로 뇌에

---

* 다마지오에 따르면 느낌이란 특정 경험에 대한 긍정적이거나 부정적인 반응이다. 박테리아가 인간과 같은 느낌을 가지기는 힘들겠지만 느낌을 가진 것처럼 반응할 수 있다.

서 일어난다는 것이다. 뇌는 신경세포로 구성되어 있으며 온몸을 관통하는 거대한 신경계의 일부일 뿐이다. 동물의 신경은 뇌에만 있는 것이 아니라 몸 구석구석까지 뻗쳐서 감각 정보를 수집하고 운동 명령을 전달한다. 생물의 중요한 목표가 항상성 유지라면 인간의 몸도 예외는 아닐 거다. 주변의 정보를 수집하여 그것에 대해 긍정적이거나 부정적이라는 판단을 내려야 한다. 이것은 아주 단순한 생명체에서도 필요한 능력이므로 굳이 대뇌피질의 정교한 판단을 필요로 하지 않아야 한다.

부정적 정보의 대표적 예인 통증은 뇌에서 느끼는 것이 아니다. 통증의 근원, 즉 신체의 말단부에서 느낀다. 다마지오의 '신체 표지 가설 somatic maker hypothesis'에 따르면 신경계에서 감지된 정보는 느낌으로 인지되며 감정은 그다음에 온다. 화가 나서 숨을 거칠게 내쉬는 것이 아니라 숨을 거칠게 내쉬는 행동을 뇌에서 '화'라고 해석한다는 뜻이다. 느낌은 항상성 유지와 직접적으로 관련된다. 주위 환경이 생존에 불리한 상황이라면 부정적인 느낌이, 유리한 상황이라면 긍정적인 느낌이 든다.

진화의 역사에서 장 신경계는 중추 신경계보다 오래되었다. 5억 년 전 자포동물인 해파리에서 최초로 나타난 신경계의 하나는 소화 작용을 담당하는 것이었다. 동물의 생존에 있어 가장 중요한 것은 먹고 배설하는 것이다. 인간에게도 손발을 움직이는 것보다 중요한 것은 장의 운동이다. 장의 움직임은 의식하지 않아도 자동으로 제어된다. 따라서 장 신경계는 거의 독립적인 중추 신경계라고 볼 수도 있다. 주변 환경에 대한 가장 중요한 정보는 음식에 대한 것이고 음식과 피부를 맞댄 채 정보를 수집하고 영양소를 흡수하는 기관이 장이다. 장에서 뇌로 오는 신호는 느낌의 중요한 기반이 된다. 장이 안 좋은 사람이 좋은 감정 상태를 갖기 힘든 이유랄까. 이처럼 느낌은 뇌가 아니라 몸의 기관과 신경에 양다리를 걸치고 있다. 따라서 대뇌피질의 존재 여부와 상관없이 모든 동물은 느낌을 가진다고 볼 수 있다.

다마지오에 따르면 인간의 마음은 외부와 내부 상태에서 오는 두 종류의 데이터를 이미지로 표상하여 종합한다. 내부 상태란 바로 느낌이며 주관성을 가진 '의식'의 기초가 된다. 주관성이란 나 자신을 인식하는 것으로, 이는 외부가 아니라 내부의 정보에 근원이 있을 수밖에 없다. 약 5만 년 전쯤 인간의 의식에 인지 혁명이 일어났다. 이를 통해 인간은 정교한 언어를 사용할 수 있게 되었다. 존재하지도 않는 상상을 믿는 능력을 통해 인간 사이의 협력은 동물과는 비교할 수 없는 수준으로 발전했다. 진화론적으로 보자면 인지 혁명이나 상상을 믿는 능력 모두 항상성 유지에 도움이 되는 특성이다. 문화가 이런 특성의 필연적 귀결인지 부차적 산물인지는 알 수 없으나 적어도 항상성 유지에 도움이 되는 것은 분명하다.*

문화는 주관성을 가진 의식에서 몇 단계 발전하여 나온 산물이다. 의식은 느낌과 밀접하게 연결된다. 결국 문화는 느낌의 산물이다. 느낌의 존재 목적이라 할 수 있는 항상성 유지가 생존에 유리한 사회적 행동이라는 가면을 쓰고 있는 것이다. 이런 결론에 도달하려면 느낌에서 출발하여 주관성을 가진 의식의 탄생, 상상의 산물을 믿는 인지 혁명, 인간 사이의 대규모 협력이라는 몇 번의 창발 과정을 거쳐야 한다.

---

* 사실 이렇게 보자면 존재하는 모든 생명이 가진 특성은 생존의 이점과 관련된다. 이것이 진화론의 진정한 힘이지만, 한편으로는 약점이기도 하다. 언제나 모든 것을 설명할 수 있기 때문이다.

느낌에 대한 다마지오의 견해는 흥미롭지만 문화까지 끌고 가는 논리에서는 다소 비약이 느껴진다. 하지만 문화란 것이 느낌이라는 항상성 유지의 결과물이자 상상에 기초한 인간 협력의 산물이라는 관점은 흥미롭다고 생각한다.

문화에 대한 진화심리학적 의미

진화심리학은 문화를 어떻게 설명할까. 인류의 조상은 10만 년 전에서 5만 년 전 사이 아프리카를 떠나 전 세계로 퍼져나갔다. 개별 인간은 자연 앞에 나약한 존재다. 현대인이 열대 밀림에 홀로 떨어진다면 하룻밤을 버티는 것도 쉬운 일은 아닐 거다. 하지만 인간은 고도의 협력을 통해 삶의 터전을 전 세계로 넓혀갔고 그들의 전진을 가로막는 장애물을 제거했다. 고도의 협력은 인간이 만들어낸 상상의 산물이 있었기에 가능했다. 인간은 정령이나 신을 믿으며 단결할 수 있었고 집단 내 갈등을 신의 명령이란 이름으로 해결했을 것이다. 특히 언어는 협력을 위한 소통에서 가장 중요한 도구였을 뿐 아니라 복잡한 상상과 추상적 개념을 만드는 데 결정적 역할을 했을 것이다. 바로 이런 상상의 산물을 만들고 믿을 수 있다는 것이 인간이 다른 동물과 다른 점이다.

하지만 상상을 믿는 능력만으로 인간의 문화가 가진 특성을 모두 설명할 수는 없다. 기본적으로 문화는 자연선택에 유리한 심리적 적응에서 온다고 볼 수 있다. 그런 문화적 행동을 하게 만든 심리 상태가 결국 생존에 유리했기 때문에 존재하게 되었다는 뜻이다. 이것은 철저히 진화론적인 관점이다. 동물이라면 문화의 주된 자극이 자연 환경이겠지만 사회성이 중요한 인간의 경우 사회적 환경도 무척 중요하다. 물론 사회를 이루어 사는 침팬지나 고릴라 같은 동물들에게도 사회적 환경이 중요하다. 이렇게 생태적 혹은 사회적 환경에서 기인한 문화를 진화심리학에서는 '유발된 문화'라고 한다. 한편 인간은 정교한 언어를 사용하기 때문에 개인들 간에 필요한 정보를 선별적으로 주고받는 것이 가능하다. 사람들 사이에 상호 정보 교환을 통해 만들어진 문화를 '전달된 문화'라고 한다. 유행하는 음악이나 패션 등은 다른 사람의 행동을 모방하여 생겨나는 전달된 문화의 예다. 도킨스라면 이것을 밈이라 부를 것이다.

필자의 눈에 이런 구분은 동물도 할 수 있는 것(유발된 문화)과 인간만이 가능한 것(전달된 문화)의 구분으로 보인다. 생존과 직결된 것(유발된 문화)과 생존과 직결되지는 않으나 인간이 가진 고도의 공감, 모방 능력과 언어 소통 능력에서 온 것(전달된 문화)의 차이이기도 하다. 생존에 유리하거나 항상성 유지에 도움이 되기 때문에 생긴 문화적 행동은 동물에게도 적용 가능하다. 인간의 문화는 유발된 문화와 전달된 문화를 통해 생성된 인간의 심리적 행동으로, 상상의 산물까지 대상으로 한다는 점에서 동물과 다르다.

전달된 문화에서 모방은 중요한 역할을 하는데, 인간의 모방은 무조건적인 모방이 아니다. 아이들조차 단순히 모방만 하지 않는다. 14개월 된 유아들을 앞에 앉혀놓고 실험자가 이마로 스위치를 눌러 전등을 켜는 모습을 보여주었다. 유아들은 처음에는 그 행동을 따라했지만 일주일이 지나자 80퍼센트의 아이들이 이마 대신 손을 사용하여 전

등을 켰다고 한다. 이마보다 손이 편하다는 사실을 인식하고 모방하기를 거부한 것이다. 인간의 모방은 더 좋은 쪽으로 가려는 방향성을 갖고 있다는 뜻이다. 진화심리학에 따르면 문화를 전달받을 때에도 방향성, 즉 '내용 편향'이 있다. 선사 시대 이래 인간은 거의 진화하지 않았다. 따라서 지금의 우리는 선사 시대에 만들어진 본능에 강한 영향을 받는다. 선사 시대 인간의 생존과 번식에 중요했던 정보를 더 주목하고 더 잘 기억할 수 있다는 뜻이다. 결국 문화는 큰 틀에서 보자면 생존에 유리한 성향이 그 근원이기는 하지만, 인간만이 갖는 고도의 공감 능력과 상상을 믿는 능력으로 말미암아 동물과는 다른 차원이 되었다는 정도로 정리할 수 있겠다.

상상과 실재의 상호 작용

약 5만 년 전쯤 일어난 인지 혁명의 구체적 내용이 무엇인지 알 수는 없지만 이 사건으로 인간은 상상을 믿는 능력을 얻게 되었다. 날아오는 물체를 피하는 물리적 지각은 웬만한 동물도 본능적으로 할 수 있다. 세상이 편평하다든가 태양이 우리 주위를 돈다는 것은 인지 혁명이 없어도 인식할 수 있다. 물론 이것을 정교한 언어로 표현할 수 있게 된 것이 인지 혁명의 결과일 것이다. 더 나아가 태양신이 우리를 사랑하여 올해 홍수가 나지 않았다고 상상하고 태양신을 위해 감사의 제사를 지내는 것이야말로 인간만이 할 수 있는 일이었을 거다.

상상은 환경과 상호 작용하며 점점 더 정교해졌다. 농경으로 잉여 생산물이 축적되자 일하지 않고 살아가는 사람들이 생겼는데 이들은 무력과 정치력으로 지배 계급이 되었다. 침팬지 알파 수컷도 힘과 정치적 동맹을 이용하여 무리의 암컷을 독점한다. 하지만 인간 지배 계급은 좀 더 정교한 방법을 찾아냈다. 자신의 권력은 태양신으로부터 얻은 것이라는 상상을 다른 사람들이 믿게 만든 것이다. 인지 혁명은 이런 믿음을 가능케 했다. 그래서 태양과 별의 움직임을 연구하는 천문학은 선사 시대부터 중요한 지식이었다. 지배자의 권위는 하늘로부터 왔다는 상상이 불가항력적일 뿐 아니라 검증하기도 힘들었기 때문이리라.

문자가 만들어지자 상상은 한 단계 도약한다. 문자는 단순히 말을 기록하는 기호가 아니다. 문자로 된 글은 생각의 지도다. 글은 생각을 시각화하여 그 구조를 일목요연하게 보여준다. 그리스 문명이 철학에 문자를 전면적으로 사용하기 시작할 즈음 기하학과 논리학이 탄생한 것은 우연이 아니다. 수학 문제를 풀 때 종이와 연필이 필요한 이유를 생각해보면 생각을 눈앞에 펼쳐놓는 것의 이점이 무엇인지 알 수 있을 것이다. 이제 기억에 의존하던 수많은 문화가 기록이라는 견고한 형태로 수천 년 동안 생존할 수 있는 플랫폼을 얻은 것이다. 기독교의 경전인 성경은 수천 년 전 문자로 쓰여 비록 변형이 있었지만 지금까지 전해지고 있다. 만약 문화가 밈이라면, 문자는 밈의 유전자라 할만하다.

도구는 인간만의 전유물이 아니다. 침팬지가 흰개미 굴에 나뭇가지를 넣어 흰개미를 낚시하는 것은 너무나 유명한 예다. 동물은 자연물을 도구로 사용하는데, 이는 구석기의 인간과 비슷하다. 하지만 신석기는 완전히 다른 종류의 도구다. 돌에 조작을 가하여 인간에게 필요한 형태로 가공한다는 개념이 생겼다는 뜻이다. 인간이 세상을 보는 틀을 바꾼 것으로 평가할만하다. 수렵채집 생활에서 농경으로 이행하기 위해서는 우리가 자연을 변화시킬 수 있다는 개념 자체가 선행해야 했을 테니 말이다. 이런 의미에서 신석기는 작은 진보가 아니라 문명의 역사에서 결정적인 단계였다고 볼 수 있다. 석기 시대에서 철기 시대, 즉 돌에서 금속으로의 도구 변화는 재료의 특성만 놓고 보면 엄청난 변화지만 신석기를 만든 발상에서 연속적으로 이어지는 생각의 흐름으로 볼 수 있다. 어찌 되었든 금속의 사용은 인간의 기술을 한 단계 업그레이드했다.

흥미롭게도 신석기와 달리 농업이나 가축화, 노예화는 인간만의 전유물이 아니다. 마크로테르미티나이아과 흰개미와 신대륙의 아타니족 개미들은 농부다. 아타니족 잎꾼개미들은 낙엽 조각, 씨앗, 열매 조각, 곤충의 배설물을 채집하여 균류를 재배한다. 개미들이 농경을 시작한 것은 아마도 5000만 년 전부터일 것으로 추정된다. 유럽에 사는 아마존개미 폴리에르구스는 고대 그리스와 비슷한 노예제 사회다. 이들은 자신의 힘으로 먹이를 제대로 집어먹기도 힘들어서 노예에게 모든 걸 의존한다. 이 개미들이 주로 하는 일은 다른 개미집에 쳐들어가 노예를 잡아오는 것이다. 이들의 몸은 전투와 약탈에 최적화되어 있다. 인간의 문명은 여전히 가축이라는 노예 동물에 의존한다. 소나 닭, 돼지가 없다면 우리가 먹을 고기는 거의 없다고 봐도 무방하다. 인간 노예제는 불과 200년 전까지도 성행했으며 미국은 여전히 노예제의 산물인 인종 문제로 골머리를 앓고 있다. 산업 혁명 이후 기계라는 새로운 노예가 생겼는데 이것이야말로 인간만이 가진 특별한 형태의 노예일 것이다.

신석기 혁명은 도구를 사용하면서 일어났다. 도구는 점차 발전하고 다양해져서 결국 망원경의 발명으로 이어진다. 망원경으로 하늘을 관측하던 갈릴레오는 우리의 감각과 경험에 근거한 지식을 뛰어넘는다. 태양이 아니라 지구가 돈다. 우리가 아니라 태양이 세상의 중심이다. 이제 질문이 꼬리를 물고 이어진다. 태양이 세상의 중심이고 우리가 그 주위를 도는 행성이라면, 왜 사과는 세상의 중심인 태양이 아니라 지구 중심을 향해 떨어지는가? 뉴턴은 중력 이론과 함께 모든 별들의 운동을 설명하는 운동 법칙을 만들었다. 이제 인간은 자신이 만든 상상의 굴레를 벗어나 실재를 보기 시작한 것이다.

인간은 상상을 통해 인간만의 문화를 만들었고, 문화를 통해 지구상에서 가장 성공적인 포유동물이 되었다. 인간다움은 문화에 있지만 문화의 이름으로 강요된 악습과 억압은 불행의 근원이기도 하다. 이제 문화의 산물인 과학이라는 방법론은 인간이 상상에서 벗어나 진실을 보도록 이끌고 있다. 도킨스의 이기적 유전자는 인간을 차가운 복제 기계로 보게 만들었지만, 문화를 설명하려는 밈에서 인간에 대한 도킨스의 애정이 엿보인다. 문화가 느낌에서 왔다는 다마지오의 주장은 문화의 지평을 단세포 생물로까지 넓혀준다. 문화가 무엇이며, 왜 생겨났는지 무엇이 특별한지 아직 정확히 알지 못하지만, 오늘도 우리는 쉴 새 없이 문화를 전달하고 복제한다. 문화가 무엇인지 정확히 알게 되는 날, 우리는 인간이 무엇인지에 대한 단서를 얻게 될 것이다.

부분과 전체

이제 원자에서 인간까지의 기나긴 여정이 끝났다. 책을 나오며, 지금까지의 걸어온 길을 돌아보면서 총정리해보는 것도 좋을 것 같다.

기본 입자에서 원자로

우주는 시간, 공간, 물질로 구성된다. 사실 이들은 서로 완전히 분리되지 않지만 분리하여 기술하는 것이 종종 유용하다. 물질은 '기본 입자'라 불리는 것들의 조합으로 되어 있다. 레고 월드의 모든 것이 레고 블록으로 되어 있듯이 우주의 모든 물질은 기본 입자의 모임으로 구성된다.* 기본 입자가 가진 모든 특성은 물리학의 '표준 모형'으로 완

---

* 여기서 암흑 물질이나 암흑 에너지는 고려하지 않는다.

벽하게 기술된다. 표준 모형에 나오는 기본 입자 17종 가운데 몇 가지만 소개해보면 업 쿼크, 타우 입자, 전자, 글루온, 힉스 입자 등이 있다. 아마 생소한 이름도 있을 것이다. 이들 중 일부는 인간의 감각으로 그 존재를 전혀 느낄 수 없다. 하지만 이들이 모여서 원자가 된다.

원자는 중요하다. 적어도 원자는 인간이 간접적으로나마 느낄 수 있고, 우리가 지각할 수 있는 모든 물질과 직접적으로 관련되기 때문이다. 우주에 가장 많은 원자는 수소다. 우리가 발을 딛고 있는 땅에는 산소 원자가 가장 많다. 수소와 산소가 결합한 것을 물이라고 한다. 수소, 산소 원자에 탄소와 질소 원자를 더하면 우리 몸을 이루는 원자의 97퍼센트가 넘는다. 탄소가 산소와 결합하면 이산화탄소가 되는데, 이산화탄소는 기후 위기의 주범이기도 하다. 모두가 좋아하는 금金은 금 원자가 모인 것이다. 은銀은 은 원자, 철鐵은 철 원자가 모인 것이다. 하지만 다이아몬드 원자는 없다. 다이아몬드는 탄소 원자가 모인 것이다. 원자는 인간이 지각할 수 있는 수준에서 물질의 근원이다. 그래서 웬만한 경우에 "만물은 원자로 되어 있다"라고 말해도 큰 무리는 없다.

기본 입자와 원자 사이의 관계는 미묘하다. 원자는 기본 입자로 구성된다. 따라서 엄밀히 말하면 모든 물질의 근원은 기본 입자다. 그렇다면 "만물은 기본 입자로 되어 있다"라고 말하지 않은 이유는 무엇일까? 기본 입자에 대해 충분한 지식이 없어도 원자를 이해하는 데 큰 문제가 없기 때문이다. 원자는 원자핵과 전자로 구성된다. 전자는 기본 입자의 하나다. 원자핵은 양성자와 중성자로 구성되는데, 이들은 기본 입자가 아니다. 양성자는 업 쿼크 두 개, 다운 쿼크 하나, 모두 세 개의 기본 입자로 되어 있다. 쿼크는 글루온이라는 또 다른 기본 입자에 의해 단단히 묶여 있다. 원자만을 연구하는 연구자는 쿼크나 글루온이라는 기본 입자에 대해 전혀 알지 못해도 연구하는 데 거의 지장이 없다. 기본 입자들이 모여 원자가 되면 기본 입자와는 완전히 다른 특성을 갖기 때문이다. 더구나 새로 나타난 특성을 기본 입자로부터 예측하기 힘들다. 이처럼 존재하지 않았던 예측하기 힘든 새로운 특성이 나타나는 것을 '창발'이라고 부른다.

한글 자모가 기본 입자라면 단어는 원자라고 할 수 있다. 'ㅅ' 'ㅏ' 'ㄹ' 'ㅏ' 'ㅇ'이라는 기본 입자가 모여 '사랑'이라는 원자가 되었지만, 자음 'ㅅ' 'ㄹ' 등으로부터 단어 '사랑'이 갖는 의미를 추론하는 것은 불가능하다. '사랑'이라는 단어의 의미는 한글 자모가 모여 각각의 자모에는 존재하지 않던 의미가 새롭게 나타난, 즉 창발된 것이다. '창발'은 이 책에서 가장 중요한 키워드 가운데 하나다.

원자에서 분자로

자연에 존재하는 원자에는 92종류가 있다. 이들은 원자핵에 있는 양성자의 수로 특징 지워진다. 양성자가 한 개면 원자 번호 1번, 두 개면 2번… 이런 식이다. 1번 원자를 '수소'라고 부르고 2번 원자를 '헬륨'이라고 부른다. 원자 번호와 함께 92개 원자의 이름은 일일이 다 외우거나 외우지 못하면 필요할 때마다 주기율표를 봐야 한다.

92번 원자는 '우라늄'으로 원자핵에 양성자가 92개 있다. 우라늄은 히로시마에 떨어진 원자폭탄의 원료였다. 우라늄의 원자핵이 어떻게 연쇄 반응으로 분열하여 폭탄이 될 수 있는지 이해하려면 기본 입자에 대해 알아야 한다. 물질로서의 우라늄은 금속이다. 우라늄 원자가 모여 만들어진 물질이 금속의 성질을 가진다는 말이다. 열화劣化우라늄 금속은 대전차 포탄의 탄두에 사용될 만큼 엄청난 강도를 갖는데 핵연료 재처리나 농축을 통해 얻는다. 열화우라늄탄을 원자폭탄으로 오해하는 사람들이 있는데, 이는 열화우라늄이라는 금속으로 만든 포탄일 뿐이다.* 우라늄의 핵분열을 이해하려면 원자핵을 이루는 기본 입자에 대해 자세히 알아야 하지만, 열화우라늄 금속의 강도를 알려면 화학을 알아야 한다. 금속 우라늄의 화학적 특성은 원자가 집단으로 모일 때 창발된 것이기 때문이다.

원자가 모이면 분자가 된다. 탄소 원자 하나에 산소 원자 두 개가 결합하면 '이산화탄소'가 되는데, 이처럼 단순한 분자부터 788개의 원자가 모여 만들어진 '인슐린' 같은 거대 분자까지 그 종류가 다양하다. 분자를 이루는 개별 원자의 특성으로부터 분자의 특성을 알기는 거의 불가능하다. 수십 가지에 불과한 원자를 가지고 우리 주위에 존재하는 모든 것을 만들 수 있기 때문이다. 앞에서 기본 입자와 원자의 관계를 한글 자모와 단어의 관계라고 했는데, 원자와 분자의 관계는 단어와 문장의 관계라 할 수 있다. 몇 개의 단어로 구성된 문장도 있지만, 제임스 조이스의《율리시즈》에는 한 문장이 4391개의 단어로 된 경우도 있

---

* 우라늄에는 방사능을 띤 우라늄235와 방사능을 띠지 않는 우라늄238이 있다. 열화우라늄은 핵반응이 끝난 후 연료에서 우라늄238만 모은 것이다. 우라늄235의 함량이 자연에 존재하는 우라늄보다 적지만 소량 함유되어 있어 분명 방사능을 띤다. 이 때문에 여러 나라에서 군사적 사용을 금지하고 있지만 현재 군사 강국인 미국과 러시아 등이 사용 중이다.

다. 어떤 분자는 문장이 아니라 문장이 모여 이루어진 책이 되기도 한다. 예를 들어 DNA 같은 분자는 그 분자 하나가 생명의 모든 이야기를 담고 있기 때문이다. 책이 담고 있는 이야기를 몇 개의 단어로부터 유추하기는 불가능하다. 책은 책을 이루고 있는 개개의 단어만 보아서 알 수 없는 스토리를 갖고 있다. 이것은 단어가 모여 스토리를 갖는 책이 창발한 것이다. 마찬가지로 분자가 갖는 화학적 특성은 원자의 집단에서 나타난 창발의 결과다.

수소는 폭발성이 있는 기체이지만, 영하 253도 이하가 되면 액체가 된다. 고온 및 고압에서는 핵융합 반응을 일으키는데 지금 이 순간에도 태양의 중심에서 일어나고 있는 일이다. 이 때문에 태양이 빛을 낼 수 있다. 산소는 반응성이 강한 원자로 다른 원자들과 마구 결합한다. 이 때문에 지구상 물체 표면의 대부분은 산소로 뒤덮여 있다고 봐도 무방하다. 산소는 영하 183도 이하에서 액체가 된다. 이런 특성을 가진 수소와 산소가 만나면 우리에게 친숙한 물이 되는데, 물은 상온에서 액체이며 0도 이하에서는 고체가 된다. 수소와 산소 원자 각각을 아무리 들여다본들 이와 같은 물의 특성을 예측하기는 거의 불가능하다.

분자에서 개별 원자의 특성이 드러나는 경우도 있다. 인지질은 인산기(PO_4^-)에 두 개의 지방산이 결합한 것이다. 화학에 익숙하지 않은 사람은 이런 용어가 불편할 것이다. 머리(인산) 하나에 줄기(지방산)가 둘 달린 콩나물 비슷하게 생겼다고 보면 된다. 인산의 머리는 음전하를 띠어서 물과 잘 섞이지만 탄소와 수소로 된 줄기는 물을 싫어한다. 인지질을 물에 넣으면 머리는 머리끼리, 줄기는 줄기끼리 모인다. 줄기는 물을 싫어하니까 물을 좋아하는 머리를 물 쪽으로 내세우고 줄기는 그 뒤에 숨는다. 샌드위치의 빵이 머리라면, 내부 재료는 줄기라고 보면 된다. 이렇게 이중막 구조가 형성된다. 지구상 모든 생명의 기본 단위인 세포는 인지질 이중막을 벽으로 사용해 자신과 외부를 구분한다.

인지질의 특성은 인산(H_3PO_4)이 수소(H) 원자를 잃어서 음전하를 띤 인산기가 되었기 때문에 생긴 것이다. 분명 인지질을 이루는 인, 산소, 수소, 탄소 원자 각각으로부터 이중막의 존재를 예상하기는 힘들다. 하지만 산소에 붙어 있던 수소 하나가 떨어져 나가 음전하를 띠지 않았다면, 이중막은 존재할 수 없었고 그렇다면 생명 역시 존재할 수 없었다. 원자에서 분자로 갈 때 창발이 일어나는 것은 사실이지만 창발된 특성이 이처럼 원자 몇 개에서 비롯되는 경우도 있다. 이처럼 전체는 부분의 합보다 크지만 때로 작은 부분이 전체를 지배하기도 한다.

아무튼 기본 입자가 모여 원자가 되고, 원자가 모여 분자가 된다. 이때마다 창발이 일어난다. 이렇게 기본 입자는 원자와 단절되고, 분자는 원자와 단절된다.

분자에서 물질로

주변을 둘러보라. 눈에 보이는 대부분이 인간의 작품 같지만, 사실 지구 전체를 놓고 볼 때 인간이 만든 것은 거의 없다. 높이 10미터의 건물로 빈틈없이 지표면을 채워도 지구 전체 부피의 100만 분의 1에 불과하다. 인간이 만들지 않은 것은 크게 생물과 무생물, 두 종류로 나눌 수 있다. 무생물의 대부분은 지구 그 자체다. 주위를 둘러보면 지구는 암석,

물, 공기로 구성된 것처럼 보인다. 지구 표면의 70퍼센트가 물, 즉 바다지만, 바다는 지구 표면, 즉 지각地殼 위에 있다. 지구가 사과라면 지각은 사과 껍질이다. 지구 전체를 놓고 봤을 때 바다는 없는 거나 다름없다.

지구의 대부분은 규소 산화물과 금속 산화물로 되어 있다. 역시나 어려운 용어다. 산화물은 산소 원자가 다른 원자와 결합한 분자다. 규소 산화물은 규소와 산소가 결합한 것이고 금속 산화물은 알루미늄, 철, 칼륨, 칼슘, 망간과 같은 금속 원자가 산소와 결합한 것이다. 사실 물도 수소와 산소가 결합한 일종의 산화물이다. 지구의 바깥쪽을 차지하는 부분, 즉 지각의 총질량 중 무려 47퍼센트가량이 산소다. 이래저래 산소는 지구에서 가장 중요한 원자라고 할 수 있다.

건물 밖으로 나가 흙 한 줌을 손에 쥐고 자세히 보면 다양한 색과 모양의 작은 알갱이들이 보일 것이다. 이것은 수많은 종류의 광물 부스러기다. 이들 광물의 이름을 나열하자면 자철석, 암염, 황철석, 방해석, 석고, 감람석, 휘석 등 끝도 없이 쓸 수 있다. 하지만 앞서 언급했듯이 이 부스러기들은 대개 규소 산화물에 10여 종의 금속이 결합한 광물이다. 원자만 놓고 보면 그다지 다양하지 않다. 몇 가지 원자로 온갖 광물을 만든다는 것은 원자의 성질로부터 다양한 광물의 특성을 설명하기는 힘들다는 뜻이다. 여기서도 창발이 일어나기 때문이다.

음식의 맛은 재료뿐 아니라 요리 방법에 의해 결정된다. 광물도 마찬가지다. 같은 원자로 구성된 광물도 그것이 만들어진 압력과 온도에 따라 그 특성이 많이 변하는데 이 역시 원자 수준에서 예측하기는 불가능하다. 감람석은 흔한 광물이다. 지각에 가장 많은 규소 산화물에 가장 흔한 금속인 철과 마그네슘이 결합된 것이기 때문이다. 지구 표면에서 지구 중심을 향해 들어가면 온도와 압력이 커지는데, 이에 따라 감람석의 분자 구조가 스피넬, 페로브스카이트로 변해간다. 비유하자면 파티 연회장의 의자들을 사각 격자 형태로 배치했다가 육각형 벌집 모양으로 재배치하는 식으로 변화가 일어난다. 이를 '구조 상전이相轉移'라고 하는데, 이 때문에 감람석의 물리적 특성이 갑자기 크게 변한다.

건물은 인간이 만든 대표적인 구조물인데 벽과 천장을 이루는 콘크리트와 창문의 유리로 되어 있다. 유리는 지각의 주인공 산화규소다. 콘크리트는 시멘트에 자갈, 모래, 물을 섞은 것인데, 시멘트는 칼슘이 들어간 규소 산화물이고 자갈과 모래도 결국 규소와 금속의 산화물이다. 즉 인간이 만든 구조물도 원자의 시각으로 보면 결국 지각을 이루는 성분과 크게 다르지 않다는 뜻이다. 단지 조성 비율을 조절해 강도를 높이고(콘크리트), 투명도를 높인(유리) 것에 불과하다. 똑같이 규소, 산소, 그리고 몇 종류 금속이 들어간 물질인데, 어떤 것은 콘크리트가 되고 어떤 것은 유리가 된다. 물질의 특성을 원자 수준에서부터 설명하기는 쉽지 않다. 원자 수준에서 보면 큰 차이가 없기 때문이다.

물리학자는 주로 개별 원자 혹은 원자 한두 개가 모여 만들어진 단순한 분자를 연구한다. 이 분야를 '원자 분자 물리학'이라고 부른다. 거대한 물질이라도 한두 가지 원자들이 규칙적으로 모여 만들어진 것이라면 물리의 대상이 된다. 이를 '응집 물질 물리학'이라고 한다. 이보다 복잡한 상황이 되면 물리학자의 손을 벗어나 화학이 된다. 물론 명확하게 물리와 화학의 경계를 그을 수는 없다. 응집 물질 물리학에서도 화학에서 다룰 법한 충분히 복잡한 물질을 다루기도 한다. 하지만 원자의 극단에서 일하는 물리학자와 복잡한 분자를 다루는 화학자는 서로 소통하기 쉽지 않다. 원자가 분자가 될 때 수많은 특성이 창발하기 때문이다. 물리학과 화학이 별개의 학문으로 공존하는 이유다.

분자에서 생명으로

지구의 지각을 이루는 원자를 질량비가 큰 것부터 순서대로 쓰면 산소, 규소, 알루미늄, 철, 칼슘, 나트륨순이다. 우리은하를 이루는 원자의 경우는 순서가 조금 달라서 수소, 헬륨, 산소, 탄소, 네온, 철, 질소, 규소순이다. 여기서 수소, 헬륨, 네온은 태양과 같은 별에 주로 있는 것이라 인간이 사는 지구와 깊은 관련이 없다. 산소와 규소는 지구와 우주 모두에서 공통적으로 중요하지만, 지구에 비해 은하에 상대적으로 많은 원자는 탄소와 질소다. 탄소와 질소는 지각을 이루는 광물과는 전혀 다른 물질을 만들기도 하는데, 우리는 그것을 '생물生物'이라고 부른다.

지구상 생물은 탄수화물, 지질, 단백질로 되어 있다. 이들은 모두 탄소를 기반으로 한다. 일렬로 연결된 탄소 주위에 수소와 산소를 적절히 배치하면 탄수화물과 지질이 된다. 필수 영양소 가운데 두 가지인 탄수화물과 지질을 만드는 데 수소, 산소, 탄소 세 종류의 원자만 있으면 충분하다는 뜻이다. 이들 분자들이 복잡한 구조를 이룰 수 있는 이유는 일렬로 늘어선 결합을 할 수 있는 탄소의 화학적 특성 때문이다. 탄소야말로 생명의 원자다. 지구에서 생명은 광합성 생물(식물)과 산소 호흡 생물(동물)의 공생으로 유지된다. 이 공생의 핵심은 탄소를 주고받는 것이다. 동물은 산소를 들이마시고 이산화탄소를 내뱉는다.

들이마신 산소는 탄수화물을 연소시킬 때 사용하는데*, 동물은 여기서 에너지를 얻는다. 식물은 태양 에너지로 이산화탄소를 분해하여 탄수화물을 만들고 부산물로 산소를 버린다.** 동물이 연소시킨 탄수화물은 사실 식물의 몸뚱이다. 이렇게 식물은 동물에게 탄수화물의 형태로 탄소를 주고, 동물은 이산화탄소의 형태로 탄소를 되돌려준다. 지구상 생물이 수십억 년 동안 지속해온 탄소 순환이다.

생명체에게 탄수화물은 주로 에너지, 지질은 주로 세포막의 성분이다. 자동차에 비유하자면 가솔린은 탄수화물이고, 차의 몸체는 지질이다. 그렇다면 제어 장치는 무엇일까? 답은 단백질이다. 생명체에게 필요한 각종 화학 반응의 스위치를 적절히 켜거나 끄는 물질이 단백질이라는 뜻이다. 단백질은 아미노산이라는 분자들의 집합체다. 아미노산은 탄수화물과 지질을 이루는 탄소, 수소, 산소에 추가로 질소를 포함한다. 참고로 공기는 78퍼센트가 질소로, 21퍼센트가 산소로 이뤄져 있다. 즉 질소와 산소가 공기의 99퍼센트를 이룬다는 말이다. 이렇듯 생명을 이루는 원자들은 특별하지 않다.

우리는 음식을 먹어서 에너지를 얻는다. 이 문장을 이해하지 못할 사람은 없다. 하지만 구체적으로 음식을 먹으면 무슨 일이 일어나는지 설명하기는 쉽지 않다. 계속 반복되는 이야기지만 핵심은 같다. 모든 것은 원자로 되어 있다. 인간이 먹는 음식은 살아 있던 생물을 죽여서

---

* 연소는 타는 것이다. 지금까지 살펴봤듯 숨을 쉴 때마다 동물의 몸이 불탄다는 뜻은 아니다. 화학적으로 연소는 탄소 화합물이 산소와 결합하여 이산화탄소와 물이 되는 반응이다. 동물 몸을 이루는 세포 내에 들어 있는 미토콘드리아에서 이 반응이 일어난다.
** 이것을 광합성이라 한다.

만든 것이다. 치킨이나 삼겹살은 말할 것도 없고, 각종 채소도 식물의 몸뚱이다. 이들도 앞서 이야기한 대로 탄수화물, 지질, 단백질로 되어 있다. 이들 생명의 물질 삼총사는 위와 장에서 분해되고 흡수된다. 우리 몸은 이들을 그대로 재활용하기도 하지만 복잡한 화학 반응을 통해 에너지를 끄집어내고 다른 물질로 변화시켜 사용하기도 한다. 이런 화학 반응은 엄청나게 많은 효소로 통제되는데 효소가 바로 단백질이다.

생명체 내에서 일어나는 화학 반응은 종류도 많고 복잡하기 이를 데 없지만 본질은 같다. 원자들을 재배치하는 것이다. 원자는 사라지거나 만들어지지 않는다. 원자는 보존된다. 일군의 레고 블록으로 자동차를 만들었다가 분해해서 다시 비행기를 만들 듯이 원자들은 탄수화물에서 이산화탄소로 그냥 새롭게 재배열될 뿐이다. 이것이 화학의 핵심이다.

사실 생명은 자동으로 작동하는 분자 기계라고 할 수 있다. 이 기계는 수많은 효소가 제어하는 연쇄 화학 반응으로 구성된다. 결국 생명의 특성은 효소, 즉 단백질에 의해 결정된다고 볼 수 있다. 물론 유전자도 중요하다. 인간이 인간을 낳고, 고양이가 고양이를 낳는 것은 유전자 때문이다. 유전자는 다름 아닌 단백질을 만드는 정보를 담고 있다. 유전자도 물론 원자로 되어 있다. 유전 물질인 DNA는 탄수화물, 지질, 단백질과 마찬가지로 탄소, 질소, 산소, 수소로 되어 있다. 다만 여기에 인 원자가 추가돼야 한다. DNA로부터 단백질을 만드는 과정을 '생물학의 중심 원리'라고 한다. 이 과정 역시 수많은 효소에 의해 제어된다.

결국 생명은 불과 몇 가지 종류의 원자로 만들어진 거대 분자(탄수화물, 지질, 단백질, DNA 등) 사이에 일어나는 복잡한 화학 반응의 집합체다. 하지만 단백질을 아무리 들여다본들 그 단백질을 가진 생물이 어떤 행동 특성을 가졌는지 추측하기는 힘들다. 인슐린을 들여다본들 언어를 구사하는 인간의 특성을 알 수는 없다. 생물은 수많은 분자의 집합체지만 개별 분자들을 안다고 생물을 이해할 수 없다. 단어 몇 개의 뜻을 안다고 수많은 단어가 모여 만들어진 책의 주제를 알 수 없는 것과 마찬가지다. 생물은 개별 분자들의 특성으로 환원될 수 없다.

물론 생물의 행동이나 기능과 관련된 특별한 분자가 존재하는 경우도 있다. cGMP*라는 물질은 체내 칼슘 농도를 낮게 유지시킨다. 칼슘 농도가 낮으면 근육이 이완되어 혈관이 팽창된다. PDE5**라는 분해 효소가 분비되면 cGMP에 들러붙어 이런 능력을 무력화시킨다. 그러면 다시 칼슘 농도가 높아져서 혈관이 수축하게 된다. 비아그라 분자는 cGMP와 비슷하게 생겼기 때문에 PDE5가 분비되었을 때 cGMP 대신 효소와 결합을 한다. 결국 PDE5 분해 효소가 분비되어도 혈관은 수축되지 않고 계속 팽창 상태에 있게 되는데 이 때문에 남성 성기의 발기 상태가 지속된다. 비아그라가 발기 부전증 치료제로 쓰이는 이유다. 비아그라를 먹었을 때 몸의 모든 혈관이 팽창되는 것은 아니다. 지금까지 알려진 PDE 효소는 모두 12가지가 있는데 이 가운데 PDE5는 주로 남성의 음경에 존재한다. 그래서 비아그라는 음경의 혈관만 선택적으로 확장시킬 수 있다. 이처럼 특정 분자가 생물 개체 수준의 특별

---

* 고리형 구아노신 일인산cyclic guanosine monophosphate의 약자.
** 포스포디에스테라아제phosphodiesterase의 약자.

한 기능과 관련이 있는 경우도 있지만, 대개 생물의 기능은 수많은 분자가 복잡하게 상호 작용한 창발적 결과물이다.

생명에서 인간으로

지구상 생명체 중 하나인 인간은 다른 모든 생물과 마찬가지로 진화의 산물이다. 진화는 무작위적인 과정이다. 그때그때 더 잘 생존하거나 더 많은 자손을 남긴 개체의 유전자가 더 많이 남아서 진화가 일어난다. 자손을 남기려면 유전자를 복제해야 한다. 이 과정에서 실수로 변이가 일어나는데, 변이가 생존이나 번식에 도움이 되면 그 유전자는 더 많이 살아남는다. 이게 전부다. 다윈의 위대함은 이런 단순한 원리로 지구상 모든 생명의 다양성과 행동을 설명할 수 있었다는 점이다. 생물학에서 다윈의 진화론은 물리학의 에너지 보존 법칙이나 열역학 제2법칙에 대응된다고 할만하다.

최초의 생명체에서 인간까지 이어지는 진화의 역사는 그 자체로 장대한 드라마이자 경이로움 그 자체다.* 하지만 진화의 특성상 이 과정에 필연성을 부여하기는 힘들다. 단세포 생물에서 다세포 생물로의 진화가 필연인지는 알 수 없다. 우리 주위에 여전히 존재하는 수많은 세균, 바이러스, 원생생물을 보면 다세포 생물이 예외적이고 특별한

---

* 사실 이런 표현도 인간 중심적 사고를 포함한다. 호모 사피엔스는 진화의 종착지는 물론 목적지도 아니다.

예라는 생각도 든다. 고도의 사고 능력을 갖고 거대한 사회를 조직하는 호모 사피엔스도 예견된 결과라기보다는 우연한 결과가 아닐까?

이미 일어난 일을 이해하기 위해 인과적 설명을 끌어들이는 건 인간의 본성인 것 같다. 무언가 아무 이유 없이 일어났다는 생각만큼 받아들이기 힘든 것도 없지 않은가. 중세 유럽에서는 페스트로 사람들이 죽어나가자 그 이유를 도덕적 타락에서 찾았다. 당시 사람들은 유대인과 성매매 여성같이 전통적 혐오 집단의 사람들을 죽이거나 추방했다. 하지만 페스트 전파의 주범은 신을 찬양하며 대규모 행진을 조직했던 교회였을지 모른다. 세균의 존재를 알지 못한 중세 사회에서 팬데믹 같은 재앙을 신의 분노로 설명하는 것이 최선이었는지도 모른다. 이미 일어난 진화의 역사를 들여다보며 인과적 설명을 찾는 것은 인간에게 자연스러운 일이다. 하지만 그 일을 하는 주체가 인간이다 보니 진화사를 인간 중심의 시각으로 보는 오류를 범하기 쉽다. 결국 호모 사피엔스의 등장이 진화의 목표였다는 설명으로 귀결된다는 뜻이다.

단순한 형태에서 복잡한 형태로의 진화는 필연일까? 글쎄, 지금도 지구 생명체 가운데 최고 성공한 집단은 단순한 미생물이다. 지구 대기권을 포함한 지표면과 바다에서 무작위로 사방 2미터* 크기의 정육면체 공간을 잡아 그 안에 무엇이 있는지 살펴보라. 인간이나 동물이 있을 가능성은 거의 없으나 미생물은 무조건 있을 것이다. 산소 호흡은 진화의 필연적 결과일까? 산소 호흡은 에너지를 얻는 유일한 방법이 아니다. 산소 호흡은 효율이 높다. 하지만 우리가 산소 호흡을 하는

---

* 성인 인간의 키를 염두에 두었기에 2미터로 잡았다.

것은 주변에 산소가 충분히 많기 때문이다. 산소는 반응성이 강한 기체라 대기 중에 풍부하게 존재하기 힘들다. 지구상 산소는 시아노박테리아가 광합성을 통해 수십억 년 동안 축적해온 것이다. 지금도 산소를 사용하지 않는 에너지 합성은 흔한 일이다. 발효가 그 좋은 예다. 심지어 인간의 세포도 산소가 충분히 공급되지 못하면 무산소 호흡을 한다. 생명의 진화에서 산소 호흡을 당연하다고 볼 근거는 없다.

진화의 무작위적인 성격을 생각해본다면 동물을 단세포 수준으로 환원하여 이해하는 일이 쉽지 않으리라는 것을 짐작할 수 있다. 생명의 진화 대부분이 누더기 덧대듯이 그때그때 제멋대로 일어났기 때문이다. 인간의 몸을 이루는 수많은 유기 분자들을 따로 준비하여 한꺼번에 그냥 합친다고 인간이 되기는 어렵다. 생명 현상은 그것을 이루는 개별 요소 그 자체가 아니라 그들 사이에 맺어진 정교한 관계의 집합이다. 더구나 이 관계는 유일무이하거나 필연적인 이유로 만들어진 것도 아니다. 생명 과학에서도 층위가 바뀜에 따라 새로운 특성이 창발한다. 생명의 화학을 다루는 생화학, 세균, 원생생물, 바이러스 등을 다루는 미생물학, 동물의 습성이나 행동을 연구하는 동물 행동학 등의 분야가 따로 존재하는 이유다.

인간에서 사회로

인간은 사회적 동물이며 인간 사회에는 특별한 것이 있다. 침팬지 사회는 혈연 집단이라 구성원의 수가 100여 마리 남짓하지만, 인간이 만든 국가의 구성원은 수천만 명에 달하는 경우도 흔하다. 개미나 벌도 이 정도 규모의 사회를 이루기는 하지만 이들은 집단 전체가 형제자매다. 인간은 혈연이 아닌 개체들이 모여 거대한 사회를 이룬다는 점에서 특별하다.*

언어를 이용할 수 있어 인간의 사회는 다른 동물의 사회보다 더 강력하고 정교한 소통이 가능하다. 인간은 더 깊은 공감, 더 강한 협력을 할 수 있고 상대의 마음읽기에도 능하다. 나아가 가상의 스토리도 만들어낼 수 있는데, 이는 허구를 믿는 능력과 관련 있다. 물리적으로 볼 때 '지폐'는 색칠한 종이 쪼가리다. 하지만 지폐가 가진 허구적 가치를 믿지 않는다면 경제는 즉시 혼란에 빠질 것이다. 도덕과 윤리도 그것이 왜 옳은지 객관적으로 증명하기 어렵다. 하지만 그것이 옳다는 것을 믿지 않는 순간, 사회는 붕괴하고 말 것이다.

허구란 것은 그 속성상 객관적으로 설명할 수 없다. 내가 강의할 때 팔소매를 걷는 것은 괜찮으나 셔츠를 벗는 것은 안 된다. 왜 그럴까? 두 세기 전의 조선 시대였다면 공적인 강의를 할 때 셔츠를 입는 것으로도 충분치 않다. 어른이라면 제대로 된 복식에 상투를 틀고 갓을 써야 한다. 인간이 만든 허구의 체계를 이해하는 유일한 방법은 역사를 보는 것뿐이다. 인간의 역사 또한 진화와 비슷하게 좌충우돌 변화해왔다. 인간의 역사에서 법칙을 찾으려는 시도가 있었지만** 성공했다고 보기는 힘들다. 그 이론의 예측이 옳았던 경우가 별로 없었기 때문이다.

• 장대익은 인간의 이런 특별한 사회성을 '초사회성ultrasociality'이라고 부르기도 한다.
•• 카를 마르크스의 사적 유물론이 그 예다. 이 이론이 옳았다면 자본주의는 붕괴했어야 한다.

결국 개개인을 이해한다고 사회를 이해할 수 있는 것은 아니다. 물론 사회는 개인들의 집단이고 사회에 큰 영향을 끼쳤던 '히틀러' 같은 개인도 있다. 하지만 사회는 인간, 허구, 기계, 자연이 서로 복잡하게 뒤얽힌 시스템이다. 인간 개개인을 주로 다루는 의학과 별개로 사회학이 따로 존재하는 이유다. 사회는 인간이 모여 창발된 새로운 시스템이기 때문이다.

* * *

세상은 기본 입자에서 원자, 분자, 생물, 지구, 태양, 우주로 이어지는 다양한 층위로 구성된다. 각 층위는 자기만의 창발된 특성을 가지기 때문에 하나의 층위를 그것을 구성하는 하위 층위의 특성으로 쉽게 환원할 수 없다. 각 층위의 개별 특성을 알고, 이웃한 층위들 사이의 연결고리를 파악하고, 전체를 조망할 때에만 세상을 제대로 이해할 수 있다.

이 책은 물리학자의 눈으로 본 세상의 모든 것에 대한 이야기다. 과학 한 분야의 전문가가 세상 모든 것을 기술하려 시도한다면 어떤 이야기가 나올지 궁금하여 시작한 작업이다. 모든 것이라고 했지만, 정말 모든 걸 다룰 수는 없다. 고르는 행위 자체에 이미 물리학자의 주관이 들어갔으리라. 하지만 모든 것을 물리로 환원하려는 시도를 한 것은 아니다. 오히려 모든 것을 하나의 관점으로 설명하는 일이 불가능하다는 점을 말하고 싶었다. 그 이유는 층위가 바뀔 때마다 새로운 특성들이 창발하기 때문이다. 물리학자의 눈으로 본 세상 모든 것의 이야기는 이렇게 정리가 되었다. 이제 나는 다른 분야의 전문가가 들려주는 세상 모든 것의 이야기를 듣고 싶다. 이렇게 서로가 다른 분야로 한 발짝씩 내딛다 보면 언젠가 모두가 모든 것을 이해하는 날이 오지 않을까.

참고 문헌

강석기. 〈우리 몸에 운동이 필요한 이유〉, 동아사이언스, 2019.1.15.

김봉국. 〈RNA 타이 클럽의 유전암호 해독 연구: 다학제 협동연구와 공동의 연구의제에 관한 고찰〉, 《과학기술학연구》, 2017; 17(1), pp.71-115.

김상욱 지음. 《김상욱의 양자 공부》, 사이언스북스, 2017.

김소연 지음. 《마음사전》, 마음산책, 2008.

_____ . 《수학자의 아침》, 문학과지성사, 2013.

김항배 지음. 《우주, 시공간과 물질》, 컬처룩, 2017.

나카자와 신이치 지음, 김옥희 옮김. 《곰에서 왕으로-국가, 그리고 야만의 탄생》, 동아시아, 2003.

_____ . 《신화, 인류 최고의 철학》, 동아시아, 2003.

닉 레인 지음, 김정은 옮김. 《미토콘드리아》, 뿌리와이파리, 2009.

_____ . 《생명의 도약》, 글항아리, 2011.

_____ . 《바이털 퀘스천》, 까치, 2016.

_____ , 양은주 옮김. 《산소》, 뿌리와이파리, 2016.

데이비드 린들리 지음, 이덕환 옮김. 《볼츠만의 원자》, 승산, 2003.

크레이그 크리들 지음, 래리 고닉 그림, 김희준 옮김. 《세상에서 가장 재미있는 화학》, 궁리, 2008.

레이 커즈와일 지음, 윤영삼 옮김. 《마음의 탄생》, 크레센도, 2016.

로버트 M. 헤이즌 지음, 김미선 옮김.《지구 이야기》, 뿌리와이파리, 2014.

로얼드 호프만 지음, 이덕환 옮김.《같기도 하고 아니 같기도 하고》, 까치, 1996.

루크레티우스 지음, 강대진 옮김.《사물의 본성에 관하여》, 아카넷, 2012.

류츠신 지음, 허유영 옮김.《삼체》, 단숨, 2013.

리사 펠드먼 배럿 지음, 최호영 옮김.《감정은 어떻게 만들어지는가?》, 생각연구소, 2017.

리처드 도킨스 지음, 홍영남 옮김.《이기적 유전자》, 을유문화사, 2006.

마르치아 엘리아데 지음, 심재중 옮김.《영원회귀의 신화》, 이학사, 2003.

만지트 쿠마르 지음, 이덕환 옮김.《양자 혁명》, 까치, 2014.

밀란 쿤데라 지음, 이재룡 옮김.《참을 수 없는 존재의 가벼움》, 민음사, 2009.

백영옥 지음.《애인의 애인에게》, 예담, 2016.

브라이언 그린 지음, 박병철 옮김.《엔드 오브 타임》, 와이즈베리, 2021.

샘 킨 지음, 이충호 옮김.《사라진 스푼》, 해나무, 2011.

션 캐럴 지음, 최가영 옮김.《빅 픽처》, 글루온, 2019.

셸던 와츠 지음, 태경섭, 한창호 옮김.《전염병과 역사》, 모티브북, 2009.

스콧 R. 쇼 지음, 양병찬 옮김.《곤충 연대기》, 행성비, 2015.

스티븐 그린블랫 지음, 이혜원 옮김.《1417년, 근대의 탄생》, 까치, 2013.

신인철 지음.《Cartoon College 분자세포생물학》, 마리기획, 2015.

싯다르타 무케르지 지음, 이한음 옮김.《유전자의 내밀한 역사》, 까치, 2017.

베르트 횔도블러, 에드워드 윌슨 지음, 이병훈 옮김.《개미 세계 여행》, 범양사, 2015.

_____ , 임항교 옮김.《초유기체》, 사이언스북스, 2017.

브라이언 콕스, 앤드류 코헨 지음, 양병찬 옮김.《경이로운 생명》, 지오북, 2018.

안토니오 다마지오 지음, 임지원, 고현석 옮김.《느낌의 진화》, 아르테, 2019.

알베르트 아인슈타인 지음, 장헌영 옮김.《상대성 이론: 특수 상대성 이론과 일반 상대성 이론》, 지만지, 2012.

애덤 프랭크 지음, 고은주 옮김.《시간 연대기》, 에이도스, 2015.

양정무 지음.《난생 처음 한번 공부하는 미술 이야기1》, 사회평론, 2016.

월터 J. 옹 지음, 임명진 옮김.《구술문화와 문자문화》, 문예출판사, 2018.

에르빈 슈뢰딩거 지음, 전대호 옮김.《생명이란 무엇인가·정신과 물질》, 궁리, 2007.

에릭 캔델 지음, 전대호 옮김.《기억을 찾아서》, 랜덤하우스코리아, 2009.

_____ , 이한음 옮김.《통찰의 시대》, 알에이치코리아, 2014.

엘렌 디사나야케 지음, 김성동 옮김.《예술은 무엇을 위해 존재하는가》, 연암서가, 2016.

오르한 파묵 지음, 이난아 옮김.《내 이름은 빨강》, 민음사, 2004.

옥스토비 프리만 지음, 일반화학교재편찬위원회 옮김.《옥스토비의 일반화학 7판》, 사이플러스, 2014.

유발 하라리 지음, 조현욱 옮김.《사피엔스》, 김영사, 2015.

_____ , 김명주 옮김.《호모 데우스》, 김영사, 2017.

이강영 지음.《LHC, 현대 물리학의 최전선》, 사이언스북스, 2011.

이정모 지음.《공생 멸종 진화》, 나무나무, 2015.

자크 모노 지음, 조현수 옮김.《우연과 필연》, 궁리, 2010.

장대익 지음.《울트라소셜》, 휴머니스트, 2017.

_____ .《다윈의 정원》, 바다출판사, 2017.

재레드 다이아몬드 지음, 김정흠 옮김.《제3의 침팬지》, 문학사상사, 1996.

_____ , 김진준 옮김.《총 균 쇠》, 문학사상사, 2013.

전중환 지음.《진화한 마음》, 휴머니스트, 2019.

제임스 글릭 지음, 박래선, 김태훈 옮김.《인포메이션》, 동아시아, 2017.

제임스 조지 프레이저 지음, 이용대 옮김.《황금가지》, 한겨레출판, 2003.

조나단 월드먼 지음, 박병철 옮김.《녹》, 반니, 2016.

조지프 르두 지음, 박선진 옮김.《우리 인간의 아주 깊은 역사》, 바다출판사, 2021.

존 허드슨 지음, 고문주 옮김.《화학의 역사》, 북스힐, 2005.

지미 소니, 로브 굿맨 지음, 양병찬 옮김.《저글러, 땜장이, 놀이꾼, 디지털 세상을 설계하다》, 곰출판, 2020.

찰스 다윈 지음, 이한중 옮김.《나의 삶은 서서히 진화해왔다》, 갈라파고스, 2018.

최낙언 지음.《물성의 원리》, 예문당, 2018.

_____ .《내 몸의 만능일꾼, 글루탐산》, 뿌리와이파리, 2019.

카렌 암스트롱 지음, 정영목 옮김.《축의 시대》, 교양인, 2010.

칼 짐머 지음, 이창희 옮김.《진화: 모든 것을 설명하는 생명의 언어》, 웅진지식하우스, 2018.

케빈 랠런드, 길리언 브라운 지음, 양병찬 옮김.《센스 앤 넌센스》, 동아시아, 2014.

토머스 헤이거 지음, 홍경탁 옮김.《공기의 연금술》, 반니, 2015.

_____ , 노승영 옮김.《감염의 전장에서》, 동아시아, 2020.

프리모 레비 지음, 이현경 옮김.《주기율표》, 돌베개, 2007.

필립 볼 지음, 고원용 옮김.《화학의 시대》, 사이언스북스, 2001.

칼 세이건 지음, 홍승수 옮김.《코스모스》, 사이언스북스, 2006.

한국지구과학회 엮음.《지구과학개론》, 교학연구사, 2005.

한정훈 지음.《물질의 물리학》, 김영사, 2020.

휴 앨더시 윌리엄스 지음, 김정혜 옮김.《원소의 세계사》, 알에이치코리아, 2013.

Beiser, A., 1994. Concepts of Modern Physics, 6ed. McGraw-Hill.

Gary L. Miessler, Donald A. Tarr, Paul J. Fischer 지음, 박영태, 김주창, 최문근, 정진승 옮김.《Tarr 무기화학》, 자유아카데미, 2013.

J. B. Reece, L. A. Urry, M. L. Cain, S. A. Wasserman 지음, 전상학 옮김.《캠벨 생명과학 9판》, 바이오사이언스, 2012.

Ron Milo, Rob Philips 지음, Nigel Orme 그림, 김홍표 옮김.《숫자로 풀어가는 생물학이야기》, 홍릉과학출판사, 2018.

그림 출처

22. Wikipedi, Lukretius.

25. Alamy, Antoine-Laurent Lavoisier, French Chemist.

28. Wikipedia, Apparatus regarding factitious air, Henry Cavendish.

30. ETH Library Zürich, Image Archive. http://doi.org/10.3932/ethz-a-000046848.

38. CERN, courtesy of AIP Emilio Segrè Visual Archives.

42. Science Museum Group Collection.

54. 다음으로부터 허가를 받아 해당 그림을 발췌해 재인쇄하였다. Stodolna, A.S., Rouzée, A., Lépine, F., Cohen, S., Robicheaux, F., Gijsbertsen, A., Jungmann, J.H., Bordas, C. and Vrakking, M.J.J., 2013. Hydrogen atoms under magnification: direct observation of the nodal structure of stark states. Physical Review Letters, 110(21), p.213001. License Number: RNP/23/JAN/061621

62. Library of Congress, Bethlehem Steel Works.

65. Shutterstock, Tomasz Klejdysz.

66. Wikipedia, Toma del Huáscar.

70. Wikipedia, Prochlorococcus marinus.

82. Google Arts & Culture, Gassed.

95. Wikipedia, The Blacksmith's Shop.

117. Shutterstock, oliverdelahaye.

121. Istockphoto, Justinreznick.

122. NASA, Jet Propulsion Laboratory(JPL).

125. Linda Hall Library, Charles Martin Hall.

130. Wikipedia, Améthyste.

141. Wikipedia, Light bulb Edison.

143. NASA.

148. NASA, JPL.

153. Wellcome Collection 568772i.

154. Wikipedia, Becquerel plate.

159. Wikipedia, Castle Bravo Blast.

162. NASA.

171. NASA.

172. NASA, JPL.

177. Wikipedia, 1919 eclipse.

182. The Huntington Library, Art Collections, and Botanical Gardens.

195. Google Arts & Culture, Marat Assassinated.

220. Science Photo Library, Keith R. Porter.

233. NIH, National Cancer Institute Visual Online, Dividing Cells Showing Chromosomes and Cell Skeleton.

234. Science Photo Library, A. Barrington Brown, © Gonville & Caius College.

258. 작자 미상.

268. NIAID-RML.

272. OAR/National Undersea Research Program (NURP), NOAA.

276. Wikipedia, Darwin tree.

281. Wikipedia, Serial endosymbiosis.

289. Wikipedia, Dictyostelium discoideum.

290. Shutterstock, Amadeu Blasco.

293. Shutterstock, H.Tanaka.

299. Shutterstock, Morphart Creation.

301. Duck-billed platypus in The Mammals of Australia, 1855.

304. Shutterstock, Serge Cornu.

309. Wikiart, The Kiss.

323. Shutterstock, Puwadol Jaturawutthichai.

325. Alamy, Laetoli footprints Tanzania.

328. Wikipedia, Panneau Des Chevaux.

343. MIT.

348. Shutterstock, Jose Luis Calvo.

359. Flickr, Tekniska Museet, C.E. Shannon.

365. Wikipedia, Akropolis.

하늘과 바람과 별과 인간

초판 1쇄 발행 2023년 5월 26일
초판 24쇄 발행 2024년 11월 7일

지은이   김상욱
편집   김은수 김정하 권오현 양하경
디자인   주수현 이상재

펴낸곳   (주)바다출판사
주소   서울시 마포구 성지1길 30 3층
전화   02-322-3675(편집), 02-322-3575(마케팅)
팩스   02-322-3858
이메일   badabooks@daum.net
홈페이지   www.badabooks.co.kr

ISBN   979-11-6689-149-6 03400